变电工程调试质量管控 要点分析

湖南省送变电工程有限公司 编

中国电力出版社
CHINA ELECTRIC POWER PRESS

内 容 提 要

在电力系统中，变电站扮演着至关重要的角色，它是连接发电厂与电网、实现电压转换和电能分配的枢纽。随着电网规模的不断扩大和技术的不断进步，变电工程的设计、建设和调试过程越来越复杂，对质量控制的要求也越来越高。因此，确保变电工程施工过程中的调试质量成为保障电力系统稳定运行的关键一环。

本书主要内容包括智能变电站调试质量管控要点、交流特高压变电站调试质量管控要点、直流特高压换流站调试质量管控要点。

本书旨在为从事变电工程建设与维护的工程师、技术人员、项目管理人员以及相关专业的学生提供全面的质量控制指导和实践参考。

图书在版编目（CIP）数据

变电工程调试质量管控要点分析 / 湖南省送变电工程有限公司编. --北京：中国电力出版社，2025. 2. -- ISBN 978-7-5198-9133-6

Ⅰ. TM63

中国国家版本馆 CIP 数据核字第 2024Q8L074 号

出版发行：中国电力出版社
地　　址：北京市东城区北京站西街 19 号
邮政编码：100005
网　　址：http://www.cepp.sgcc.com.cn
责任编辑：安小丹（010-63412367） 董艳荣
责任校对：黄　蓓　李小鹏
装帧设计：赵丽媛
责任印制：吴　迪

印　　刷：三河市万龙印装有限公司
版　　次：2025 年 2 月第一版
印　　次：2025 年 2 月北京第一次印刷
开　　本：787 毫米×1092 毫米　横 16 开本
印　　张：21.75
字　　数：448 千字
定　　价：100.00 元

版 权 专 有　侵 权 必 究

本书如有印装质量问题，我社营销中心负责退换

编　委　会

主　　任　姚震宇

副 主 任　徐　畅

委　　员　江志文　陈　卫　彭凌烟　洪　峰　谢春光

编　写　人　员

主　　编　钱　武

副 主 编　许　源　曾　晓　杨　剑　王　力

编写成员　周明坚　匡　群　杨　雄　邓　辉　仇诗茂　夏娟娟　姚　奕　易子轩
　　　　　胡　鑫　成　峰　隗　政　李松山　李政廉　高　磊　王书迪　李仪佛
　　　　　彭　聪　凌小柱　谷翼策　陈　卓　李俊乐　王祥宇　李　权　毛绍全
　　　　　高云龙　王业成　王　挺　刘立平　黄　震　刘涵涵　谢　佳　罗娇颖
　　　　　付子力　陈　琦

前　言

在电力系统中，变电站扮演着至关重要的角色，它是连接发电厂与电网、实现电压转换和电能分配的枢纽。随着电网规模的不断扩大和技术的不断进步，变电工程的设计、建设和调试过程越来越复杂，对质量控制的要求也越来越高。因此，确保变电工程施工过程中的调试质量成为保障电力系统稳定运行的关键一环。

本书旨在为从事变电工程建设与维护的工程师、技术人员、项目管理人员以及相关专业的学生提供全面的质量控制指导和实践参考。本书系统、完整地涵盖了常规变电站及智能变电站、交直流特高压变电站（换流站）中主要一、二次设备调试步骤，调试要求，注意事项。特别针对工作中重点、难点以及容易出现失误的地方重点关注，对现场调试人员起到积极的指导作用。

现场一次交接试验是一个重要的过程，它涉及将设备从制造商或供应商转移到用户。在这个过程中，需要进行一系列的测试，以确保设备的性能和质量符合预期的标准。这个过程的质量控制是非常重要的，因为它可以确保设备在实际使用中能够达到预期的性能。二次调试是在设备安装后进行的重要过程，它涉及对设备进行详细的检查和调整，以确保其性能和质量符合预期的标准。这个过程的质量控制也是非常关键的，因为它可以确保设备在实际使用中能够达到预期的性能。

在变电工程调试质量管控中，确定调试工作各阶段的交接关键节点，分清工程中的重点环节，根据管控要点进行控制，达到对工程质量的预控，在重点环节做到三级质量控制，以点带面促动整个工程调试工作的全过程质量控制。

本书的作者都是长期从事电气试验和继电保护的专业技术骨干人员，他们的经验总结可为读者提供宝贵的行业见解、专业知识和实用技巧，尤其对于从事或希望深入了解该领域的人来说，本书将是一本不可多得的参考资料。通过阅读本书，读者将能够获得宝贵的知识和技能，以便在实际工作中有效地进行变电工程的调试和质量控制，从而保障电力系统的安全稳定运行。

编　者

2024 年 12 月

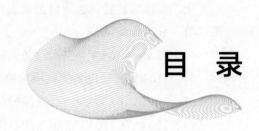

目 录

第一章 智能变电站调试质量管控要点

第一节 电 气 试 验

操作说明：

（1）为控制 500kV 及以下电压等级变电工程的电气一次设备试验质量特编制本表。本表按电气一次设备的种类进行编写，涵盖了所有电气一次设备及相关的试验项目和质量控制要点。对电压等级和容量不同的同类型设备，现场应按 GB 50150—2016《电气装置安装工程 电气设备交接试验标准》对其不同要求采用同一质量控制表，选择相应的质量控制点分别进行检查。

（2）表中"●"表示质量控制点，采用三级质量检查方式进行控制。

I级质量控制点由工作面负责人完成： 主要方式是带领工作面的其他试验人员在施工过程中对所有一次设备按照质量控制表进行试验；负责检查原始记录和编写整理试验报告；按质量控制点对完成的试验项目进行检查确认，并在原始记录和试验报告上签字。

Ⅱ级质量控制点由调试负责人或工地技术负责人完成： 采用旁站或查看原始记录的方式，在施工过程中根据工程进度和一次设备试验完成情况，按表中的质量控制点进行检查确认，并在原始记录上签字。

Ⅲ级质量控制点由质量检验专责完成： 采用旁站或查看原始记录或询问的方式，在施工高峰期、竣工验收前和送电前各阶段，对工程一次设备的试验质量，按表中的质量控制点进行检查确认，并将检查方式和检查情况做好书面记录。

一、电力变压器（电抗器）试验质量控制表

序号	项目	具体内容	质量控制要点	质量控制点		
				Ⅰ级	Ⅱ级	Ⅲ级
1	调试准备工作	1. 试验依据及相关资料收集	1. GB 50150—2016《电气装置安装工程　电气设备交接试验标准》。 2. GB 2536—2011《电工流体　变压器和开关用的未使用过的矿物绝缘油》。 3. GB/T 14542—2017《变压器油维护管理导则》，新油注入设备时进行热循环后的检验。 4. DL/T 722—2014《变压器油中溶解气体分析和判断导则》。 5. GB 1094.3—2017《电力变压器　第3部分：绝缘水平、绝缘试验和外绝缘空气间隙》。 6. GB/T 7354—2018《高电压试验技术　局部放电测量》。 7. DL/T 1093—2018《电力变压器绕组变形的电抗法检测判断导则》。 8. DL/T 911—2016《电力变压器绕组变形的频率响应分析法》。 9. GB/T 12022—2014《工业六氟化硫》。 10. DL/T 618—2022《气体绝缘金属封闭开关设备现场交接试验规程》。 11. DL/T 555—2004《气体绝缘金属封闭开关设备现场耐压及绝缘试验导则》。 12. GB/T 7674—2020《额定电压72.5kV及以上气体绝缘金属封闭开关设备》。 13. DL/T 617—2019《气体绝缘金属封闭开关设备技术条件》。 14. Q/GDW 11223—2014《高压电缆状态检测技术规范》。 15. Q/GDW 11400—2015《电力设备高频局部放电带电检测技术现场应用导则》。 16. Q/GDW 11316—2018《高压电缆线路试验规程》。 17. JJG 1073—2011《压力式六氟化硫气体密度控制器》。 18. DL/T 259—2023《六氟化硫气体密度继电器校验规程》。 19. 工程技术合同。 20. 变压器（油浸电抗器）及其附件的产品说明书，出厂试验报告。 21. 应将出厂试验数据复印或摘录	●		
		2. 试验仪器、工具、试验记录准备	1. 使用试验设备应齐全，功能满足试验要求且在有效期内。 2. 使用工具应齐全，且满足安全要求。 3. 原始试验记录格式的编写	●		

续表

序号	项目	具体内容		质量控制要点	质量控制点		
					I 级	II 级	III 级
2	附件试验	1. 套管电流互感器试验	1. 绝缘电阻测量	测量各二次绕组间及其对外壳的绝缘电阻；绝缘电阻不宜低于 1000MΩ	●		
			2. 直流电阻测量	采用电工电桥测量各二次绕组的直流电阻。同型号、同规格、同批次电流互感器二次绕组的直流电阻和平均值的差异不宜大于 10%；实测结果与换算至同温下的出厂试验值比较，无明显变化	●		
			3. 极性检查	极性与铭牌和标志相符，且必须在原始记录上做好记录	●	●	●
			4. 变比检查	变比实测值与铭牌值、设计值相符	●	●	●
			5. 测量励磁特性曲线	现场实测励磁特性数据与出厂试验数据相符，并核对是否满足互感器 10%误差要求	●		
			6. 绕组交流耐压	二次绕组之间及其对外壳耐压值为 3kV、历时 1min	●		
		2. 非纯瓷套管试验	1. 试验前准备	1. 试验前检查套管表面和末屏端子应清洁、干燥，无开裂或修补。 2. 准确测量和记录环境温度和湿度	●		
			2. 绝缘电阻测量	1. 使用 2500V 绝缘电阻表测量套管主绝缘的绝缘电阻。	●		
				2. 使用 2500V 绝缘电阻表测量末屏小套管的绝缘电阻；绝缘电阻值不应低于 1000MΩ	●		
			3. 介质损耗角正切值 tanδ 电容值测量	1. 采用正接法测量主绝缘的 tanδ 和电容值；采用反接法测量末屏小套管的 tanδ 和电容值。	●		
				2. tanδ 测值与出厂试验值比较无明显差别。	●		
				3. 电容型套管的实测电容量值与产品铭牌数值或出厂试验值相比，其差值应在±5%范围内。			
				4. 测量 tanδ 和电容值时，尽量不将套管水平放置或用绝缘绳索吊起在任意角度进行测量，在测试数据有疑问时更应引起注意。	●		
				5. 出厂试验值必须摘录在原始记录和试验报告中			

续表

序号	项目	具体内容		质量控制要点	质量控制点		
					Ⅰ级	Ⅱ级	Ⅲ级
2	附件试验	3. 纯瓷套管试验	1. 绝缘电阻测量	使用 2500V 绝缘电阻表测量套管的绝缘电阻	●		
			2. 交流耐压	按出厂试验电压值进行交流耐压	●		
		4. 冷却器试验	1. 直流电阻测量	使用电工电桥测量油泵和风扇电动机绕组的直流电阻	●		
			2. 绝缘电阻测量	使用 1000kV 绝缘电阻表测量油泵和风扇电动机绕组的绝缘电阻	●		
			3. 交流耐压	使用 2500V 绝缘电阻表测量 1min，代替 1000V 交流耐压	●		
			4. 电动机通电检查	检查电动机运转正常，并记录电动机的运行电流	●		
3	本体试验	1. 测量绕组连同套管的直流电阻		1. 应在油温稳定后进行测量。 2. 准确测量和记录环境温度；当测试数据有疑问时，应分析是否受环境或油温的影响；避免在早晚温差变化较大时进行测量。 3. 试验结果与出厂试验值比较，符合 GB 50150—2016《电气装置安装工程　电气设备交接试验标准》要求，出厂试验值必须摘录在原始记录和试验报告中	●	●	●
		2. 测量绕组连同套管的绝缘电阻、吸收比和极化指数		1. 对变压器电压等级为 35kV 及以上且容量在 4000kVA 及以上的变压器应测量吸收比。 2. 对变压器电压等级为 220kV 及以上且容量在 120MVA 及以上的变压器应测量极化指数。 3. 检查套管表面应清洁、干燥。 4. 检查铁芯、夹件、外壳及套管末屏是否可靠接地。 5. 准确测量和记录环境温度和湿度；当测试数据有疑问时，应分析是否受环境或油温的影响；避免在早晚温差变化较大时进行测量。 6. 实测绝缘电阻值与出厂试验值在同温下比较不低于 70%。出厂试验值必须摘录在原始记录和试验报告中。	●	●	●

续表

序号	项目	具体内容	质量控制要点	质量控制点		
				Ⅰ级	Ⅱ级	Ⅲ级
3	本体试验	2. 测量绕组连同套管的绝缘电阻、吸收比和极化指数	7. 当试验结果与出厂试验值比较，超过 GB 50150—2016《电气装置安装工程 电气设备交接试验标准》要求时，必须检查试验接线是否正确、被试品放电是否充分、试验场地周边是否有电磁场干扰、绝缘电阻表的短路电流是否足够大	●	●	●
		3. 测量绕组连同套管的介质损耗角正切值 tanδ 和电容量	1. 对变压器电压等级为 35kV 及以上且容量在 8000kVA 及以上的变压器必须进行该项试验。 2. 检查套管表面应清洁、干燥。 3. 检查铁芯、夹件、外壳及套管末屏是否可靠接地。 4. 准确测量和记录环境温度和湿度。 5. 被测绕组的介质损耗角正切值 tanδ 与出厂试验值在同温下比较不大于130%。出厂试验值必须摘录在原始记录和试验报告中。 6. 当现场试验结果进行较大的温度换算且超过 GB 50150—2016《电气装置安装工程电气设备交接试验标准》要求时，应进行综合分析判断	●	●	●
		4. 测量绕组连同套管的直流泄漏电流	1. 对变压器电压等级为 35kV 及以上且容量在 8000kVA 及以上的变压器必须进行该项试验。 2. 检查套管表面应清洁、干燥。 3. 检查铁芯、夹件、外壳及套管末屏是否可靠接地。 4. 当施加试验电压 1min 后，在高压端读取泄漏电流。 5. 泄漏电流值与绝缘电阻值基本相关	●		
		5. 测量与铁芯绝缘的各紧固件及铁芯绝缘电阻	1. 变压器（油浸电抗器）芯检时必须检查铁芯与夹件对外壳及之间的绝缘电阻。 2. 变压器（油浸电抗器）热油循环后必须检查铁芯与夹件对外壳及之间的绝缘电阻。 3. 采用 2500V 绝缘电阻表测量 1min，无闪络击穿现象	●		

续表

序号	项目	具体内容		质量控制要点	I级	II级	III级
3	本体试验	6. 有载调压切换装置试验	1. 试验前准备	1. 试验前要求切换开关厂家提供单独的切换开关试验报告和技术说明书，变压器厂家应提供带绕组进行切换开关试验的出厂报告，以供现场进行比较。 2. 测试前预先对变压器分接开关采用手动进行多次循环操作，并检查电动操动机构上的挡位显示和切换开关上的显示应一致。 3. 测试前对试品充分放电，并将非测试绕组短路接地	●		
			2. 过渡电阻值测量	测量切换装置的过渡电阻值，测试结果符合制造厂技术要求	●	●	●
			3. 三相同步测量	测量切换装置的三相同步偏差，测试结果符合制造厂技术要求	●	●	●
			4. 切换时间测量	测量切换装置的切换时间，测试结果符合制造厂技术要求	●	●	●
			5. 试验注意	对所有录波图均应妥善保管，以备查	●		
		7. 变压器所有分接头的电压比测量		试验结果与出厂试验值比较，符合 GB 50150—2016《电气装置安装工程　电气设备交接试验标准》要求	●		
		8. 变压器引出线的极性或组别检查		1. 必须采用直流感应法进行试验。 2. 按变压器出线端子的实际标示做好原始记录	●		
		9. 绕组连同套管的交流耐压		1. 容量为 8000kVA 以下、绕组额定电压在 110kV 以下的变压器，线端试验应按 GB 50150—2016《电气装置安装工程 电气设备交接试验标准》要求进行交流耐压。 2. 容量为 8000kVA 及以上、绕组额定电压在 110kV 以下的变压器，在有试验设备时，可按 GB 50150—2016《电气装置安装工程　电气设备交接试验标准》要求进行线端交流耐压试验。 3. 必须正确选用试验设备的电压等级和容量。 4. 耐压前后应测量结缘电阻	●	●	

续表

序号	项目	具体内容		质量控制要点	质量控制点		
					Ⅰ级	Ⅱ级	Ⅲ级
4	特殊试验	1. 油化试验	1. 绝缘油试验	按产品说明书要求对 TA 升高座内的绝缘油进行电气强度试验和含水量测量	●	●	
			2. 调压切换装置油	绝缘油注入切换开关油箱前，其击穿电压应符合 GB 50150—2016《电气装置安装工程 电气设备交接试验标准》要求	●	●	
			3. 新绝缘油	1. 每批到达现场的绝缘油均应有出厂试验记录。 2. 按有关规定取样进行简化分析，必要时进行全分析。 3. 每罐油或抽样的每桶油均应有试验记录和试验报告	●	●	
			4. 残油试验	1. 电气强度试验：500kV 变压器的残油≥40kV、330kV 及以下变压器的残油≥30kV。 2. 介质损耗试验。 3. 微量水测量：含水量≤30 mg/L。 4. 对新到的变压器取本体中的残油做气相色谱分析	●	●	
			5. 油务处理	1. 油务处理过程中，跟踪进行油的击穿强度试验。 2. 油务处理结束注油前，到现场取样按 GB 50150—2016《电气装置安装工程 电气设备交接试验标准》要求进行简化分析。 3. 注入变压器的绝缘油试验结果必须满足 GB 50150—2016《电气装置安装工程 电气设备交接试验标准》的要求	●	●	
			6. 热油循环	热油循环后的绝缘油试验结果必须满足 GB 50150—2016《电气装置安装工程 电气设备交接试验标准》的要求	●	●	
			7. 投运前	1. 对绝缘油作一次全分析，作为交接试验数据。 2. 在高压试验前后各进行一次气相色谱分析，作为交接试验数据	●	●	
			8. 投运后	对 66kV 及以上变压器在投运 24h 后取样进行色谱分析	●	●	

续表

序号	项目	具体内容		质量控制要点	质量控制点		
					Ⅰ级	Ⅱ级	Ⅲ级
4	特殊试验	1. 油化试验	9. 击穿电压试验要求	1. 击穿电压试验应采用间隙为 2.5mm 的平板电极油杯。 2. 应将五次试验值和平均值记录在原始记录本上	●	●	
		2. 绕组连同套管的交流耐压		1. 变压器中性点及 110kV 绕组应进行外施交流耐压试验，并检测局部放电。 2. 试验电压应为出厂试验电压值的 80%，耐压时间为 1min。 3. 试验电压应尽可能接近正弦波形，试验电压值为测量电压的峰值除以 $\sqrt{2}$ 。 4. 试验过程中变压器应无异常现象	●	●	●
		3. 绕组连同套管的长时感应电压试验带局部放电测量		1. 应对主体变压器、调压补偿变压器分别进行绕组连同套管的长时感应电压试验带局部放电测量，试验前应考虑剩磁的影响。 2. 试验方法和判断方法应按GB/T 1094.3—2017《电力变压器　第3部分：绝缘水平、绝缘试验和外绝缘空气间隙》有关规定执行。 3. 按规定的程序施加试验电压，并在不同阶段观察和记录局放电水平。 4. 在规定的试验电压和程序条件下，主体变压器 1000kV 端子局部放电量的连续水平不应大于 100pC，500kV 端子的局部放电量的连续水平不应大于 200pC，110kV 端子的局部放电量的连续水平不应大于 300pC；调压补偿变压器 110kV 端子局部放电量的连续水平不应大于 300pC	●	●	●
		4. 绕组频率响应特性试验		1. 应对变压器各绕组分别进行频率响应特性试验。 2. 同一组变压器中各台变压器对应绕组的频率响应特性曲线应基本相同	●	●	●
		5. 小电流下的短路阻抗测量		1. 应测量变压器在 5A 电流下的短路阻抗。 2. 变压器在 5A 电流下测量的短路阻抗与出厂试验时在相同电流下的测试值相比无明显变化	●	●	●
		6. 电抗器油箱表面的温度分布及引线接头的温度测量		1. 在运行中，使用红外测温仪进行油箱温度分布及引线接头温度测量。 2. 电抗器油箱表面局部热点的温升不应超过 80K。 3. 引线接头不应有过热现象	●	●	

续表

序号	项目	具体内容	质量控制要点	质量控制点		
				Ⅰ级	Ⅱ级	Ⅲ级
5	变压器（油浸电抗器）投运	1. 投运前检查	1. 检查 500kV 单相变压器低压侧连接方式符合设计要求。 2. 检查变压器（电抗器）套管的屏蔽小套管及铁芯、夹件可靠接地。 3. 提醒安装人员对变压器（电抗器）本体、升高座和气体继电器等处进行放气和按要求打开或关闭各管道的闸阀。 4. 检查变压器调压开关挡位指示在正常位置，且开关场和后台显示一致。 5. 对无载调压变压器测量绕组直流电阻。 6. 检查变压器冷却系统正常，潜油泵、风扇能正常运转	●	●	●
		2. 冲击合闸试验	1. 在额定电压下对变压器（油浸电抗器）的冲击合闸试验，应进行 5 次，每次间隔时间宜为 5min。 2. 变压器冲击合闸宜在变压器高压侧进行。 3. 对中性点接地的电力系统，试验时变压器中性点必须接地。 4. 无电流差动保护的干式变可冲击 3 次	●	●	
		3. 检查变压器相位	必须与电网相位一致			

注　1. 本表涵盖了不同电压等级和容量的油浸和干式变压器、油浸和干式电抗器、并联和串联电抗器的试验，现场应按 GB 50150—2016《电气装置安装工程　电气设备交接试验标准》对其不同要求，选择相应的质量控制点分别进行检查。
　　2. 由工程部专责完成的Ⅲ级质量控制点，仅对主变压器和 500kV 高压电抗器进行检查。

二、互感器试验质量控制表

序号	项目	具体内容	质量控制要点	质量控制点		
				Ⅰ级	Ⅱ级	Ⅲ级
1	调试准备工作	1. 试验依据及相关资料收集	1. GB 50150—2016《电气装置安装工程　电气设备交接试验标准》。 2. GB 2536—2011《电工流体　变压器和开关用的未使用过的矿物绝缘油》。	●		

序号	项目	具体内容	质量控制要点	质量控制点		
				Ⅰ级	Ⅱ级	Ⅲ级
1	调试准备工作	1. 试验依据及相关资料收集	3. GB/T 7354—2018《高电压试验技术　局部放电测量》。 4. GB/T 12022—2014《工业六氟化硫》。 5. DL/T 618—2022《气体绝缘金属封闭开关设备现场交接试验规程》。 6. DL/T 555—2004《气体绝缘金属封闭开关设备现场耐压及绝缘试验导则》。 7. GB/T 7674—2020《额定电压72.5kV及以上气体绝缘金属封闭开关设备》。 8. DL/T 617—2019《气体绝缘金属封闭开关设备技术条件》。 9. JJG 1073—2011《压力式六氟化硫气体密度控制器》。 10. DL/T 259—2023《六氟化硫气体密度继电器校验规程》。 11. 工程技术合同。 12. 产品说明书，出厂试验报告。 13. 应将出厂试验数据复印或摘录	●		
		2. 试验仪器、工具、试验记录准备	1. 使用试验设备应齐全，功能满足试验要求且在有效期内。 2. 使用工具应齐全，且满足安全要求。 3. 原始试验记录格式的编写	●		
2	电流互感器试验	1. 测量绕组的绝缘电阻	1. 测量一次绕组对二次绕组及外壳、各二次绕组间及其对外壳的绝缘电阻；绝缘电阻不宜低于1000MΩ。 2. 测量电流互感器一次绕组段间的绝缘电阻，绝缘电阻不宜低于1000MΩ，但由于结构原因而无法测量时可不进行。 3. 测量电容式电流互感器的末屏对外壳（地）的绝缘电阻，绝缘电阻值不宜小于1000MΩ。 4. 绝缘电阻测量应使用2500V绝缘电阻表。 5. 测量时准确测量和记录环境温度和湿度	●		
		2. 测量绕组和末屏的 $\tan\delta$ 和 C_X	1. 对35kV及以上电压等级的电流互感器应测量 $\tan\delta$（介质损耗值）和 C_X（实测电容量）。 2. 测量一次绕组 $\tan\delta$ 和 C_X 的测量电压为10kV。 3. 测量末屏 $\tan\delta$ 和 C_X 的测量电压为2kV。	●		

序号	项目	具体内容		质量控制要点	质量控制点		
					Ⅰ级	Ⅱ级	Ⅲ级
2	电流互感器试验	2. 测量绕组和末屏的 $\tan\delta$ 和 C_X		4. $\tan\delta$ 和 C_X 的测量结果与出厂试验值比较无明显变化。 5. 测量时准确测量和记录环境温度和湿度	●		
		3. 绕组直流电阻测量		1. 必须测量电流互感器一、二次绕组的直流电阻。 2. 同型号、同规格、同批次电流互感器一、二次绕组的直流电阻和平均值的差异不宜大于10%。 3. 测量结果与换算至同温下的出厂试验值比较，无明显变化。 4. 测量直流电阻应采用电工式电桥（单双臂电桥），直流电桥准确级不应低于0.5级	●		
		4. 极性检查		1. 采用直流感应法检查电流互感器的极性。 2. 检查结果应与铭牌和标志相符，且必须在原始记录上做好记录	●	●	●
		5. 电流比试验		1. 检查互感器变比，应与制造厂铭牌值相符。 2. 对一次绕组改变串并联方式的，应分别测试串联和并联下的变比。 3. 应在原始记录上记录所加一次试验电流和二次测量电流值	●	●	●
		6. 测量电流互感器励磁特性曲线		1. 当继电保护对电流互感器的励磁特性有要求时，应进行励磁特性曲线试验。 2. 当电流互感器为多抽头时，可在使用抽头或最大抽头测量。 3. 现场实测励磁特性数据与出厂试验数据相符，并核对是否满足互感器10%误差要求	●		
		7. 交流耐压试验		1. 主绝缘应按出厂试验电压的80%进行交流耐压。 2. 二次绕组之间及其对外壳进行3kV、1min交流耐压。 3. 试验时非被试绕组应可靠接地。 4. 耐压前后应测量绝缘电阻	●	●	●
		8. 特殊试验	1. SF_6 气体密度继电器校验	含有 SF_6 密度继电器的新设备和大修后设备，投运前必须对密度继电器进行校验并合格	●		

序号	项目	具体内容		质量控制要点	质量控制点		
					Ⅰ级	Ⅱ级	Ⅲ级
2	电流互感器试验	8. 特殊试验	2. 新 SF₆ 瓶气检验	目前常用的新气钢瓶抽检率按 GB/T 12022—2014《工业六氟化硫》中规定的抽检率执行，由 SF₆ 气体质量监督管理中心进行抽检，检测合格方可使用，抽检率为 1/10，其他每瓶只测定含水量	●		
			3. 检漏试验	1. SF_6 气体充入设备 24h 后取样，SF_6 气体水分含量不得大于 250 μL/L（20℃体积分数）。 2. SF_6 气体绝缘互感器定性检漏无泄漏点，有怀疑时进行定量检漏，年泄漏率应小于 0.5%	●		
			4. 油色谱分析	1. 电压等级在 66kV 以上的油浸式互感器，应进行油中溶解气体的色谱分析。 2. 油中溶解气体组分含量（μL/L）应满足下列要求：330kV 及以上，总烃<10，H_2<50，C_2H_2<0.1；220kV 及以下，总烃<10，H_2<100，C_2H_2<0.1	●		
			5. 交流耐压	1. 电压等级 220kV 以上的 SF_6 气体绝缘互感器（特别是电压等级为 500kV 的互感器）宜在安装完毕后进行现场老炼试验，老炼试验后进行交流耐压。 2. 对 110（66）kV 及以上电压等级的油浸式电流互感器，应逐台进行交流耐压，试验前后应进行油中气体分析	●	●	●
		9. 投运前检查	1. 检查 110kV 及以上电压等级的电流互感器末屏套管已可靠接地		●	●	●
			2. 检查 10～35kV 穿芯式电流互感器的等电位线已与一次母线相连		●	●	
			3. 检查电流互感器一次绕组并联时均压线已按产品要求连接好		●	●	
			4. 检查 SF_6 电流互感器的气体压力在额定范围内		●	●	
			5. 检查电流互感器一次绕组已按最新定值和变比要求进行串联或并联连接		●	●	●
3	电压互感器试验	1. 测量绕组的绝缘电阻		1. 测量电磁式 TV 一次绕组对二次绕组及外壳、各二次绕组间及其对外壳的绝缘电阻；绝缘电阻不宜低于 1000MΩ。 2. 测量电容式 TV 分压电容器、电磁单元一次绕组对二次绕组及外壳、各二次绕组间及其对外壳、电容分压器低压端子的绝缘电阻；绝缘电阻不宜低于 1000MΩ。	●		

续表

序号	项目	具体内容	质量控制要点	质量控制点		
				Ⅰ级	Ⅱ级	Ⅲ级
3	电压互感器试验	1. 测量绕组的绝缘电阻	3. 绝缘电阻测量应使用 2500V 绝缘电阻表。 4. 测量时准确测量和记录环境温度和湿度	●		
		2. 测量互感器的 $\tan\delta$ 和 C_X	1. 按出厂试验的测量方法，测量 35kV 及以上电压等级的电压互感器 $\tan\delta$ 和 C_X。 2. 测量电容式 TV 的电容分压器的 $\tan\delta$ 和 C_X。 3. 测量电磁式 TV 一次绕组和电容式 TV 高压电容器的 $\tan\delta$ 和 C_X 的测量电压为 10kV。 4. 测量电容式 TV 低压电容器的 $\tan\delta$ 和 C_X 的测量电压不高于 2kV。 5. 对有支架绝缘的电磁式 TV 应测量支架介质损耗。 6. $\tan\delta$ 和 C_X 的测量结果与出厂试验值比较无明显变化。 7. 电容式 TV 的电容分压器实测电容量与出厂值比较其变化量超过 -5%或 10%时要引起注意；实测介质损耗角 $\tan\delta$ 不应大于 0.5%。 8. 测量时准确测量和记录环境温度和湿度	●		
		3. 绕组直流电阻测量	1. 测量电压互感器一、二次绕组及阻尼电阻的直流电阻。 2. 一次绕组直流电阻测量值，与换算到同一温度下的出厂值比较，相差不宜大于 10%；二次绕组直流电阻测量值，与换算到同一温度下的出厂值比较，相差不宜大于 15%。 3. 测量直流电阻应采用电工式电桥（单双臂电桥），直流电桥准确级不应低于 0.5 级	●		
		4. 极性检查	1. 采用直流感应法检查单相 TV 的极性和三相 TV 的组别。 2. 检查结果应与铭牌和标志相符，且必须在原始记录上做好记录	●	●	●
		5. 电压比试验	1. 检查 TV 变比，应与制造厂铭牌值相符。 2. 应在原始记录上记录所加一次试验电压和二次测量电压值	●	●	●
		6. 测量电磁式 TV 励磁曲线	1. 对不接地 TV 和三相 TV 励磁曲线测量点为额定电压的 20%、50%、80% 、100%和 120%，升至额定电压的 120%即可。 2. 用于中性点有效接地系统的接地电压互感器，电压升至额定电压的 150%。用于中性点非有效接地系统的接地电压互感器，电压升至额定电压的 190%。	●	●	

续表

序号	项目	具体内容	质量控制要点	质量控制点		
				Ⅰ级	Ⅱ级	Ⅲ级
3	电压互感器试验	6. 测量电磁式 TV 励磁曲线	3. 用于励磁曲线测量的仪表为方均根值表，若发生测量结果与出厂试验报告和型式试验报告有较大出入（＞30%）时，应核对使用的仪表种类是否正确。 4. 对于额定电压测量点（100%），励磁电流不宜大于其出厂试验报告和型式试验报告的测量值的 30%，同批同型号、同规格电压互感器此点的励磁电流不宜相差 30%	●	●	
		7. 测量铁芯夹紧螺栓的绝缘电阻	1. 应对外露的或可接触到的铁芯夹紧螺栓进行测量。 2. 采用 2500V 绝缘电阻表测量，时间为 1min，应无闪络及击穿现象。 3. 穿芯螺栓一端与铁芯连接的，测量时应将连接片断开，不能断开的可不进行测量	●		
		8. 交流耐压试验	1. 主绝缘应按出厂试验电压的 80% 进行交流耐压。 2. 电磁式电压互感器（包括电容式电压互感器的电磁单元）在遇到铁芯磁密较高的情况下，宜按下列规定进行感应耐压试验。 （1）感应耐压试验电压应为出厂试验电压的 80%。 （2）试验电源频率和试验电压时间：感应电压试验时，为防止铁芯饱和及励磁电流过大，试验电压的频率应适当大于额定频率。除非另有规定，当试验电压频率等于或小于 2 倍额定频率时，全电压下试验时间为 60s；当试验电压频率大于 2 倍额定频率时，全电压下试验时间为 120 × 额定频率/试验频率（s），但不少于 15s。 （3）感应耐压试验前后，应各进行一次额定电压时的空载电流测量，两次测得值相比不应有明显差别。 （4）电压等级 66kV 及以上的油浸式互感器，感应耐压试验前后，应各进行一次绝缘油的色谱分析，两次测得值相比不应有明显差别。 （5）感应耐压试验时，应在高压端测量电压值。 （6）对电容式电压互感器的中间电压互感器进行感应耐压试验时，应将分压电容拆开。由于产品结构原因现场无条件拆开时，可不进行感应耐压试验。 3. 二次绕组之间及其对外壳进行 3kV、1min 交流耐压。 4. 电容式 TV 电磁单元一次回路接地端工频耐受电压为 3kV；电容分压器的低压端子工频耐受电压为 10kV，若低压端子不暴露在风雨中，则试验电压为 4kV。 5. 试验时非被试绕组应可靠接地。	●	●	●

续表

序号	项目	具体内容		质量控制要点	质量控制点		
					Ⅰ级	Ⅱ级	Ⅲ级
3	电压互感器试验	8. 交流耐压试验		6. 耐压前后应测量绝缘电阻	●	●	●
		9. 试验注意		1. 安装电容式电压互感器时必须按照出厂时的编号以及上下顺序进行安装，严禁互换。 2. 对于多节的电容式电压互感器，如其中一节电容器出现问题不能使用，应整套 CVT 返厂更换，出厂时应进行全套出厂试验，一般不允许在现场调配单节或多节电容器。在特殊情况下必须现场更换其中的单节或多节电容器时，必须对该 CVT 进行角差、比差校验	●		
		10. 特殊试验	油色谱分析	1. 电压等级在 66kV 以上的油浸式互感器，应进行油中溶解气体的色谱分析。 2. 油中溶解气体组分含量（μL/L）应满足下列要求：330kV 及以上，总烃<10，H_2<50，C_2H_2<0.1；220kV 及以下，总烃<10，H_2<100，C_2H_2<0.1	●		
		11. 投运前检查		1. 检查电容式电压互感器的中间变压器一次绕组 N 端已可靠接地。 2. 检查未经结合滤波器的电容分压器低压端（通信端子）已可靠接地。 3. 检查 TV、放电线圈的二次备用绕组的尾端已可靠接地，且绕组无短路。 4. 检查电容分压器低压端（通信端子）引致结合滤波器的连接线绝缘良好。 5. 检查电容分压器低压端（通信端子）对地保护间隙已按产品要求调整好。 6. 检查电磁式 TV 一次绕组 N 端已可靠接地。 7. 检查 10～35kV 电压互感器的高压熔断器已完善，三相电阻基本平衡。 8. 检查电容器组放电线圈一次绕组首端与母线连接可靠，并没有压接在热缩管上	●		●

注　本表涵盖了不同电压等级、不同容量、不同型式的电流和电压互感器及放电线圈的试验，现场应按 GB 50150—2016《电气装置安装工程　电气设备交接试验标准》对其不同要求，选择相应的质量控制点分别进行检查。

三、开关设备试验质量控制表

序号	项目	具体内容	质量控制要点	质量控制点		
				Ⅰ级	Ⅱ级	Ⅲ级
1	调试准备工作	1. 试验依据及相关资料收集	1. GB 50150—2016《电气装置安装工程 电气设备交接试验标准》。 2. GB/T 7354—2018《高电压试验技术 局部放电测量》。 3. GB/T 12022—2014《工业六氟化硫》。 4. DL/T 618—2022《气体绝缘金属封闭开关设备现场交接试验规程》。 5. DL/T 555—2004《气体绝缘金属封闭开关设备现场耐压及绝缘试验导则》。 6. GB/T 7674—2020《额定电压 72.5kV 及以上气体绝缘金属封闭开关设备》。 7. DL/T 617—2019《气体绝缘金属封闭开关设备技术条件》。 8. JJG 1073—2011《压力式六氟化硫气体密度控制器》。 9. DL/T 259—2023《六氟化硫气体密度继电器校验规程》。 10. 国家电网设备〔2018〕979 号 《国家电网有限公司关于印发十八项电网重大反事故措施（修订版）的通知》。 11. 工程技术合同。 12. 产品说明书，出厂试验报告。 13. 应将出厂试验数据复印或摘录	●		
		2. 试验仪器、工具、试验记录准备	1. 使用试验设备应齐全，功能满足试验要求且在有效期内。 2. 使用工具应齐全，且满足安全要求。 3. 原始试验记录格式的编写	●		
		3. 断路器试验要求	1. 设备的交接验收必须严格执行国家和电力行业有关标准，不符合交接验收标准的设备不得投运。 2. 因特殊原因无法进行试验的项目，应由制造单位出具必要的书面承诺，表明该项目不影响设备的安全运行，并经运行单位的技术主管部门认可	●		
2	SF₆断路器试验	1. 测量断路器的绝缘电阻值	用 2500V 绝缘电阻表测量断路器的整体绝缘电阻值	●		

续表

序号	项目	具体内容	质量控制要点	质量控制点		
				Ⅰ级	Ⅱ级	Ⅲ级
2	SF$_6$断路器试验	2. 测量每相导电回路的电阻	1. 宜采用电流不小于100A的直流压降法测量每相导电回路电阻值。 2. 测试结果应符合产品技术条件的规定	●		
		3. 均压电容器的试验	1. 用2500V绝缘电阻表测量均压电容器的绝缘电阻。 2. 测量均压电容器的介质损耗角正切值$\tan\delta$及电容量。 3. 测得均压电容器电容值的偏差应在额定电容值的±5%范围内。 4. 测得均压电容器的介质损耗角正切值$\tan\delta$与出厂试验值比较无明显差别	●		
		4. 测量分、合闸线圈动作电压	1. 当操作电压在（85%～110%）Un（额定操作电压）、液压在规定的最低及最高值时，合闸操动机构应可靠动作。 2. 对电磁机构，当断路器关合电流峰值小于50 kA时，直流操作电压范围在（80%～110%）Un时，合闸操动机构应可靠动作。 3. 直流或交流的分闸电磁铁，在其线圈端钮处测得的电压大于额定值的65%时，应可靠地分闸；当此电压小于额定值的30%时，不应分闸			
		5. 测量分、合闸时间	1. 应在断路器的额定操作电压、气压或液压下进行。 2. 实测数值应符合产品技术条件的规定	●		
		6. 测量断路器的分、合闸速度	1. 应在断路器的额定操作电压、气压或液压下进行。 2. 实测数值应符合产品技术条件的规定。 3. 现场无条件安装采样装置的断路器，可不进行本试验。 4. 断路器在新装和大修后必须测量机械行程特性曲线、合—分时间、辅助开关的切换与主断口动作时间的配合、合闸电阻预投入时间等机械特性，并符合有关技术要求。制造厂必须提供机械行程特性曲线的测量方法和出厂试验数据，并提供现场测试的连接装置。在现场无法进行的机械行程特性试验，由厂家提供出厂试验数据和测试方法。原则上不得以出厂试验代替交接试验	●		
		7. 测量主、辅触头分、合闸的同期性及配合时间	测量断路器主、辅触头三相及同相各断口分、合闸的同期性及配合时间，应符合产品技术条件的规定	●		

续表

序号	项目	具体内容	质量控制要点	质量控制点 I 级	II 级	III 级
2	SF₆ 断路器试验	8. 测量合闸电阻的投入时间及电阻值	测量断路器合闸电阻的投入时间及电阻值，应符合产品技术条件的规定	●		
		9. 测量合—分时间	1. 应校核断路器产品承诺的合分时间与产品型式试验的合分时间是否一致。 2. 对于合分时间较短、不具备"自卫"能力、安装地点的短路电流已接近设备额定短路开断电流的断路器，应该考虑进行技术改造，但不宜采用延长继电保护装置动作时间的方法来解决断路器合—分时间不够的问题，而应由断路器自身采取可靠措施和其他措施来保证。 3. 500kV 断路器合—分时间应不大于 50ms；500kV 以下断路器合—分时间要按电压等级开展进一步专题研究。 4. 500kV 以下断路器合—分时间的现场实测值应符合产品技术条件的规定	●		
		10. 测量分、合闸线圈的绝缘电阻值	测量断路器分、合闸线圈的绝缘电阻值，不应低于 10MΩ	●		
		11. 测量分、合闸线圈的直流电阻值	测量断路器分、合闸线圈的直流电阻值与产品出厂试验值相比应无明显差别	●		
		12. 操动机构的试验	模拟操动试验： 1. 当具有可调电源时，可在不同电压、液压条件下，对断路器进行就地或远控操作，每次操作断路器均应正确，可靠地动作，其联锁及闭锁装置回路的动作应符合产品及设计要求；当无可调电源时，只在额定电压下进行试验。 2. 直流电磁或弹簧机构的操动试验应按 GB 50150—2016《电气装置安装工程电气设备交接试验标准》的规定进行。 3. 液压机构的操动试验，应按 GB 50150—2016《电气装置安装工程电气设备交接试验标准》的规定进行。 4. 对于具有双分闸线圈的回路，应分别进行模拟操动试验	●	●	●
		13. 交流耐压	1. 在 SF₆ 气压为额定值时进行。试验电压按出厂试验电压的 80%。 2. 110kV 以下电压等级应进行合闸对地和断口间耐压试验。 3. 罐式断路器应进行合闸对地和断口间耐压试验。 4. 500kV 定开距瓷柱式断路器只进行断口耐压试验	●	●	●

续表

序号	项目	具体内容		质量控制要点	质量控制点		
					Ⅰ级	Ⅱ级	Ⅲ级
2	SF$_6$断路器试验	14. 特殊试验	1. SF$_6$气体密度继电器	含有 SF$_6$ 密度继电器的新设备和大修后设备，投运前必须对密度继电器进行校验并合格	●	●	
			2. 新SF$_6$瓶气检验	目前常用的新气钢瓶抽检率按 GB/T 12022—2014《工业六氟化硫》中规定的抽检率执行，由 SF$_6$ 气体质量监督管理中心进行抽检，检测合格方可使用，抽检率为 1/10，其他每瓶只测定含水量	●		
			3. SF$_6$气体密封试验	1. 设备安装完毕，冲入 SF$_6$气体至额定压力 4h 后，采用局部包扎法对所有连接部位进行泄漏值的测量，测量设备灵敏度不应低于 1×10^{-2} Pa·cm³/s。 2. 包扎 24h 后应进行泄漏值的测量，每个气室年漏气率应小于 0.5%	●	●	
			4. SF$_6$ 气体含水量测量	1. SF$_6$气体含水量的测定应在设备充气至额定压力 120h 后进行。 2. 有灭弧气室含水量应小于 150 μL/L（20℃的体积分数）。 3. 无灭弧气室含水量应小于 250 μL/L（20℃的体积分数）。 4. 纯度应大于 97%	●	●	
			5. 交流耐压	1. 应在断路器合闸及分闸状态下进行交流耐压试验。 2. 当在合闸状态下进行时，额定电压为 10kV 时，相对地及相间试验电压为 42kV；额定电压为 35kV 时，相对地及相间试验电压为 95kV。 3. 当在分闸状态下进行时，真空灭弧室断口间的试验电压应按产品技术条件的规定，试验中不应发生贯穿性放电。 4. 在未能采用有效方法测量真空度前，新装、大修和预试中真空灭弧室必须经耐压试验合格后方能投运，预防由于真空度下降引发的事故	●	●	●
		15. 投运前的检查		1. 检查断路器操作压力、SF$_6$压力在正常范围内。 2. 检查断路器油泵启停正常。 3. 检查断路器电磁型操动机构的合闸熔断器完善。	●	●	●

序号	项目	具体内容	质量控制要点	质量控制点		
				Ⅰ级	Ⅱ级	Ⅲ级
2	SF₆断路器试验	15. 投运前的检查	4. 检查断路器液压触点已按产品技术要求调整定好。 5. 检查 10～35kV 小车开关均在试验位置。 6. 检查断路器分、合闸指示正确	●	●	●
3	真空断路器试验	1. 测量绝缘电阻	1. 整体绝缘电阻值测量，应参照制造厂规定。 2. 绝缘拉杆的绝缘电阻值，在常温下额定电压为 3～15kV 不应低于 1200MΩ；额定电压为 20～35kV 不应低于 3000MΩ	●		
		2. 测量每相导电回路的电阻	1. 宜采用电流不小于 100A 的直流压降法测量每相导电回路电阻值。 2. 测试结果应符合产品技术条件的规定	●		
		3. 测量分、合闸线圈动作电压	1. 当操作电压在（85%～110%)U_n、液压在规定的最低及最高值时，合闸操动机构应可靠动作。 2. 对电磁机构，当断路器关合电流峰值小于 50 kA 时，直流操作电压范围在（80%～110%)U_n 时，合闸操动机构应可靠动作。 3. 直流或交流的分闸电磁铁，在其线圈端钮处测得的电压大于额定值的 65% 时，应可靠地分闸；当此电压小于额定值的 30% 时，不应分闸	●		
		4. 测量主触头的分、合闸时间及同期性；测量合闸过程中触头接触后的弹跳时间	1. 测量应在断路器额定操作电压及液压条件下进行。 2. 实测数值应符合产品技术条件的规定。 3. 合闸过程中触头接触后的弹跳时间，40.5kV 以下断路器不应大于 2ms，40.5kV 及以上断路器不应大于 3ms	●	●	
		5. 测量分、合闸线圈的绝缘电阻值	测量断路器分、合闸线圈的绝缘电阻值，不应低于 10MΩ	●		
		6. 测量分、合闸线圈的直流电阻值	测量断路器分、合闸线圈的直流电阻值与产品出厂试验值相比应无明显差别	●		

序号	项目	具体内容	质量控制要点	质量控制点		
				Ⅰ级	Ⅱ级	Ⅲ级
3	真空断路器试验	7. 操动机构的试验	模拟操动试验： 　1. 当具有可调电源时，可在不同电压、液压条件下，对断路器进行就地或远控操作，每次操作断路器均应正确，可靠地动作，其联锁及闭锁装置回路的动作应符合产品及设计要求；当无可调电源时，只在额定电压下进行试验。 　2. 直流电磁或弹簧机构的操动试验，应按 GB 50150—2016《电气装置安装工程　电气设备交接试验标准》的规定进行。 　3. 液压机构的操动试验，应按 GB 50150—2016《电气装置安装工程　电气设备交接试验标准》的规定进行。 　4. 对于具有双分闸线圈的回路，应分别进行模拟操动试验	●	●	
		8. 交流耐压试验	1. 应在断路器合闸及分闸状态下进行交流耐压试验。 　2. 当在合闸状态下进行时，额定电压为 10kV 时，相对地及相间试验电压为42kV；额定电压为 35kV 时，相对地及相间试验电压为95kV。 　3. 当在分闸状态下进行时，真空灭弧室断口间的试验电压应按产品技术条件的规定，试验中不应发生贯穿性放电。 　4. 在未能采用有效方法测量真空度前，新装、大修和预试中真空灭弧室必须经耐压试验合格后方能投运，预防由于真空度下降引发的事故	●	●	●
4	隔离开关、负荷开关及高压熔断器试验	1. 绝缘电阻测量	隔离开关与负荷开关的有机材料传动杆的绝缘电阻值，额定电压为 3～15kV 不应低于 1200MΩ；额定电压为 20～35kV 不应低于 3000MΩ；额定电压为 63～220kV 不应低于 6000MΩ；额定电压为 330～500kV 不应低于 10000MΩ	●		
		2. 测量每相导电回路的电阻	1. 新安装或检修后的隔离开关必须进行回路电阻测试。 　2. 宜采用电流不小于 100A 的直流压降法测量每相导电回路电阻值。 　3. 测试结果应符合产品技术条件的规定	●	●	
		3. 测量高压限流熔丝的直流电阻值	与同型号产品相比不应有明显差别	●		

续表

序号	项目	具体内容		质量控制要点	质量控制点		
					Ⅰ级	Ⅱ级	Ⅲ级
4	隔离开关、负荷开关及高压熔断器试验	4. 交流耐压试验		三相同一箱体的负荷开关，应按相间及相对地进行耐压试验，其余均按相对地或外壳进行。试验电压应符合 GB 50150—2016《电气装置安装工程　电气设备交接试验标准》的规定。对负荷开关还应按产品技术条件规定进行每个断口的交流耐压试验	●	●	●
		5. 操动机构线圈的最低动作电压		检查操动机构线圈的最低动作电压，应符合制造厂的规定	●		
		6. 操动机构试验		1. 电动机操动机构：当电动机接线端子的电压在其额定电压的 80%～110% 范围内时；隔离开关和接地开关可靠地分闸和合闸。 2. 压缩空气操动机构：当气压在其额定气压的 85%～110% 范围内时；隔离开关和接开关可靠地分闸和合闸。 3. 二次控制线圈和电磁闭锁装置：当其线圈接线端子的电压在其额定电压的 80%～110% 范围内时，隔离开关和接地开关可靠地分闸和合闸。 4. 隔离开关、负荷开关的机械或电气闭锁装置应准确可靠。 5. 隔离开关与接地开关之间的机械闭锁和电气联锁应闭锁可靠	●		
		5. 特殊试验	瓷绝缘子探伤	1. 应积极开展瓷绝缘子探伤和触指压力测试。 2. 新安装的隔离开关必须逐个进行瓷绝缘子探伤	●		

注　本表涵盖了不同电压等级、不同容量、不同型式的 SF₆ 断路器、真空开关和隔离开关的试验，现场应按 GB 50150—2016《电气装置安装工程　电气设备交接试验标准》对其不同要求，选择相应的质量控制点分别进行检查。

四、GIS 设备试验质量控制表

序号	项目	具体内容	质量控制要点	质量控制点		
				Ⅰ级	Ⅱ级	Ⅲ级
1	调试准备工作	1. 试验依据及相关资料收集	1. GB 50150—2016《电气装置安装工程　电气设备交接试验标准》。	●		

续表

序号	项目	具体内容		质量控制要点	质量控制点		
					I 级	II 级	III 级
1	调试准备工作	1. 试验依据及相关资料收集		2. GB/T 7354—2018《高电压试验技术　局部放电测量》。 3. GB/T 12022—2014《工业六氟化硫》。 4. DL/T 618—2022《气体绝缘金属封闭开关设备现场交接试验规程》。 5. DL/T 555—2004《气体绝缘金属封闭开关设备现场耐压及绝缘试验导则》。 6. GB/T 7674—2020《额定电压 72.5kV 及以上气体绝缘金属封闭开关设备》。 7. DL/T 617—2019《气体绝缘金属封闭开关设备技术条件》。 8. JJG 1073—2011《压力式六氟化硫气体密度控制器》。 9. DL/T 259—2023《六氟化硫气体密度继电器校验规程》。 10. 工程技术合同。 11. 产品说明书，出厂试验报告。 12. 应将出厂试验数据复印或摘录	●		
		2. 试验仪器、工具、试验记录准备		1. 使用试验设备应齐全，功能满足试验要求且在有效期内。 2. 使用工具应齐全，且满足安全要求。 3. 原始试验记录格式的编写	●		
2	GIS 设备试验	1. 测量主回路的导电电阻值		1. 根据施工需要和产品技术要求，在 GIS 对接过程中测量各对接面的导电电阻值。 2. GIS 对接完毕后测量主回路的导电电阻值。 3. 宜采用电流不小于 100A 的直流压降法。 4. 测试结果，不应超过产品技术条件规定值的 1.2 倍	●	●	●
		2. GIS 内各元件的试验	1. 断路器试验	应按 GB 50150—2016《电气装置安装工程　电气设备交接试验标准》相应章节的有关规定进行试验。但对无法分开的设备可不单独进行	●		
			2. 隔离开关试验				
			3. 接地开关试验				
			4. 电流互感器试验				

续表

序号	项目	具体内容		质量控制要点	质量控制点		
					Ⅰ级	Ⅱ级	Ⅲ级
2	GIS设备试验	2. GIS 内各元件的试验	5. 电压互感器试验	应按 GB 50150—2016《电气装置安装工程　电气设备交接试验标准》相应章节的有关规定进行试验。但对无法分开的设备可不单独进行	●		
			6. 避雷器试验				
			7. 套管试验				
		3. GIS 的操动试验		1. 当进行组合电器的操动试验时，联锁与闭锁装置动作应准确可靠。 2. 电动、气动或液压装置的操动试验，应按产品技术条件的规定进行	●	●	●
		4. 特殊试验	1. SF_6 气体密度继电器	含有 SF_6 密度继电器的新设备和大修后设备，投运前必须对密度继电器进行校验并合格	●		
			2. 新 SF_6 瓶气检验	目前常用的新气钢瓶抽检率按 GB/T 12022—2014《工业六氟化硫》中规定的抽检率执行，由 SF_6 气体质量监督管理中心进行抽检，检测合格方可使用，抽检率为 1/10，其他每瓶只测定含水量	●		
			3. SF_6 气体密封试验	1. 设备安装完毕，冲入 SF_6 气体至额定压力 4h 后，采用局部包扎法对所有连接部位进行泄漏值的测量，测量设备灵敏度不应低于 $1 \times 10^{-2}\ Pa \cdot cm^3/s$。 2. 包扎 24h 后应进行泄漏值的测量，每个气室年漏气率应小于 0.5%	●	●	
			4. SF_6 气体含水量测量	1. SF_6 气体含水量的测定应在设备充气至额定压力 120h 后进行。 2. 有灭弧气室含水量应小于 150 μL/L（20℃的体积分数）。 3. 无灭弧气室含水量应小于 250 μL/L（20℃的体积分数）。 4. 纯度应大于 97%	●	●	
			5. 主回路交流耐压	1. 交流耐压试验电压值为出厂值的 100%，时间为 1min。 2. 耐压试验前应先进行老练试验，老练试验加压程序为：从零电压升压至 $U_m\sqrt{3}$（U_m 为设备的最高电压），持续 10min；再升压至 $1.2U_m\sqrt{3}$，持续 5min，老练试验结束；最后升至耐压值，时间为 1min，耐压试验结束后电压降至 $1.2U_m\sqrt{3}$，直接进行局部放电测试。	●	●	●

续表

序号	项目	具体内容		质量控制要点	质量控制点		
					Ⅰ级	Ⅱ级	Ⅲ级
2	GIS 设备试验	4. 特殊试验	5. 主回路交流耐压	3. 规定的试验电压应施加到每相导体和外壳之间，每次一相，其他的导体应与接地的外壳相连。 4. 每个部件都至少加一次试验电压。 5. 对装有合闸电阻的断路器，新装和大修后，应进行断口交流耐压试验	●	●	●
		5. 投运前检查		1. 检查 GIS 内断路器操作压力、SF_6 压力在正常范围内。 2. 检查 GIS 内断路器油启停正常。 3. 检查 GIS 内断路器电磁型操动机构的合闸熔断器完善。 4. 检查 GIS 内断路器液压触点已按产品技术要求整定好。 5. 检查 GIS 内断路器分、合闸指示正确	●	●	●

五、套管、悬式和支柱绝缘子试验质量控制表

序号	项目	具体内容	质量控制要点	质量控制点		
				Ⅰ级	Ⅱ级	Ⅲ级
1	调试准备工作	1. 试验依据及相关资料收集	1. GB 50150—2016《电气装置安装工程　电气设备交接试验标准》。 2. GB/T 7354—2018《高电压试验技术　局部放电测量》。 3. GB/T 12022—2014《工业六氟化硫》。 4. DL/T 618—2022《气体绝缘金属封闭开关设备现场交接试验规程》。 5. DL/T 555—2004《气体绝缘金属封闭开关设备现场耐压及绝缘试验导则》。 6. GB/T 7674—2020《额定电压 72.5kV 及以上气体绝缘金属封闭开关设备》。 7. DL/T 617—2019《气体绝缘金属封闭开关设备技术条件》。 8. JJG 1073—2011《压力式六氟化硫气体密度控制器》。 9. DL/T 259—2023《六氟化硫气体密度继电器校验规程》。 10. 工程技术合同。	●		

续表

序号	项目	具体内容		质量控制要点	质量控制点		
					I级	II级	III级
1	调试准备工作	1. 试验依据及相关资料收集		11. 产品说明书，出厂试验报告。 12. 应将出厂试验数据复印或摘录	●		
		2. 试验仪器、工具、试验记录准备		1. 使用试验设备应齐全，功能满足试验要求且在有效期内。 2. 使用工具应齐全，且满足安全要求。 3. 原始试验记录格式的编写	●		
2	套管试验	1. 非纯瓷套管试验	1. 试验前准备	1. 试验前检查套管表面和末屏端子应清洁、干燥，无开裂或修补。 2. 准确测量和记录环境温度和湿度	●		
			2. 绝缘电阻测量	1. 使用 2500V 绝缘电阻表测量套管主绝缘的绝缘电阻。 2. 66kV 及以上的电容型套管，应测量"抽压小套管"对法兰或"测量小套管"对法兰的绝缘电阻	●		
			3. 介质损耗角正切值 $\tan\delta$ 和电容值测量	1. 采用正接法测量主绝缘的 $\tan\delta$ 和电容值，采用反接法测量末屏小套管的 $\tan\delta$ 和电容值。 2. $\tan\delta$ 实测值与出厂试验值比较无明显差别。 3. 电容型套管的实测电容值与产品铭牌数值或出厂试验值相比，其差值应在 ±5% 范围内。 4. 测量 $\tan\delta$ 和电容值时，尽量不将套管水平放置或用绝缘绳索吊起在任意角度进行测量，在测试数据有疑问时更应引起注意。 5. 出厂试验值必须摘录在原始记录和试验报告中	●		
			4. 交流耐压	按出厂试验电压值的 80% 进行 1min 交流耐压	●		
		2. 纯瓷套管试验	1. 绝缘电阻	使用 2500V 绝缘电阻表测量套管的绝缘电阻	●		
			2. 交流耐压	1. 按出厂试验电压值进行 1min 交流耐压。 2. 穿墙套管、断路器套管、变压器套管、电抗器及消弧线圈套管，均可随母线或设备一起进行交流耐压试验	●		

续表

序号	项目	具体内容		质量控制要点	质量控制点		
					Ⅰ级	Ⅱ级	Ⅲ级
2	套管试验	3. 特殊试验	1. 气体试验	按产品技术要求对 SF₆ 套管中的气体进行试验，含水量不应大于 250 μL/L，年泄漏率应小于 0.5%	●		
			2. 绝缘子探伤	对于新安装的支柱绝缘子、避雷器等瓷质设备在投运前应进行超声波探伤试验	●		
3	悬式和支柱绝缘子		1. 绝缘电阻值	1. 采用 2500V 绝缘电阻表测量绝缘子绝缘电阻。 2. 用于 330kV 及以下电压等级的悬式绝缘子的绝缘电阻值，不应低于 300MΩ；用于 500kV 电压等级的悬式绝缘子，其值不应低于 500MΩ。 3. 35kV 及以下电压等级的支柱绝缘子的绝缘电阻值，不应低于 500MΩ	●		
			2. 交流耐压试验	1. 35kV 及以下电压等级的支柱绝缘子，可在母线安装完毕后一起进行，试验电压应符合 GB 50150—2016《电气装置安装工程　电气设备交接试验标准》。 2. 35kV 多元件支柱绝缘子的交流耐压试验值，应符合下列规定： （1）两个胶合元件者，每元件 50kV。 （2）三个胶合元件者，每元件 34kV。 3. 悬式绝缘子的交流耐压试验电压均取 60kV	●		
4	投运前的检查			检查末屏小套管已可靠接地	●	●	●

六、电力电缆试验质量控制表

序号	项目	具体内容	质量控制要点	质量控制点		
				Ⅰ级	Ⅱ级	Ⅲ级
1	调试准备工作	1. 试验依据及相关资料收集	1. GB 50150—2016《电气装置安装工程　电气设备交接试验标准》。 2. GB/T 7354—2018《高电压试验技术　局部放电测量》。 3. Q/GDW 11223—2014《高压电缆状态检测技术规范》。	●		

续表

序号	项目	具体内容	质量控制要点	质量控制点 Ⅰ级	质量控制点 Ⅱ级	质量控制点 Ⅲ级
1	调试准备工作	1. 试验依据及相关资料收集	4. Q/GDW 11400—2015《电力设备高频局部放电带电检测技术现场应用导则》。 5. Q/GDW 11316—2018《高压电缆线路试验规程》。 6. 工程技术合同。 7. 产品说明书，出厂试验报告。 8. 应将出厂试验数据复印或摘录	●		
		2. 试验仪器、工具、试验记录准备	1. 使用试验设备应齐全，功能满足试验要求且在有效期内。 2. 使用工具应齐全，且满足安全要求。 3. 原始试验记录格式的编写	●		
2	电缆试验	1. 电力电缆线路的试验应符合的规定	1. 对电缆的主绝缘作耐压试验或测量绝缘电阻时，应分别在每一相上进行。对一相进行试验或测量时，其他两相导体、金属屏蔽或金属套和铠装层一起接地。 2. 对金属屏蔽或金属套一端接地，另一端装有护层过电压保护器的单芯电缆主绝缘作耐压试验时，必须将护层过电压保护器短接，使这一端的电缆金属屏蔽或金属套临时接地。 3. 对额定电压为 0.6/1kV 的电缆线路应用 2500V 绝缘电阻表测量导体对地绝缘电阻代替耐压试验，试验时间为 1min	●		
		2. 绝缘电阻测量	1. 测量各电缆导体对地或对金属屏蔽层间和各导体间的绝缘电阻，应符合下列规定： （1）耐压试验前后，绝缘电阻测量应无明显变化。 （2）橡塑电缆外护套、内衬套的绝缘电阻不低于 0.5MΩ/km。 2. 测量绝缘用绝缘电阻表的额定电压，宜采用如下等级。 （1）0.6/1kV 电缆：用 1000V 绝缘电阻表。 （2）0.6/1kV 以上电缆：用 2500V 绝缘电阻表，6/6kV 及以上电缆用 5000V 绝缘电阻表。 （3）橡塑电缆外护套、内衬套的测量：用 500V 绝缘电阻表	●		
		3. 直流耐压试验及泄漏电流测量	1. 18/30kV 及以下电压等级的橡塑绝缘电缆直流耐压试验电压 U_t 应按 $U_t = 4 \times U_0$ 进行计算（ U_0 为电缆导体对地或对金属屏蔽层间的额定电压）。	●		

续表

序号	项目	具体内容	质量控制要点	质量控制点		
				Ⅰ级	Ⅱ级	Ⅲ级
2	电缆试验	3. 直流耐压试验及泄漏电流测量	2. 试验时，试验电压可分 4～6 阶段均匀升压，每阶段停留 1min，并读取泄漏电流值。试验电压升至规定值后维持 15min，其间读取 1min 和 15min 时泄漏电流。测量时应消除杂散电流的影响。 3. 纸绝缘电缆泄漏电流的三相不平衡系数（最大值与最小值之比）不应大于 2；当 6/10kV 及以上电缆的泄漏电流小于 20μA 和 6kV 及以下电压等级电缆泄漏电流小于 10μA 时，其不平衡系数不作规定。泄漏电流值和不平衡系数只作为判断绝缘状况的参考，不作为是否能投入运行的判据。其他电缆泄漏电流值不作规定。 4. 电缆的泄漏电流具有下列情况之一的，电缆绝缘可能有缺陷，应找出缺陷部位，并予以处理。 （1）泄漏电流很不稳定。 （2）泄漏电流随试验电压升高急剧上升。 （3）泄漏电流随试验时间延长有上升现象	●		
		4. 交流耐压	橡塑电缆优先采用 20～300 Hz 交流耐压试验。20～300 Hz 交流耐压试验电压及时间见下表。 	额定电压 U_0(kV)	试验电压	时间（min）
---	---	---
18/30 及以下	$2U_0$	5（或 60）
21/35～64/110	$2U_0$	60
127/220	$1.7U_0$（或 $1.4U_0$）	60
190/330	$1.7U_0$（或 $1.3U_0$）	60
290/500	$1.7U_0$（或 $1.1U_0$）	60		●	●	●
		5. 局部放电测量	66kV 及以上电缆线路主绝缘交流耐压试验时应同时开展局部放电测量	●	●	●
		6. 测量金属屏蔽层和导体电阻比	用双臂电桥测量在相同温度下的金属屏蔽层和导体的直流电阻	●		
		7. 检查电缆线路的两端相位	检查电缆线路的两端相位应一致，并与电网相位相符合	●		
		8. 交叉互联系统试验	方法和要求见 Q/GDW 11316—2018《高压电缆线路试验规程》	●		

七、电容器试验质量控制表

序号	项目	具体内容	质量控制要点	质量控制点		
				Ⅰ级	Ⅱ级	Ⅲ级
1	调试准备工作	1. 试验依据及相关资料收集	1. GB 50150—2016《电气装置安装工程 电气设备交接试验标准》。 2. DL/T 628—1997《集合式高压并联电容器订货技术条件》。 3. 工程技术合同。 4. 产品说明书，出厂试验报告。 5. 应将出厂试验数据复印或摘录	●		
		2. 试验仪器、工具、试验记录准备	1. 使用试验设备应齐全，功能满足试验要求，且在有效期内。 2. 使用工具应齐全，且满足安全要求。 3. 原始试验记录格式的编写	●		
2	电容器试验	1. 测量绝缘电阻	1. 采用2500V绝缘电阻表测量耦合电容器、断路器电容器二极间的绝缘电阻。 2. 采用2500V绝缘电阻表测量并联电容器电极对外壳之间的绝缘电阻。 3. 采用1000V绝缘电阻表测量小套管对地绝缘电阻。 4. 测量集合式电容器相间和极对壳的绝缘电阻	●		
		2. 测量耦合电容器、断路器电容器的tanδ及电容值	测量耦合电容器、断路器电容器的介质损耗角正切值 tanδ 及电容值，应符合下列规定。 （1）测得的介质损耗角正切值 tanδ 应符合产品技术条件的规定。 （2）耦合电容器电容值的偏差应在额定电容值的–5%～+10%范围内，电容器叠柱中任何两单元的实测电容之比值与这两单元的额定电压之比值的倒数之差不应大于 5%；断路器电容器电容值的偏差应在额定电容值的±5%范围内	●		
		3. 测量并联电容器组的电容值	1. 测量单个电容器的电容量，与出厂值或铭牌值比较，偏差应在 ±5%范围内。 2. 对电容器组，应测量各相、各臂及总的电容值。 3. 电容器组中各相电容的最大值和最小值之比，不应超过 1.08。	●	●	●

续表

序号	项目	具体内容	质量控制要点	质量控制点		
				Ⅰ级	Ⅱ级	Ⅲ级
2	电容器试验	3. 测量并联电容器组的电容值	4. 集合式电容器的实测电容值的规定： （1）每相电容值偏差应在额定值的–5%～+10%的范围内，且电容值不小于出厂值的96%。 （2）三相中每两线路端子间测得的电容值的最大值与最小值之比不大于1.06。 （3）每相用三个套管引出的电容器组，应测量每两个套管之间的电容量，其值与出厂值相差在 ±5%范围内	●	●	●
		4. 特殊试验（集合式电容器的绝缘油试验）	自集合式电容器放油口取出的油样的绝缘性能应承受不小于 45kV/2.5mm 的耐压值，tanδ 值应不大于 0.2%（90℃）	●		
		5. 并联电容器的交流耐压试验	1. 并联电容器电极对外壳交流耐压试验电压值应符合下表的规定： **并联电容器交流耐压试验电压标准** 注　斜线下的数据为外绝缘的干耐受电压。 2. 当产品出厂试验电压值不符合上表的规定时，交接试验电压应按产品出厂试验电压值的75%进行。 3. 集合式电容器的相间和极对壳交流耐压值为出厂试验值的75%	●		
		6. 投运前的检查	1. 检查耦合电容器上下两节之间有明显的连接线。 2. 检查备用耦合电容器（未经结合滤波器）的测量小套管已可靠接地。	●	●	●

并联电容器交流耐压试验电压标准

额定电压（kV）	<1	1	3	6	10	15	20	35
出厂试验电压（kV）	3	6	8/25	23/30	30/42	40/55	50/65	80/95
交接试验电压（kV）	2.25	4.5	18.76	22.5	31.5	41.25	48.75	71.25

续表

序号	项目	具体内容	质量控制要点	质量控制点		
				Ⅰ级	Ⅱ级	Ⅲ级
2	电容器试验	6. 投运前的检查	3. 检查单体电容器的熔断器完好，无脱落现象	●		
		7. 冲击合闸试验	在电网额定电压下，对电力电容器组的冲击合闸试验，应进行 3 次，熔断器不应熔断	●		

八、避雷器试验质量控制表

序号	项目	具体内容	质量控制要点	质量控制点		
				Ⅰ级	Ⅱ级	Ⅲ级
1	调试准备工作	1. 试验依据及相关资料收集	1. GB 50150—2016《电气装置安装工程　电气设备交接试验标准》。 2. 工程技术合同。 3. 产品说明书，出厂试验报告。 4. 应将出厂试验数据复印或摘录	●		
		2. 试验仪器、工具、试验记录准备	1. 使用试验设备应齐全，功能满足试验要求，且在有效期内。 2. 使用工具应齐全，且满足安全要求。 3. 原始试验记录格式的编写	●		
2	避雷器试验	1. 金属氧化物避雷器绝缘电阻测量	1. 35kV 以上电压：用 5000V 绝缘电阻表，绝缘电阻不小于 2500MΩ。 2. 35kV 及以下电压：用 2500V 绝缘电阻表，绝缘电阻不小于 1000MΩ。 3. 低压（1kV 以下）：用 500V 绝缘电阻表，绝缘电阻不小于 2MΩ。 4. 基座绝缘电阻不低于 5MΩ	●		
		2. 测量金属氧化物避雷器的工频参考电压和持续电流（可选做）	1. 金属氧化物避雷器对应于工频参考电流下的工频参考电压，整支或分节进行的测试值，应符合产品技术条件的规定。 2. 测量金属氧化物避雷器在避雷器持续运行电压下的持续电流，其阻性电流或总电流值应符合产品技术条件的规定。	●		

续表

序号	项目	具体内容		质量控制要点	质量控制点		
					Ⅰ级	Ⅱ级	Ⅲ级
2	避雷器试验	2. 测量金属氧化物避雷器的工频参考电压和持续电流（可选做）		3. 测量时应记录环境温度、相对湿度和运行电压，测量宜在瓷套表面干燥时进行，应注意相间干扰的影响	●		
		3. 测量金属氧化物避雷器直流参考电压		1. 金属氧化物避雷器对应于直流参考电流下的直流参考电压，整支或分节进行的测试值应符合产品技术条件的规定。 2. 实测值与制造厂规定值比较，变化不应大于 ±5%	●		
		4. 测量 0.75 倍直流参考电压下的泄漏电流		0.75 倍直流参考电压下的泄漏电流值不应大于 50 μA 或符合产品技术条件的规定	●		
		5. 放电计数器的动作检查		检查放电计数器的动作应可靠，避雷器监视电流表指示应良好	●		
		6. 工频放电电压试验		对有间隙的金属氧化物避雷器应进行工频放电电压试验，工频放电电压应符合产品技术条件的规定	●		
		7. 特殊试验	避雷器瓷套探伤试验	对于新安装的支柱绝缘子、避雷器等瓷质设备在投运前应进行超声波探伤试验	●		
		8. 投运前检查		1. 检查避雷器放电计数器均指在零位或相同位置。 2. 检查避雷器底座绝缘正常	●	●	●

九、绝缘油及 SF₆气体试验质量控制表

序号	项目	具体内容	质量控制要点	质量控制点		
				Ⅰ级	Ⅱ级	Ⅲ级
1	调试准备工作	1. 试验依据及相关资料收集	1. GB 50150—2016《电气装置安装工程 电气设备交接试验标准》。 2. GB 2536—2011《电工流体 变压器和开关用的未使用过的矿物绝缘油》。	●		

序号	项目	具体内容		质量控制要点			质量控制点		
							I级	II级	III级
1	调试准备工作	1. 试验依据及相关资料收集		3. GB/T 14542—2017《变压器油维护管理导则》，新油注入设备时进行热循环后的检验。 4. DL/T 722—2014《变压器油中溶解气体分析和判断导则》。 5. GB/T 1094.3—2017《电力变压器　第3部分：绝缘水平、绝缘试验和外绝缘空气间隙》。 6. GB/T 7354—2018《高电压试验技术　局部放电测量》。 7. DL/T 1093—2018《电力变压器绕组变形的电抗法检测判断导则》。 8. DL/T 911—2016《电力变压器绕组变形的频率响应分析法》。 9. GB/T 12022—2014《工业六氟化硫》。 10. 工程技术合同。 11. 产品说明书，出厂试验报告。 12. 应将出厂试验数据复印或摘录			●		
		2. 试验仪器、工具、试验记录准备		1. 使用试验设备应齐全，功能满足试验要求，且在有效期内。 2. 使用工具应齐全，且满足安全要求。 3. 原始试验记录格式的编写			●		
2	绝缘油试验	1. 检定项目	1. 外状	用目视的方法检查油样，要求透明，无杂质或悬浮物			●		
			2. 水溶性酸（pH值）测定	要求水溶性酸＞5.4			●		
			3. 酸值测定	要求酸值≤0.03 mg/g（以KOH计）			●		
			4. 闪点（闭口）测定	油号	DB-10	DB-25	DB-45	●	
				闪点不低于	140 ℃	140 ℃	135 ℃		

续表

序号	项目	具体内容		质量控制要点	质量控制点		
					Ⅰ级	Ⅱ级	Ⅲ级
2	绝缘油试验	1. 检定项目	5. 水分测定	1. 500kV 设备水分：≤10 mg/L。 2. 20～30kV 设备水分：≤15 mg/L。 3. 110kV 及以下电压等级设备水分：≤20 mg/L	●		
			6. 界面张力测定	要求 25 ℃时，界面张力≥40 mN/m	●		
			7. 介质损耗因数 tanδ 测定	1. 要求 90℃时，注入电气设备前 tanδ≤0.5%。 2. 要求 90℃时，注入电气设备后 tanδ≤0.7%	●		
			8. 击穿电压测定	1. 750kV 设备用油击穿电压：≥70kV。 2. 500kV 设备用油击穿电压：≥60kV。 3. 330kV 设备用油击穿电压：≥50kV。 4. 60～220kV 设备用油击穿电压：≥40kV。 5. 35kV 及以下电压等级设备用油击穿电压：≥35kV	●		
			9. 体积电阻率测定	要求 90 ℃时，体积电阻率≥6×10^{10}Ω·m	●		
			10. 油中含气量测定	要求 330～500kV 设备：≤1%(体积分数)	●		
			11. 油泥与沉淀物测定	要求油泥与沉淀物≤0.02%(质量分数)	●		
			12. 油色谱分析	符合油浸式变压器、互感器的有关技术要求	●		

序号	项目	具体内容	质量控制要点		质量控制点		
					Ⅰ级	Ⅱ级	Ⅲ级
2	绝缘油试验	2. 新油验收及充油电气设备的绝缘油试验分类	试验类别	适用范围	●		
			击穿电压	1. 6kV 以上电气设备内的绝缘油或新注入上述设备前、后的绝缘油。 2. 对下列情况之一者，可不进行击穿电压试验。 （1）35kV 以下互感器，其主绝缘试验已合格的。 （2）l5kV 以下油断路器，其注入新油的击穿电压已在 35kV 及以上的。 （3）按 GB 50150—2016 有关规定不需取油的			
			简化分析	1. 准备注入变压器、电抗器、互感器、套管的新油，应按检测项目的第 2~9 项规定进行。 2. 准备注入油断路器的新油，应按检测项目的第 2、3、4、5、8 项规定进行			
			全分析	对油的性能有怀疑时，应按 GB 50150—2016 中表 19.0.1 中的全部项目进行			
3	SF₆气体检测	1. 新 SF₆ 瓶气检验	目前常用的新气钢瓶抽检率按 GB/T 12022—2014《工业六氟化硫》中规定的抽检率执行，由 SF₆ 气体质量监督管理中心进行抽检，检测合格方可使用，抽检率为 1/10，其他每瓶只测定含水量		●		
		2. SF₆ 气体密封试验	按有关 SF₆ 气体设备的技术要求进行		●		
		3. SF₆ 气体含水量测量	按有关 SF₆ 气体设备的技术要求进行		●		

十、1kV 以上架空电力线路试验质量控制表

序号	项目	具体内容		质量控制要点	质量控制点		
					Ⅰ 级	Ⅱ 级	Ⅲ 级
1	调试准备工作	1. 试验依据及相关资料收集		1. GB 50150—2016《电气装置安装工程　电气设备交接试验标准》。 2. 线路参数设计值	●		
		2. 试验仪器、工具、试验记录准备		1. 使用试验设备应齐全，功能满足试验要求，且在有效期内。 2. 使用工具应齐全，且满足安全要求。 3. 原始试验记录格式的编写	●		
2	线路参数测试	1. 测试原则		1. 110kV 及以上新建、改建和开剖线路均需进行线路参数实测。 2. 新建线路在参数实测时纳入调度管辖范围。 3. 在预定线路参数实测日 4 日前，线路所有维护单位的调度部门应通过检修票系统向省调提交线路参数实测申请，申请内容包括实测线路的名称、实测时间、试验项目、试验要求等。省调于线路参数实测前 2 日批答	●		
		2. 感应电压测量		采用静电电压表或数字电压表，分别测量当线路对端三相短路接地和不接地时的感应电压，并做好记录	●		
		3. 测量绝缘子和线路的绝缘电阻		采用 2500V 绝缘电阻表测量线路每相绝缘电阻，并记录线路的绝缘电阻值	●		
		4. 核对线路两侧的相位		采用 2500V 绝缘电阻表检查各相两侧的相位应一致	●		
		5. 线路直流电阻测量		根据线路长度及感应电压大小，选择电工电桥或直流电阻测试仪或直流电流、电压表测量线路每相直流电阻	●		
		6. 线路工频参数测量	1. 正序阻抗测量。 2. 零序阻抗测量。 3. 500kV 线路正序电容测量。 4. 500kV 线路零序电容测量	1. 测试前必须做好充分准备，仪器设备领用齐全，电源线够长，调压器、隔离变压器的容量满足要求，并均能正常使用。 2. 可采用工频或变频线路参数测试仪进行测量。 3. 收集线路有关数据，要求提供者采用书面形式提供，并按同类型线路的阻抗值进行估算。	●	●	●

续表

序号	项目	具体内容		质量控制要点	质量控制点		
					Ⅰ级	Ⅱ级	Ⅲ级
2	线路参数测试	6. 线路工频参数测量	1. 正序阻抗测量。 2. 零序阻抗测量。 3. 500kV 线路正序电容测量。 4. 500kV 线路零序电容测量	4. 现场测试时将结果与估算值比较，发现较大差异，应认真检查测试接线正确与否、测试线接触是否良好，并反复多次测量，观察数据的重复性和稳定性。 5. 测试时应尽量采用较大测试电流进行测试，以减小干扰的影响。 6. 同杆双回线路应在非被试线路两端接地和一端不接地两种情况下，分别测量零序阻抗。并做好记录，出具正式报告。 7. 同杆双回线路，必须测量互感阻抗，并做好记录，出具正式报告。 8. 测试完毕，所测数据必须经工程各专责审核后，方可结束线路参数测试工作，上报调度部门	●	●	●

十一、二次回路、低压电器试验质量控制表

序号	项目	具体内容	质量控制要点	质量控制点		
				Ⅰ级	Ⅱ级	Ⅲ级
1	调试准备工作	1. 试验依据及相关资料收集	GB 50150—2016《电气装置安装工程　电气设备交接试验标准》	●		
		2. 试验仪器、工具、试验记录准备	1. 使用试验设备应齐全，功能满足试验要求，且在有效期内。 2. 使用工具应齐全，且满足安全要求。 3. 原始试验记录格式的编写	●		
2	二次回路试验	1. 测量绝缘电阻	1. 小母线在断开所有其他并联支路时，不应小于 10MΩ。 2. 二次回路的每一支路和断路器、隔离开关的操动机构的电源回路等，均不应小于 1MΩ。 3. 在比较潮湿的地方，可不小于 0.5MΩ	●		
		2. 交流耐压试验	1. 试验电压为 1000V。当回路绝缘电阻值在 10MΩ 以上时，可采用 2500V 绝缘电阻表代替，试验持续时间为 1min。 2. 48V 及以下电压等级回路可不作交流耐压试验。	●		

续表

序号	项目	具体内容	质量控制要点	质量控制点		
				Ⅰ级	Ⅱ级	Ⅲ级
2	二次回路试验	2. 交流耐压试验	3. 回路中有电子元器件设备的，试验时应将插件拔出或将其两端短接	●		
		3. 说明	二次回路是指电气设备的操作、保护、测量、信号等回路及其回路中的操动机构的线圈、接触器、继电器、仪表、互感器二次绕组等			
3	低压电器试验	1. 测量低压电器连同所连接电缆及二次回路的绝缘电阻	测量低压电器连同所连接电缆及二次回路的绝缘电阻值，不应小于 1MΩ；在比较潮湿的地方，可不小于 0.5MΩ	●		
		2. 电压线圈动作值校验	线圈的吸合电压不应大于额定电压的85%，释放电压不应小于额定电压的5%；短时工作的合闸线圈应在额定电压的85%～110%范围内，分励线圈应在额定电压的75%～110%的范围内均能可靠工作	●		
		3. 低压电器动作情况检查	对采用电动机或液压、气压传动方式操作的电器，除产品另有规定外，当电压、液压或气压在额定值的85%～110%范围内时，电器应可靠工作	●		
		4. 低压电器采用的脱扣器的整定	低压电器采用的脱扣器的整定，各类过流脱扣器、失压和分励脱扣器、延时装置等，应按使用要求进行整定	●		
		5. 测量电阻器和变阻器的直流电阻	测量电阻器和变阻器的直流电阻值，其差值应分别符合产品技术条件的规定。电阻值应满足回路使用的要求	●		
		6. 低压电器连同所连接电缆及二次回路的交流耐压试验	试验电压为 1000V。当回路的绝缘电阻值在 10MΩ 以上时，可采用 2500V 绝缘电阻表代替，试验持续时间为 1min	●		
		7. 说明	低压电器包括电压为 60～1200V 的刀开关、转换开关、熔断器、自动开关、接触器、控制器、主令电器、启动器、电阻器、变阻器及电磁铁等			

十二、接地装置试验质量控制表

序号	项目	具体内容	质量控制要点	质量控制点		
				Ⅰ级	Ⅱ级	Ⅲ级
1	调试准备工作	1. 试验依据及相关资料收集	1. GB 50150—2016《电气装置安装工程　电气设备交接试验标准》。 2. 国家电网设备〔2018〕979 号《国家电网有限公司关于印发十八项电网重大反事故措施（修订版）的通知》。 3. DL/T 475—2017《接地装置特性参数测量导则》。 4. 接地装置设计图	●		
		2. 试验仪器、工具、试验记录准备	1. 使用试验设备应齐全，功能满足试验要求，且在有效期内。 2. 使用工具应齐全，且满足安全要求。 3. 原始试验记录格式的编写	●		
2	接地装置试验	1. 接地网电气完整性测试	1. 采用专用的接地引下线导通测试仪，测量参考点周围电气设备接地部分与参考点之间的直流电阻。 2. 选择一个很可能与主地网连接良好的设备的接地引下线为参考点，如果开始即有很多设备测试结构不良，应考虑更换参考点。 3. 采用接地引下线导通测试仪或 JRY-40 直阻测试仪，不能使用双臂电桥进行测试。按国家电网设备〔2018〕979 号要求其测试电流应大于 1A。 4. 只要有接地引下线的地方都必须进行。 5. 状况良好的设备测试值应在 50 mΩ 以下	●		
		2. 接地阻抗测试	1. 接地阻抗测量应选择比较干燥季节的雨转晴后几天进行。 2. 从设计图了解并记录主接地网、独立避雷针接地的设计要求，记录主接地网的平面尺寸。 3. 从现场监理处了解地网是否敷设焊接完毕、主接地网与站外无任何导体连接。 4. 用直阻仪检查各个电压等级的场区之间连接情况，场区之间的直流电阻不应大于 0.2 Ω。 5. 测试前到现场勘查和确定辅助电流极的位置，要求电流极布置得尽量远，通常距被测地网边缘的长度应大于 5 倍被测地网的对角线，并采用 GPS 定位仪测量距离。			

续表

序号	项目	具体内容	质量控制要点	质量控制点		
				Ⅰ级	Ⅱ级	Ⅲ级
2	接地装置试验	2. 接地阻抗测试	6. 选择较潮湿的地方敷设辅助电流极，其平面尺寸尽量大，角铁桩打入深度不小于800mm，并将角铁桩相互之间用铜导线或铝导线连接可靠。辅助接地极敷设完毕后，可采用接地绝缘电阻表测量其接地电阻，要求小于10Ω，以提高测试电流。 7. 采用工频电流、电压表三极直线法或变频测试仪进行测量。 8. 接地阻抗值应符合设计要求	●		
		3. 接触电位差（电压）、跨步电位差（电压）测量	1. 在站内各电压等级的场地构架、隔离开关、接地开关、断路器等运行人员常接触的设备处测量接触电位差（电压）。 2. 在接地网边缘和大门处测量跨步电位差（电压）。 3. 由于站内土壤电阻率分布不均匀，应分别在站内四角及中间部分进行接触电位差（电压）、跨步电位差（电压）测量。 4. 跨步电位差和接触电位差应符合设计要求	●		
		4. 独立避雷针接地阻抗测量	1. 采用接地电阻测试仪测量独立避雷针接地阻抗。 2. 独立避雷针接地阻抗不宜大于10Ω。 注：当与接地网连在一起时可不单独测量。 3. 当独立避雷针接地阻抗大于10Ω时，按设计要求进行处理			

第二节 分 系 统 调 试

操作说明：

（1）为控制 10～500kV 电压等级变电工程的电气二次设备试验质量特编制本表。本表按 10～500kV 二次设备的调试流程进行编写，涵盖了 10～500kV 二次设备及相关的试验项目和质量控制要点。对电压等级和容量不同的同类型设备，现场应按 GB/T 14285—2023《继电保护和安全自动装置技术规程》对其不同要求采用同一质量控制表，选择相应的质量控制点分别进行检查。

（2）表中"●"表示质量控制点，采用三级质量检查方式进行控制。

Ⅰ级质量控制由工作面负责人完成：主要方式是带领工作面的其他试验人员在施工过程中对所有一次设备按照质量控制表进行试验；负责检查原始记录和编写整理试验报告；按质量控制点对完成的试验项目进行检查确认，并在原始记录和试验报告上签字。

Ⅱ级质量控制由调试总负责人或工地技术负责人完成：采用旁站或查看原始记录的方式，在施工过程中根据工程进度和一次设备试验完成情况，按表中的质量控制点进行检查确认，并在原始记录上签字。

Ⅲ级质量控制点由质量检验专责完成：采用旁站或查看原始记录或询问的方式，在施工高峰期、竣工验收前和送电前各阶段，对工程一次设备的试验质量，按表中的质量控制点进行检查确认，并将检查方式和检查情况做好书面记录。

一、35kV（10kV）二次设备调试质量控制表

序号	项目	具体内容	质量控制要点	Ⅰ级	Ⅱ级	Ⅲ级
1	调试准备工作	1. 相关资料收集	应包括设计图纸、设计变更通知单、二次设备出厂说明书、出厂图纸、出厂报告、调试大纲	●		
		2. 试验仪器、工具、试验记录准备	1. 使用试验设备应齐全，功能满足试验要求，且在有效期内。 2. 使用工具应齐全，且满足安全要求。 3. 原始试验记录	●		
2	屏柜现场检查	1. 检验设备的完好性	设备外形应端正，无明显损坏及变形现象，接线应无机械损伤，端子压接应紧固	●		
		2. 检查、记录装置的铭牌参数	检查保护装置的型号、出厂厂家、出厂年月、出厂编号、交流电流、交流电压、直流工作电压等参数与设计参数一致，并记录	●		
		3. 检查连接片、按钮、把手安装正确性	1. 保护跳、合闸出口连接片及与失灵回路相关连接片采用红色，功能连接片采用黄色，连接片底座及其他连接片采用浅驼色。 2. 检查跳闸连接片的开口端应装在上方，接至断路器的跳闸线圈回路。 3. 跳闸连接片在落下过程中必须和相邻跳闸连接片有足够的距离，以保证在操作跳闸连接片时不会碰到相邻的跳闸连接片。 4. 检查并确证跳闸连接片在拧紧螺栓后能可靠地接通回路，且不会接地。 5. 穿过保护屏的跳闸连接片导电杆必须有绝缘套，并距屏孔有明显距离。 6. 连接片、按钮、把手应采用双重编号，内容标示明确规范，并应与图纸标示内容相符，满足运行部门要求	●		
		4. 屏柜及装置接地检查	1. 在主控室、保护室柜屏下层的电缆沟内，按柜屏布置的方向敷设100mm²的专用铜排（缆），将该专用铜排（缆）首末端连接，形成保护室内的等电位接地网。保护室内的等电位接地网必须用至少4根以上、截面不小于50mm²的铜排（缆）与厂、站的主接地网在电缆竖井处可靠连接。 2. 静态保护和控制装置的屏柜下部设有截面不小于100mm²的接地铜排。屏柜上装置的接地端子应用截面不小于4mm²的多股铜线和接地铜排相连。屏柜内的接地铜排应用截面不小于50mm²的铜缆与保护室内的等电位接地网相连。 3. 屏柜内接地铜排可不与屏体绝缘	●		
		5. 装置绝缘检查	用500V绝缘电阻表测量回路对地的绝缘电阻，其绝缘电阻应大于10MΩ	●		

续表

序号	项目	具体内容		质量控制要点	质量控制点		
					I级	II级	III级
3	保护单机调试	1. 保护电源的检查	1. 检查电源的自启动性能	电源电压缓慢上升至 80%额定值应正常自启动；在 80%额定电压下拉合空气断路器应正常自启动	●		
			2. 检查输出电压及其稳定性	输出电压幅值应在装置技术参数正常范围以内	●		
		2. 保护装置的模数转换	1. 装置零漂检查	零漂应在装置技术参数允许范围以内	●		
			2. 电压测量采样	误差应在装置技术参数允许范围以内	●		
			3. 电流测量采样	1. 误差应在装置技术参数允许范围以内。2. 在线性度检查时，加入 10 I_n（额定电流）电流检查装置过载能力。试验时应特别注意：在试验设备输出允许范围内；试验时间应在说明书要求时间内；加大电流严禁超过允许时间，防止损坏保护装置；试验时应有厂家人员参与	●		
			4. 相位角度测量采样	1. 误差应在装置技术参数允许范围以内。2. 应注意相位角度的基准	●		
		3. 开关量的输入	1. 检查软连接片和硬连接片的逻辑关系	应与装置技术规范及逻辑要求一致	●		
			2. 保护连接片投退的开入	按厂家调试大纲及设计要求调试	●		
			3. 断路器位置的开入	变位情况应与装置及设计要求一致，特别注意检查两台断路器跳闸位置串联情况及与面板检修切换配合情况	●		
			4. 其他开入量	变位情况应与装置及设计要求一致	●		

续表

序号	项目	具体内容		质量控制要点	质量控制点		
					Ⅰ级	Ⅱ级	Ⅲ级
3	保护单机调试	4. 定值校验	1. 1.05倍及0.95倍定值校验	装置动作行为应正确	●		
			2. 操作输入和固化定值	应能正常输入和固化	●		
			3. 定值组的切换	应校验切换前后运行定值区的定值正确无误	●		
		5. 保护功能检验	1. 过流Ⅰ段	动作逻辑应与装置技术说明书提供的原理及逻辑框图一致	●		
			2. 过流Ⅱ段		●		
			3. 零序过流Ⅰ段		●		
			4. 零序过流Ⅱ段		●		
			5. 过负荷		●		
			6. 其他功能		●		
4	二次回路检查及核对	1. 电流回路检查	1. 电流回路的接线	1. 进行二次回路的接线检查时应保持接线整齐美观、牢固可靠，电缆吊牌及号码筒应完整，且标示清晰、正确。2. 二次回路接线符合有关规定，与设计要求一致，满足国家电网设备〔2018〕979号要求，端子接入位置与设计图纸一致，多股软铜线必须经压接线头接入端子。3. 计量电流二次回路，连接导线截面积应不小于4mm²，计量接线盒接线方式正确，不可用硬线压接线头；保护及测量二次回路，连接导线截面积应不小于2.5mm²。4. 检查从断路器本体电流互感器端子到保护及其他装置整个二次回路接线的正确性、完整性	●		
			2. 电流互感器配置原则检查	保护采用的电流互感器绕组级别符合有关要求，不存在保护死区，并与设计要求一致	●		

续表

序号	项目	具体内容		质量控制要点	质量控制点		
					Ⅰ级	Ⅱ级	Ⅲ级
4	二次回路检查及核对	1. 电流回路检查	3. 电流互感器极性、变比	1. 电流互感器极性应满足设计或现场实际情况要求，特别是中间断路器TA的极性，核对铭牌上的极性标志是否正确。 2. 核对铭牌上的变比标示，应正确，与设计要求一致，投运前变比整定应与最新定值单要求一致	●	●	●
			4. 回路绝缘电阻	用1000V绝缘电阻表测量绝缘电阻，其阻值均应大于10MΩ	●	●	
			5. 检查电流回路的接地情况	1. 电流互感器的二次回路应有且只有一个接地点。 2. 对于有几组电流互感器连接在一起（有直接电气连接）的电流回路（保护、测量、计量），应在和电流处接地。 3. 独立的、与其他电流互感器没有电的联系的电流回路，宜在配电装置端子箱接地，特别注意备用绕组接地情况。 4. 专用接地线截面不小于2.5mm²	●	●	
			6. 检查电流回路的二次负担	1. 测量二次回路每相直阻，三相直阻应平衡。 2. 在电流互感器端子箱接线端子处分别通入二次电流，并在端子处测量电压，并计算二次负担，三相负担应平衡，二次负担在电流互感器许可范围内。 3. 核对电流互感器10%误差满足要求	●	●	
			7. 一次升流	1. 试验在验收后投运前进行。 2. 一次升流前必须检查电流互感器极性正确。 3. 检查电流互感器变比（一次串并联、二次出线端子接法），特别注意一次改串并联方式时无异常情况。 4. 检查电流互感器的变比、电流回路接线的完整性和正确性、电流回路相别标示的正确性（测量三相及N线，包括保护、测量、计量、录波、母差等）。 5. 核对电流互感器的变比与最新定值通知单是否一致。 6. 各电流监测点均应检查，不得遗漏	●	●	●

续表

序号	项目	具体内容		质量控制要点	质量控制点		
					Ⅰ级	Ⅱ级	Ⅲ级
4	二次回路检查及核对	2. 直流空气断路器、熔丝配置原则及梯级配合情况		上、下级熔断器之间的容量配合必须有选择性，应保证逐级配合，按照设计要求验收	●		
		3. 直流回路绝缘检查		1. 用 1000V 绝缘电阻表测量回路对地的绝缘电阻，其绝缘电阻应大于 1MΩ。 2. 特别注意检查跳、合闸回路之间及对地绝缘。 3. 特别注意检查跳、合闸回路对所有正电源之间的绝缘	●		
		4. 隔离开关回路检查	1. 操作回路检查	1. 检查二次回路接线正确，与设计相符。 2. 第一次操作应有安装专业人员配合。 3. 电源相序正确，远方及就地操作正常。 4. 辅助触点切换正确。 5. 与保护、测控配合，隔离开关切换正常	●		
			2. 电气闭锁检查	1. 电气闭锁逻辑满足运行要求。 2. 与微机防误系统配合正确	●		
			3. 保护电压切换回路	采用单位置触点切换，正确动作	●		
			4. 计量电压切换回路	采用单位置触点切换，继电器正确动作	●		
			5. 母线保护切换回路	采用单位置触点切换，正确动作	●		
		5. 电压回路的接线		1. 进行二次回路的接线检查时应保持接线整齐美观、牢固可靠，电缆吊牌及号码筒应完整，且标示清晰、正确。 2. 二次回路接线符合有关规定，与设计要求一致，满足反措要求，端子接入位置与设计图纸一致。电压互感器本体二次引出端子易松动，导线接头必须以圆圈形紧固在接线端子上，增加接触面积及防止松动。	●		

序号	项目	具体内容		质量控制要点	质量控制点		
					Ⅰ级	Ⅱ级	Ⅲ级
4	二次回路检查及核对	5. 电压回路的接线		3. 计量电压二次回路连接导线截面积应不小于 4mm²，计量回路应从电压互感器本体二次端子分色直接接入分相快分开关。计量接线盒接线方式正确，不可用硬线压接线头接入计量盒；保护及测量二次回路，连接导线截面积应不小于 2.5mm²。 4. 电压互感器由 3 个接成星形的主 TV 和 1 个接于主 TV 中性点的中性点 TV 构成。各相电压回路应串接中性点 TV 二次绕组，二次电压回路应串接中性点 TV 绕组。注意开口三角电压回路绕组变比，中性点 TV 二次绕组极性应注意不要接反。 5. 检查从断路器本体电流互感器端子到保护及其他装置整个二次回路接线的正确性、完整性	●		
		6. 电压回路的并列		1. 试验 TV 并列装置二次并列回路、重动回路正确。试验时 TV 二次回路应具有防止二次电压反送电的措施。 2. TV 并列装置允许并列触点开入回路检查：TV 并列装置允许并列触点开入回路必须由母联开关合位触点、母联隔离开关合位触点、TV 并列 KK 触点三者串联组成。试验 TV 并列装置允许并列触点开入回路时，在一次运行条件允许时，应依次实际分合母联开关、母联隔离开关及 TV 并列 KK 把手来验证该回路的正确性。 3. 用模拟信号实际动作的方法检验 TV 并列装置异常及 TV 并列、保护电压失压、测量电压、计量电压失压等信号	●		
		7. 断路器回路检查	1. 断路器防跳跃检查	1. 检查防跳回路正确（采用操作箱内防跳继电器，断路器本体防跳回路应正确、可靠拆除）。 2. 防跳功能可靠	●	●	
			2. 操作回路闭锁情况检查	1. 应检查断路器 SF₆ 压力、空气压力（或油压）和弹簧未储能闭锁功能，其中闭锁重合闸回路可与保护装置开入量检查同步进行。	●		

序号	项目	具体内容		质量控制要点	质量控制点		
					Ⅰ级	Ⅱ级	Ⅲ级
4	二次回路检查及核对	7. 断路器回路检查	2. 操作回路闭锁情况检查	2. 由断路器厂家专业人员配合,实际模拟空气压力(或油压)降低,当压力降低至闭锁重合闸时,保护显示"禁止重合闸"开入量变位;当压力降低至闭锁合闸时,实际模拟断路器合闸(此前断路器处分闸状态),此时无法操作;当压力降低至闭锁分闸时,实际模拟断路器分闸(此前断路器处合闸状态),此时无法操作。上述几种情况信号系统应发相应声光信号	●		
5	保护重点回路	1. 出口跳、合闸回路		检查出口跳、合闸回路是否正确,与直流正电端子应相隔一个以上端子	●		
		2. 同步时钟对时		检查对时功能正确	●		
		3. 备自投二次回路		1. 检验接入备自投的开入量回路正确,注意闭锁备自投回路逻辑。 2. 检验备自投跳线路开关回路正确,备自投跳闸时应同时闭锁线路重合闸。连接片及回路接线试验正确,连接片名称标示清楚、正确	●		
6	信号回路	1. 断路器本体告警信号		包括气体压力、液压、弹簧未储能、电动机运转、就地操作电源消失等,检查监控后台机遥信定义是否正确	●		
		2. 保护异常告警信号		包括保护动作、重合闸动作、保护装置告警信号等,检查监控后台机遥信定义是否正确	●		
		3. 回路异常告警信号		包括控制回路断线,电流互感器、电压互感器回路断线,切换同时动,直流电源消失和操作电源消失等,检查监控后台机遥信定义是否正确	●		
		4. 跳、合闸监视回路		检查回路是否正确,控制回路断线信号是否正确	●		
		5. 其他信号		检查监控后台机遥信定义是否正确	●		
		6. 保护装置软信号		检查保护动作报文、定值清单、告警信息与监控后台机遥信定义是否正确	●		
7	整组传动试验	1. 保护出口动作时间		保护动作时间与说明书一致	●	●	
		2. 保护跳闸		加入电流、电压量模拟故障,投入相应跳闸连接片,保护跳闸断路器正确,面板信号及上传监控信号显示正确	●	●	

续表

序号	项目	具体内容	质量控制要点	质量控制点		
				Ⅰ级	Ⅱ级	Ⅲ级
8	投运前检查		1. 检查所有保护、测控及安全自动装置的所有连接螺栓均压接紧固。 2. 检查所有保护、测控及安全自动装置的端子排接线完整，试验时临时拆开或短接线均已恢复或拆除。 3. 检查"三相不一致保护"和"断路器防跳"回路已按设计和国家电网设备〔2018〕979号要求解开屏内或断路器机构箱内的接线。 4. 检查所有保护及安全自动装置上的电源指示正常，无异常告警信号及异常开入量，所有信号均已复归。 5. 检查所有保护及安全自动装置已按最新定值整定。 6. 检查所有保护及安全自动装置上的连接片投入正确，标示清晰、准确。 7. 检查所有保护、测控及安全自动装置上的快分开关，操作把手均在正常位置	●	●	●

二、110kV 二次设备调试质量控制表

序号	项目	具体内容	质量控制要点	质量控制点		
				Ⅰ级	Ⅱ级	Ⅲ级
1	调试准备工作	1. 相关资料收集	应包括设计图纸、设计变更通知单、二次设备出厂说明书、出厂图纸、出厂报告、调试大纲	●		
		2. 试验仪器、工具、试验记录准备	1. 使用试验设备应齐全，功能满足试验要求，且在有效期内。 2. 使用工具应齐全，且满足安全要求。 3. 原始试验记录	●		
2	屏柜现场检查	1. 检验设备的完好性	设备外形应端正，无明显损坏及变形现象，接线应无机械损伤，端子压接应紧固	●		
		2. 检查、记录装置的铭牌参数	检查保护装置的型号、出厂厂家、出厂年月、出厂编号、交流电流、交流电压、直流工作电压等参数与设计参数一致，并记录	●		

续表

序号	项目	具体内容		质量控制要点	质量控制点		
					Ⅰ级	Ⅱ级	Ⅲ级
2	屏柜现场检查	3. 检查连接片、按钮、把手安装正确性		1. 保护跳、合闸出口连接片及与失灵回路相关连接片采用红色，功能连接片采用黄色，连接片底座及其他连接片采用浅驼色。 2. 检查跳闸连接片的开口端应装在上方，接至断路器的跳闸线圈回路。 3. 跳闸连接片在落下过程中必须和相邻跳闸连接片有足够的距离，以保证在操作跳闸连接片时不会碰到相邻的跳闸连接片。 4. 检查并确证跳闸连接片在拧紧螺栓后能可靠地接通回路，且不会接地。 5. 穿过保护屏的跳闸连接片导电杆必须有绝缘套，并距屏孔有明显距离。 6. 连接片、按钮、把手应采用双重编号，内容标示明确规范，并应与图纸标示内容相符，满足运行部门要求	●	●	
		4. 屏柜及装置接地检查		1. 在主控室、保护室柜屏下层的电缆沟内，按柜屏布置的方向敷设 $100mm^2$ 的专用铜排（缆），将该专用铜排（缆）首末端连接，形成保护室内的等电位接地网。保护室内的等电位接地网必须用至少 4 根以上、截面不小于 $50mm^2$ 的铜排（缆）与厂、站的主接地网在电缆竖井处可靠连接。 2. 静态保护和控制装置的屏下部应设有截面不小于 $100mm^2$ 的接地铜排。屏柜上装置的接地端子应用截面不小于 $4mm^2$ 的多股铜线和接地铜排相连。屏柜内的接地铜排应用截面不小于 $50mm^2$ 的铜缆与保护室内的等电位接地网相连。 3. 屏柜内接地铜排可不与屏体绝缘	●	●	
		5. 装置绝缘检查		用 500V 绝缘电阻表测量回路对地的绝缘电阻，其绝缘电阻应大于 l0MΩ	●		
3	线路保护单机调试	1. 保护电源的检查	1. 检查电源的自启动性能	电源电压缓慢上升至 80%额定值应正常自启动；在 80%额定电压下拉合空气断路器应正常自启动	●		
			2. 检查输出电压及其稳定性	输出电压幅值应在装置技术参数正常范围以内	●		
		2. 保护装置的模数转换	1. 装置零漂检查	零漂应在装置技术参数允许范围以内	●		

续表

序号	项目	具体内容		质量控制要点	质量控制点		
					Ⅰ级	Ⅱ级	Ⅲ级
3	线路保护单机调试	2. 保护装置的模数转换	2. 电压测量采样	误差应在装置技术参数允许范围以内	●		
			3. 电流测量采样	1. 误差应在装置技术参数允许范围以内。2. 在线性度检查时，加入 $10\,I_n$ 电流检查装置过载能力。试验时应特别注意：在试验设备输出允许范围内；试验时间应在说明书要求时间内；加大电流，严禁超过允许时间防止损坏保护装置；试验时应有厂家人员参与	●		
			4. 相位角度测量采样	误差应在装置技术参数允许范围以内	●		
		3. 开关量的输入	1. 检查软连接片和硬连接片的逻辑关系	应与装置技术规范及逻辑要求一致	●		
			2. 保护连接片投退的开入	按厂家调试大纲及设计要求调试	●		
			3. 断路器位置的开入	变位情况应与装置及设计要求一致，特别注意检查两台断路器跳闸位置串联情况及与面板检修切换配合情况	●		
			4. 其他开入量	变位情况应与装置及设计要求一致	●		
		4. 定值校验	1. 1.05 倍及 0.95 倍定值校验	装置动作行为应正确	●		
			2. 操作输入和固化定值	应能正常输入和固化	●		
			3. 定值组的切换	应校验切换前后运行定值区的定值正确无误	●		
		5. 保护功能检验	1. 主保护	正、反向故障和区内、外故障	●		

序号	项目	具体内容		质量控制要点	质量控制点		
					Ⅰ级	Ⅱ级	Ⅲ级
3	线路保护单机调试	5. 保护功能检验	2. 相间距离Ⅰ、Ⅱ、Ⅲ段保护	正、反向故障以及动作时间，TV断线闭锁距离保护	●		
			3. 接地距离Ⅰ、Ⅱ、Ⅲ段保护	正、反向故障以及动作时间，电压互感器断线闭锁距离保护	●		
			4. 零序Ⅰ、Ⅱ、Ⅲ、Ⅳ段保护，零序反时限	正、反向故障以及动作时间	●		
			5. 电压互感器断线过流保护	动作逻辑应与装置技术说明书提供的原理及逻辑框图一致	●		
			6. 电压互感器断线闭锁功能				
			7. 重合闸后加速功能	动作逻辑应与装置技术说明书提供的原理及逻辑框图一致	●		
			8. 重合闸功能				
			9. 振荡闭锁功能				
4	合智一体装置	1. 合智一体采样		1. 进行数字量输入、模拟量输入合并单元精确度测试。MU 测试仪上显示待测 MU 通过模拟器采集交流量的参数（包括幅值、频率、功率、功率因数等交流量）应符合相关规程规范。待测 MU 和交流采样基准的同一路交流量信号之间的相角差应符合相关规程规范。 2. 应具有双 AD 采样。双 AD 采样为合并单元通过两个 AD 同时采样两路数据，如一路为电流 A、电流 B、电流 C，另一路为电流 A1、电流 B1、电流 C1。两路 A/D 电路输出的结果应完全独立，两路数据同时参与逻辑运算，即相互校验	●		

续表

序号	项目	具体内容	质量控制要点	质量控制点		
				Ⅰ级	Ⅱ级	Ⅲ级
4	合智一体装置	2. 合智一体延时	根据目前各主流设备制造厂家硬件处理能力和满足现阶段电网继电保护性能指标不受影响的要求，合并单元离散度要求确定为 10μs，角差为 0.18°，不会对以差动或方向为原理的保护有影响	●		
		3. 合智一体精度	1. 合并单元对时要求不超过 1μs。 2. 在时钟源丢失后，依照参考时钟继续运行，保证在一段时间内参考时钟和时钟源偏差不大。守时 10min 误差不超过 4μs	●		
		4. 交流通道采样检查	1. 核对 SCD 文件的虚端子连接。 2. 模拟量输入二次回路检查。 3. 保护装置 SV 数字量显示检查。 4. 保护（测控）装置 SV 接收软连接片投退检查。 5. 保护（测控）装置的光纤连接检查。 6. 保护（测控）装置及合智一体装置正常工作检查。 7. 两侧的检修连接片状态一致性检查	●		
		5. 合智一体状态量采集	1. 应具有开关量（DI）和模拟量（AI）采集功能。开关量输入宜用强电方式采集，模拟量输入应能接受 4～20mA 电流量和 0～5V 电压量。 2. 具备事件顺序记录（SOE）功能。 3. 应具备电气隔离功能。 4. 应具有开关量输入防抖功能，断路器位置、隔离开关位置防抖时间宜统一设定为 5ms，开入时标应是防抖前的时标。 5. 应具有信息转换和通信功能。支持以 GOOSE 方式上传一次设备的状态信息，同时接受来自二次设备的 GOOSE 下行控制命令，实现对一次设备的实时控制功能。 6. 应具有对时功能。能接受 IEC 61588 或 B 码时钟同步信号功能，装置的对时精度误差应不大于±1ms。 7. 应具有闭锁告警功能。它包括电源中断、通信中断、通信异常、GOOSE（智能变电站）断链、装置内部异常等信号；其中装置异常及直流消失在装置面板上宜直接有 LED 指示灯	●		

续表

序号	项目	具体内容		质量控制要点	质量控制点		
					Ⅰ级	Ⅱ级	Ⅲ级
4	合智一体装置	6. 直流量采集		应具备温度、湿度等直流量信号测量功能	●		
		7. 控制功能		1. 应具备断路器控制功能，可根据工程需要选择分相控制或三相控制等不同模式。 2. 应具备开关量输出功能，用于控制隔离开关等设备，输出量点数可根据工程需要灵活配置，继电器输出触点容量应满足现场实际需要。 3. 断路器智能终端双套配置而断路器操动机构配置单跳圈的情况下，需要将两套装置的跳闸触点并接。 4. 常规站改造过程中，断路器智能终端与线路保护应同时改造，断路器智能终端应具备电缆 TJR 跳闸功能，并支持 GOOSE 方式转发 TJR 信号。 5. 断路器防跳、断路器三相不一致保护功能以及各种压力闭锁功能宜在断路器本体操动机构中实现；智能终端应保留防跳功能，并可以方便取消防跳功能。 6. 双重化配置的智能终端应具有相互闭锁重合闸的功能。闭锁重合闸逻辑为遥合（手合）、遥跳（手跳）、TJR（永跳开入）、TJF（非电量跳闸开入）、闭锁重合闸开入	●		
		8. 保护装置整组传动检查		1. 核对 SCD 文件的虚端子连接。 2. 输出硬触点动作情况、输出二次回路正确性检查。 3. 保护装置接受 GOOSE 跳闸报文正确性检查。 4. 保护（测控）装置 GOOSE 出口软连接片投退检查。 5. 装置的光纤连接检查。 6. 保护（测控）及合智一体动作正确检查。 7. 两侧的检修连接片状态投退一致性，出口硬连接片投退检查	●		
5	二次回路检查及核对	1. 电流回路检查	1. 电流回路的接线	1. 进行二次回路的接线检查时应保持接线整齐美观、牢固可靠，电缆吊牌及号码筒应完整，且标示清晰、正确。 2. 二次回路接线符合有关规定，与设计要求一致，满足反措要求，端子接入位置与设计图纸一致，多股软线必须经压接线头接入端子。 3. 计量电流二次回路，连接导线截面积应不小于 4mm²，计量接线盒接线方式正确；保护及测量二次回路，连接导线截面积应不小于 2.5mm²。	●		

序号	项目	具体内容		质量控制要点	质量控制点		
					Ⅰ级	Ⅱ级	Ⅲ级
5	二次回路检查及核对	1. 电流回路检查	1. 电流回路的接线	4. 检查从断路器本体电流互感器端子到保护及其他装置整个二次回路接线的正确性、完整性	●		
			2. 电流互感器配置原则检查	保护采用的电流互感器绕组级别符合有关要求，不存在保护死区，并与设计要求一致	●	●	
			3. 电流互感器极性、变比	1. 电流互感器极性应满足设计或现场实际情况要求，特别是中间断路器 TA 的极性，核对铭牌上的极性标志是否正确。 2. 核对铭牌上的变比标示，应正确，与设计要求一致，投运前变比整定应与最新定值单要求一致	●	●	●
			4. 回路绝缘电阻	用 1000V 绝缘电阻表测量绝缘电阻，其阻值均应大于 $10M\Omega$	●	●	
			5. 检查电流回路的接地情况	1. 电流互感器的二次回路应有且只有一个接地点。 2. 对于有几组电流互感器连接在一起（有直接电气连接）的电流回路（保护、测量、计量），应在和电流处接地。 3. 独立的、与其他电流互感器没有电的联系的电流回路，宜在配电装置端子箱接地，特别注意备用绕组接地情况。 4. 专用接地线截面不小于 $2.5mm^2$	●	●	
			6. 检查电流回路的二次负担	1. 测量二次回路每相直阻，三相直阻应平衡。 2. 在电流互感器端子箱接线端子处分别通入二次电流，并在端子处测量电压，并计算二次负担，三相负担应平衡，二次负担在电流互感器许可范围内。 3. 核对电流互感器10%误差满足要求	●	●	
			7. 一次升流	1. 试验在验收后投运前进行。 2. 一次升流前必须检查电流互感器极性正确。 3. 检查电流互感器变比（一次串并联、二次出线端子接法）；特别注意一次改串并联方式时无异常情况。	●	●	●

序号	项目	具体内容		质量控制要点	质量控制点		
					Ⅰ级	Ⅱ级	Ⅲ级
5	二次回路检查及核对	1. 电流回路检查	7. 一次升流	4. 检查电流互感器的变比、电流回路接线的完整性和正确性，电流回路相别标示的正确性（测量三相及N线，包括保护、测量、计量、录波、母差等）。 5. 核对电流互感器的变比与最新定值通知单是否一致。 6. 各电流监测点均应检查，不得遗漏。 7. 与常规站相比，通过观察母线保护差电流幅值，可以比对母线保护各间隔合并单元采样同步特性。应特别注意母线保护不应有差流启动信号出现			
		2. 直流空气断路器、熔丝配置原则及梯级配合情况		上、下级熔断器之间的容量配合必须有选择性，应保证逐级配合，按照设计要求验收	●		
		3. 直流回路绝缘检查		1. 用1000V绝缘电阻表测量回路对地的绝缘电阻，其绝缘电阻应大于1MΩ。 2. 特别注意检查跳、合闸回路之间及对地绝缘。 3. 特别注意检查跳、合闸回路对所有正电源之间的绝缘	●		
		4. 隔离开关回路检查	1. 操作回路检查	1. 检查二次回路接线正确，与设计相符。 2. 第一次操作应有安装专业人员配合。 3. 电源相序正确，远方及就地操作正常。 4. 辅助触点切换正确。 5. 与保护、测控配合，隔离开关切换正常	●		
			2. 电气闭锁检查	1. 电气闭锁逻辑满足运行要求。 2. 与微机防误系统配合正确	●		
			3. 保护电压切换回路	采用单位置触点切换，正确动作	●		
			4. 计量电压切换回路	采用单位置触点切换，继电器正确动作	●		

续表

序号	项目	具体内容		质量控制要点	质量控制点		
					Ⅰ级	Ⅱ级	Ⅲ级
5	二次回路检查及核对	4. 隔离开关回路检查	5. 母线保护切换回路	采用单位置触点切换，正确动作	●		
		5. 电压回路一次升压		1. 通过电压互感器一次升压，确认二次回路接线正确性及电压互感器变比。 2. 电压互感器变比及二次回路接线验证。对电压互感器加一次电压，分别测量保护屏、测控屏、计量屏、故障录波屏、母差保护屏电压回路二次电压。 3. 检查所接电压互感器二次绕组的变比是否与定值通知单要求一致。 4. 与常规站相比，可以检查母线电压互感器的输出值，线路、主变压器间隔合并单元的电压级联功能、电压切换功能等的正确性	●	●	●
		6. 断路器回路检查	1. 断路器防跳跃检查	1. 检查防跳回路正确（采用操作箱内防跳继电器，断路器本体防跳回路应正确、可靠拆除）。 2. 防跳功能可靠	●	●	
			2. 操作回路闭锁情况检查	1. 应检查断路器 SF$_6$ 压力、空气压力（或油压）和弹簧未储能闭锁功能，其中闭锁重合闸回路可与保护装置开入量检查同步进行。 2. 由断路器厂家专业人员配合，实际模拟空气压力（或油压）降低，当压力降低至闭锁重合闸时，保护显示"禁止重合闸"开入量变位；当压力降低至闭锁合闸时，实际模拟断路器合闸（此前断路器处分闸状态），此时无法操作：当压力降低至闭锁分闸时，实际模拟断路器分闸（此前断路器处合闸状态），此时无法操作。上述几种情况信号系统应发相应声光信号	●		
6	线路保护重点回路	1. 出口跳、合闸回路		检查出口跳、合闸回路是否正确，与直流正电端子应相隔一个以上端子	●		
		2. 重合闸启动回路		检查不对应启动、保护启动回路是否正确	●		
		3. 闭锁重合闸回路		手分、手合、永跳闭锁重合闸	●		
		4. 母差跳闸回路		应闭锁重合闸	●		
		5. 同步时钟对时		检查对时功能正确	●		

序号	项目	具体内容	质量控制要点	质量控制点		
				Ⅰ级	Ⅱ级	Ⅲ级
7	信号回路	1. 断路器本体告警信号	包括气体压力、液压、弹簧未储能、电动机运转、就地操作电源消失等，检查监控后台机遥信定义是否正确	●		
		2. 保护异常告警信号	包括保护动作、重合闸动作、保护装置告警信号等，检查监控后台机遥信定义是否正确	●		
		3. 回路异常告警信号	包括控制回路断线，电流互感器、电压互感器回路断线，切换同时动，直流电源消失和操作电源消失等，检查监控后台机遥信定义是否正确	●		
		4. 跳、合闸监视回路	检查回路是否正确，控制回路断线信号是否正确	●		
		5. 其他信号	检查监控后台机遥信定义是否正确	●		
		6. 计算机保护软信号	检查保护动作报文、定值清单、告警信息与监控后台机遥信定义是否正确	●		
8	录波信号	1. 跳闸信号	作为启动录波量	●		
		2. 重合闸	作为启动录波量	●		
9	重合闸功能	1. 三相重合闸方式校验	单相故障、相间故障保护均三跳三重	●	●	
		2. 停用重合闸方式校验	单相故障、相间故障保护均三跳不重	●	●	
		3. 重合闸后加速方式校验	手合后加速，保护重合于故障线路后加速	●	●	
10	整组传动试验	1. 保护出口动作时间	保护动作时间与说明书一致	●	●	
		2. 单相瞬时接地故障、重合	模拟单相故障，检查跳闸回路和重合闸回路的正确性，要求保护与断路器动作一致	●	●	
		3. 三相永久性接地故障	模拟一次三相永久性故障，检查保护后加速功能正确	●		
		4. 两相接地瞬时故障	模拟两相故障，检查跳闸回路和重合闸回路的正确性，要求保护与断路器动作一致	●	●	
11	通道联调	1. 专用通道联调	测试保护装置的发光功率以及接收功率；保护装置的发光功率在规定范围内，尾纤及接头的损耗满足要求	●		

续表

序号	项目	具体内容	质量控制要点	质量控制点		
				Ⅰ级	Ⅱ级	Ⅲ级
11	通道联调	2. 复用通道联调	1. 复用通道测试：测试保护装置的发光功率以及接收功率；保护装置的发光功率在规定范围内，尾纤及接头的损耗满足要求。 2. 测试保护装置和光纤接口的发光功率以及接收功率。保护装置和保护通信接口装置的发光功率在规定范围内，尾纤及接头的损耗满足要求。 3. 光电转换装置测试：测试时两侧保护正常运行，光纤通道连接正常，用光功率计测量光电转换装置收发信端（RX、TX）的光功率。光电转换装置和保护通信接口装置的发光功率在规定范围内，尾纤及接头的损耗满足要求。若测得的发光功率与装置的标称发光功率有较大的差距，需确认装置及尾纤是否正常	●		
12	投运前检查		1. 检查所有保护、测控及安全自动装置的所有连接螺栓均压接紧固。 2. 检查所有保护、测控及安全自动装置的端子排接线完整，试验时临时拆开或短接线均已恢复或拆除。 3. 检查"三相不一致保护"和"断路器防跳"回路已按设计和反措要求解开屏内或断路器机构箱内的接线。 4. 检查所有保护及安全自动装置上的电源指示正常，无异常告警信号及异常开入量、所有信号均复归。 5. 检查所有保护及安全自动装置已按最新定值整定。 6. 检查所有保护及安全自动装置上的连接片投入正确，标示清晰、准确。 7. 检查所有保护、测控及安全自动装置上的快分开关，操作把手均在正常位置	●	●	●
13	二次核相与带负荷检查	1. 二次核相	检查二次回路电压相序、幅值正确（应检查 TV 端子箱、TV 并列柜、保护柜、安全自动装置、自动化监控系统、计量等相关回路）	●	●	●
		2. 带负荷检查	1. 测量电压、电流的幅值及相位关系，必须测量流过中性线的不平衡电流，要求与当时系统潮流大小及方向核对，并与装置面板显示一致。 2. 对本间隔所有电流回路（含备用绕组）都必须检查，包括保护、测量、计量等，并做好试验记录。	●	●	●

续表

序号	项目	具体内容	质量控制要点	质量控制点		
				Ⅰ级	Ⅱ级	Ⅲ级
13	二次核相与带负荷检查	2. 带负荷检查	3. 记录应包括以下内容：线路名称、试验日期、设备运行情况、TA/TV 变比、电流回路编号及用途、一次负荷潮流分布、二次电流幅值、电流电压的相位、零序电流幅值、差动保护差流大小	●	●	●
		3. 线路光纤差动保护差流的检查	检查其大小是否正常，并记录存档	●	●	●
		4. 填写运行检修记录	检修记录应准确、详细说明带负荷检查试验结果，并做出正确的试验结论；若有特殊情况也应在检修记录上说明	●	●	●

三、220kV（110kV）母线保护调试质量控制表

序号	项目	具体内容	质量控制要点	质量控制点		
				Ⅰ级	Ⅱ级	Ⅲ级
1	调试准备工作	1. 相关资料收集	应包括设计图纸、设计变更通知单、二次设备出厂说明书、出厂图纸、出厂报告、调试大纲	●		
		2. 试验仪器、工具、试验记录准备	1. 使用试验设备应齐全，功能满足试验要求，且在有效期内。 2. 使用工具应齐全，且满足安全要求。 3. 原始试验记录	●		
2	屏柜现场检查	1. 检验设备的完好性	设备外形应端正，无明显损坏及变形现象，接线应无机械损伤，端子压接应紧固	●		
		2. 检查、记录装置的铭牌参数	检查保护装置的型号、出厂厂家、出厂年月、出厂编号、交流电流、交流电压、直流工作电压等参数与设计参数一致，并记录	●		
		3. 检查连接片、按钮、把手安装正确性	1. 保护跳、合闸出口连接片及与失灵回路相关连接片采用红色，功能连接片采用黄色，连接片底座及其他连接片采用浅驼色。	●		

续表

序号	项目	具体内容		质量控制要点	质量控制点		
					I级	II级	III级
2	屏柜现场检查	3. 检查连接片、按钮、把手安装正确性		2. 检查跳闸连接片的开口端应装在上方，接至断路器的跳闸线圈回路。 3. 跳闸连接片在落下过程中必须和相邻跳闸连接片有足够的距离，以保证在操作跳闸连接片时不会碰到相邻的跳闸连接片。 4. 检查并确证跳闸连接片在拧紧螺栓后能可靠地接通回路，且不会接地。 5. 穿过保护屏的跳闸连接片导电杆必须有绝缘套，并距屏孔有明显距离。 6. 连接片、按钮、把手应采用双重编号，内容标示明确、规范，并应与图纸标示内容相符，满足运行部门要求	●		
		4. 屏柜及装置接地检查		1. 在主控室、保护室柜屏下层的电缆沟内，按柜屏布置的方向敷设 100mm² 的专用铜排（缆），将该专用铜排（缆）首末端连接，形成保护室内的等电位接地网。保护室内的等电位接地网必须用至少 4 根以上、截面不小于 50mm² 的铜排（缆）与厂、站的主接地网在电缆竖井处可靠连接。 2. 静态保护和控制装置的屏柜下部应设有截面不小于 100mm² 的接地铜排。屏柜上装置的接地端子应用截面不小于 4mm² 的多股铜线和接地铜排相连。屏柜内的接地铜排应用截面不小于 50mm² 的铜缆与保护室内的等电位接地网相连。 3. 屏柜内接地铜排可不与屏体绝缘	●		
		5. 装置绝缘检查		用 500V 绝缘电阻表测量回路对地的绝缘电阻，其绝缘电阻应大于 10MΩ	●		
3	母线保护单机调试	1. 保护电源的检查	1. 检查电源的自启动性能	电源电压缓慢上升至 80%额定值应正常自启动；在 80%额定电压下拉合空气断路器应正常自启动	●		
			2. 检查输出电压及其稳定性	输出电压幅值应在装置技术参数正常范围以内	●		
		2. 保护装置的模数转换	1. 装置零漂检查	零漂应在装置技术参数允许范围以内	●		
			2. 电压测量采样	误差应在装置技术参数允许范围以内	●		
			3. 电流测量采样	1. 误差应在装置技术参数允许范围以内。	●		

续表

序号	项目	具体内容		质量控制要点	质量控制点		
					Ⅰ级	Ⅱ级	Ⅲ级
3	母线保护单机调试	2. 保护装置的模数转换	3. 电流测量采样	2. 在线性度检查时，加入 $10I_n$ 电流检查装置过载能力。试验时应特别注意：在试验设备输出允许范围内；试验时间应在说明书要求时间内；加大电流严禁超过允许时间，防止损坏保护装置；试验时应有厂家人员参与	●		
			4. 相位角度测量采样	误差应在装置技术参数允许范围以内	●		
		3. 开关量的输入	1. 检查软连接片和硬连接片的逻辑关系	逻辑关系正确	●		
			2. 保护连接片投退的开入	按厂家调试大纲及设计要求调试	●		
			3. 断路器位置的开入	变位情况应与装置及设计要求一致	●		
			4. 其他开入量	变位情况应与装置及设计要求一致	●		
		4. 定值校验	1. 05 倍及 0.95 倍定值校验	装置动作行为应正确	●		
			2. 操作输入和固化定值	应能正常输入和固化	●		
			3. 定值组的切换	应校验切换前后运行定值区的定值正确、无误	●		
		5. 保护功能检验	1. 差动保护	1. 分别模拟母线区内、外故障，检查母差保护的动作行为及测量保护动作时间。保护动作后应同时跳开接于故障母线上的各断路器。2. 按出厂说明书校验装置母联电流互感器极性，特别注意现场实际母联电流互感器接线应满足装置要求。	●	●	

续表

序号	项目	具体内容		质量控制要点	质量控制点		
					Ⅰ级	Ⅱ级	Ⅲ级
3	母线保护单机调试	5. 保护功能检验	1. 差动保护	3. 校验差动保护制动特性	●		
			2. 失灵保护	对于双母线接线，分别模拟接入Ⅰ、Ⅱ段母线断路器失灵，失灵保护动作后应断开母联断路器及母线上的各断路器；若母联断路器失灵，应跳开两段母线上的所有断路器	●		
			3. 母联（分段）失灵保护				
			4. 母联（分段）死区保护				
			5. 复合电压闭锁功能	动作逻辑应与装置技术说明书提供的原理及逻辑框图一致	●		
			6. TA断线判别功能				
			7. TV断线判别功能				
4	智能设备	1. 合并单元装置	1. 合并单元采样	1. 进行数字量输入、模拟量输入合并单元精度测试。MU测试仪上显示待测MU通过模拟器采集交流量的参数（包括幅值、频率、功率、功率因数等交流量）应符合相关规程规范。待测MU和交流采样基准的同一路交流量信号之间的相角差应符合相关规程规范。 2. 应具有双AD采样。双AD采样为合并单元通过两个AD同时采样两路数据，如一路为电流A、电流B、电流C，另一路为电流A1、电流B1、电流C1。两路A/D电路输出的结果应完全独立，两路数据同时参与逻辑运算，即相互校验	●		
			2. 合并单元延时	根据目前各主流设备制造厂家硬件处理能力和满足现阶段电网继电保护性能指标不受影响的要求，合并单元离散度要求确定为10μs，角差为0.18°，不会对以差动或方向为原理的保护有影响	●		

续表

序号	项目	具体内容		质量控制要点	质量控制点		
					Ⅰ级	Ⅱ级	Ⅲ级
4	智能设备	1. 合并单元装置	3. 合并单元精度	1. 合并单元对时要求不超过 1μs。 2. 在时钟源丢失后，依照参考时钟继续运行，保证在一段时间内参考时钟和时钟源偏差不大。守时 10min 误差不超过 4μs	●		
			4. 合并单元电压并列	当母联断路器、Ⅰ母隔离开关、Ⅱ母隔离开关均处于合位时，将并列把手切换至"并列"时，实现Ⅰ、Ⅱ母电压并列功能	●		
			5. 母线电压合并单元配置	1. 双母线接线：两段母线按双重化配置。每台合并单元应具备 GOOSE 接口，以及接收智能终端传递的母线电压互感器隔离开关位置、母联隔离开关位置和断路器位置，用于电压并列。 2. 双母单分段接线：按双重化配置两台母线电压合并单元，不考虑横向电压并列。 3. 双母双分段接线：按双重化配置 4 台母线电压合并单元，不考虑横向电压并列。 4. 用于检同期的母线电压由母线合并单元点对点通过间隔合并单元转接给各间隔保护装置	●		
			6. 交流通道采样检查	1. 核对 SCD 文件的虚端子连接。 2. 模拟量输入二次回路检查、保护装置 SV 数字量显示检查。 3. 保护（测控）装置 SV 接收软连接片投退检查。 4. 保护（测控）装置的光纤连接检查。 5. 保护（测控）装置及合并单元装置正常工作检查。 6. 两侧的检修连接片状态一致性检查	●		
		2. 智能终端装置	1. 状态量采集	1. 应具有开关量（DI）和模拟量（AI）采集功能。开入量输入宜用强电方式采集，模拟量输入应能接受 4~20mA 电流量和 0~5V 电压量。 2. 具备事件顺序记录（SOE）功能。 3. 应具备电气隔离功能。 4. 应具有开关量输入防抖功能，断路器位置、隔离开关位置防抖时间宜统一设定为 5ms，开入时标应是防抖前的时标。	●		

续表

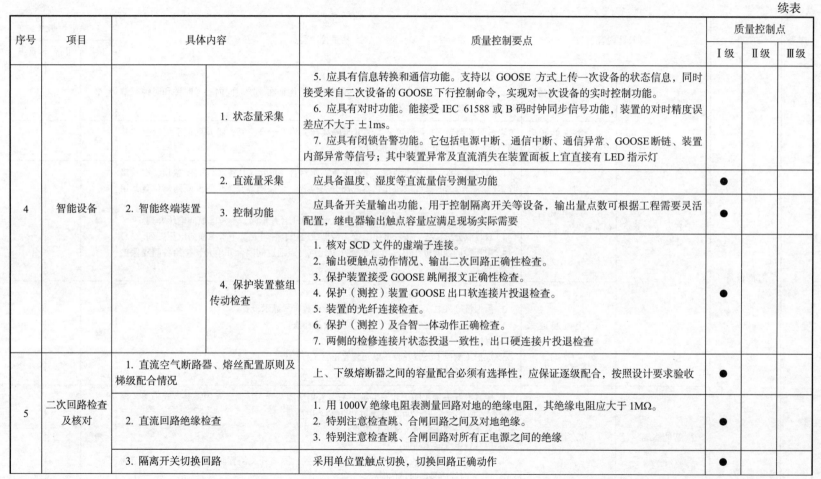

序号	项目	具体内容		质量控制要点	质量控制点		
					I级	II级	III级
4	智能设备	2. 智能终端装置	1. 状态量采集	5. 应具有信息转换和通信功能。支持以 GOOSE 方式上传一次设备的状态信息，同时接受来自二次设备的 GOOSE 下行控制命令，实现对一次设备的实时控制功能。 6. 应具有对时功能。能接受 IEC 61588 或 B 码时钟同步信号功能，装置的对时精度误差应不大于 ±1ms。 7. 应具有闭锁告警功能。它包括电源中断、通信中断、通信异常、GOOSE 断链、装置内部异常等信号；其中装置异常及直流消失在装置面板上宜直接有 LED 指示灯			
			2. 直流量采集	应具备温度、湿度等直流量信号测量功能	●		
			3. 控制功能	应具备开关量输出功能，用于控制隔离开关等设备，输出量点数可根据工程需要灵活配置，继电器输出触点容量应满足现场实际需要	●		
			4. 保护装置整组传动检查	1. 核对 SCD 文件的虚端子连接。 2. 输出硬触点动作情况、输出二次回路正确性检查。 3. 保护装置接受 GOOSE 跳闸报文正确性检查。 4. 保护（测控）装置 GOOSE 出口软连接片投退检查。 5. 装置的光纤连接检查。 6. 保护（测控）及合智一体动作正确检查。 7. 两侧的检修连接片状态投退一致性，出口硬连接片投退检查	●		
5	二次回路检查及核对	1. 直流空气断路器、熔丝配置原则及梯级配合情况		上、下级熔断器之间的容量配合必须有选择性，应保证逐级配合，按照设计要求验收	●		
		2. 直流回路绝缘检查		1. 用 1000V 绝缘电阻表测量回路对地的绝缘电阻，其绝缘电阻应大于 1MΩ。 2. 特别注意检查跳、合闸回路之间及对地绝缘。 3. 特别注意检查跳、合闸回路对所有正电源之间的绝缘	●		
		3. 隔离开关切换回路		采用单位置触点切换，切换回路正确动作	●		

续表

序号	项目	具体内容	质量控制要点	质量控制点		
				Ⅰ级	Ⅱ级	Ⅲ级
6	母线保护重点回路	1. 出口跳闸回路	检查出口跳闸回路是否正确，与直流正电端子应相隔一个以上端子	●		
		2. 与主变压器保护配合回路	1. 主变压器保护动作启动失灵回路正确。 2. 主变压器保护动作解除失灵电压闭锁。 3. 母线保护动作，主变压器断路器拒动，母线保护启动主变压器保护失灵功能，跳主变压器三侧	●		
		3. 各支路隔离开关切换回路	检查切换回路是否正确	●		
		4. 各支路失灵启动回路	检查启动回路是否正确，连接片标示与实际一致	●		
		5. 各支路电流回路	1. 电流回路变比、极性正确。特别注意母联、分段电流互感器极性。 2. 电流回路接地正确。 3. 各支路用于母线保护的二次绕组特性应一致	●		
		6. 闭锁重合闸回路（110kV母差）	检查各间隔是否接线正确	●		
		7. 同步时钟对时	检查对时功能正确	●		
7	信号回路	1. 保护异常告警信号	检查监控后台机遥信定义是否正确	●		
		2. 回路异常告警信号	检查监控后台机遥信定义是否正确	●		
		3. 电压异常告警	检查监控后台机遥信定义是否正确	●		
		4. 电流互感器断线告警信号	检查监控后台机遥信定义是否正确	●		
		5. 其他信号	检查监控后台机遥信定义是否正确	●		
		6. 计算机保护软信号	检查保护动作报文、定值清单、告警信息与监控后台机遥信定义是否正确	●		
8	录波信号	1. 母差动作信号	要求启动量	●		

续表

序号	项目	具体内容	质量控制要点	质量控制点		
				Ⅰ级	Ⅱ级	Ⅲ级
8	录波信号	2. 失灵动作信号	要求启动量	●		
9	整组传动试验（带断路器进行）	1. 差动保护整组出口试验	检查选择故障母线功能的正确性	●	●	
		2. 失灵保护整组出口试验	检查选择故障母线功能的正确性	●	●	
		3. 母联充电保护	动作逻辑应与装置技术说明书提供的逻辑框图一致	●	●	
		4. 隔离开关切换	变位情况应与装置要求一致，与保护功能的逻辑关系正确	●	●	
		5. 电压回路一次升压	1. 通过电压互感器一次升压，确认二次回路接线正确性及电压互感器变比。 2. 电压互感器变比及二次回路接线验证。对电压互感器加一次电压，分别测量保护屏、测控屏、计量屏、故障录波屏、母差保护屏电压回路二次电压。 3. 检查所接电压互感器二次绕组的变比是否与定值通知单要求一致。 4. 与常规站相比，可以检查母线电压互感器的输出值，线路、主变压器间隔合并单元的电压级联功能、电压切换功能等的正确性	●	●	●
10	二次核相与带负荷检查	1. 二次核相	检查二次回路电压相序、幅值正确	●	●	●
		2. 带负荷检查	1. 测量电压、电流的幅值及相位关系，对于电流回路的中性线也应进行幅值测量（必须测量流过中性线的不平衡电流），要求与当时系统潮流大小及方向核对。 2. 对各支路电流回路都必须检查。 3、记录应包括以下内容：各间隔名称、试验日期、设备运行情况、TA/TV变比、电流回路编号及用途、一次负荷潮流分布、二次电流幅值、电流电压的相位、零序电流幅值、差动保护差流大小。 4. 检查装置无差流（包括大差、小差），并记录存档	●	●	●
		3. 母线差动保护差流的检查	检查其大小是否正常，并记录存档	●	●	●
		4. 填写运行检修记录	检修记录应准确、详细说明每次带负荷检查试验的间隔名称、结果，并做出正确的试验结论；若有特殊情况也应在检修记录上说明	●	●	●

四、220kV（110kV）主变压器保护调试质量控制表

序号	项目	具体内容	质量控制要点	质量控制点		
				Ⅰ级	Ⅱ级	Ⅲ级
1	调试准备工作	1. 相关资料收集	应包括设计图纸、设计变更通知单、二次设备出厂说明书、出厂图纸、出厂报告、调试大纲	●		
		2. 试验仪器、工具、试验记录准备	1. 使用试验设备应齐全，功能满足试验要求，且在有效期内。 2. 使用工具应齐全，且满足安全要求。 3. 原始试验记录	●		
2	屏柜现场检查	1. 检验设备的完好性	设备外形应端正，无明显损坏及变形现象，接线应无机械损伤，端子压接应紧固	●		
		2. 检查、记录装置的铭牌参数	检查保护装置的型号、出厂厂家、出厂年月、出厂编号、交流电流、交流电压、直流工作电压等参数与设计参数一致，并记录	●		
		3. 检查连接片、按钮、把手安装正确性	1. 保护跳、合闸出口连接片及与失灵回路相关连接片采用红色，功能连接片采用黄色，连接片底座及其他连接片采用浅驼色。 2. 检查跳闸连接片的开口端应装在上方，接至断路器的跳闸线圈回路。 3. 跳闸连接片在落下过程中必须和相邻跳闸连接片有足够的距离，以保证在操作跳闸连接片时不会碰到相邻的跳闸连接片。 4. 检查并确证跳闸连接片在拧紧螺栓后能可靠地接通回路，且不会接地。 5. 穿过保护屏的跳闸连接片导电杆必须有绝缘套，并距屏孔有明显距离。 6. 连接片、按钮、把手应采用双重编号，内容标示明确、规范，并应与图纸标示内容相符，满足运行部门要求	●		
		4. 屏柜及装置接地检查	1. 在主控室、保护室柜屏下层的电缆沟内，按柜屏布置的方向敷设 100mm² 的专用铜排（缆），将该专用铜排（缆）首末端连接，形成保护室内的等电位接地网。保护室内的等电位接地网必须用至少 4 根以上、截面不小于 50mm² 的铜排（缆）与厂、站的主接地网在电缆竖井处可靠连接。	●		

续表

序号	项目	具体内容		质量控制要点	质量控制点		
					Ⅰ级	Ⅱ级	Ⅲ级
2	屏柜现场检查	4. 屏柜及装置接地检查		2. 静态保护和控制装置的屏柜下部应设有截面不小于100mm²的接地铜排。屏柜上装置的接地端子应用截面不小于4mm²的多股铜线和接地铜排相连。屏柜内的接地铜排应用截面不小于50mm²的铜缆与保护室内的等电位接地网相连。 3. 屏柜内接地铜排可不与屏体绝缘	●		
		5. 装置绝缘检查		用500V绝缘电阻表测量回路对地的绝缘电阻，其绝缘电阻应大于10MΩ	●		
3	主变压器保护单机调试	1. 保护电源的检查	1. 检查电源的自启动性能	电源电压缓慢上升至80%额定值应正常自启动；在80%额定电压下拉合空气断路器应正常自启动	●		
			2. 检查输出电压及其稳定性	输出电压幅值应在装置技术参数正常范围以内	●		
		2. 保护装置的模数转换	1. 装置零漂检查	零漂应在装置技术参数允许范围以内	●		
			2. 电压测量采样	误差应在装置技术参数允许范围以内	●		
			3. 电流测量采样	1. 误差应在装置技术参数允许范围以内。 2. 在线性度检查时，加入10I_n电流检查装置过载能力。试验时应特别注意：在试验设备输出允许范围内；试验时间应在说明书要求时间内；加大电流严禁超过允许时间，防止损坏保护装置；试验时应有厂家人员参与	●		
			4. 相位角度测量采样	误差应在装置技术参数允许范围以内	●		
		3. 开关量的输入	1. 检查软连接片和硬连接片的逻辑关系	按厂家调试大纲及设计要求调试	●		
			2. 保护连接片投退的开入	按厂家调试大纲及设计要求调试	●		

序号	项目	具体内容		质量控制要点	质量控制点		
					Ⅰ级	Ⅱ级	Ⅲ级
3	主变压器保护单机调试	3. 开关量的输入	3. 断路器位置的开入	变位情况应与装置及设计要求一致	●		
			4. 其他开关量	变位情况应与装置及设计要求一致	●		
		4. 定值校验	1. 1.05 倍及 0.95 倍定值校验	装置动作行为应正确	●		
			2. 操作输入和固化定值	应能正常输入和固化	●		
			3. 定值组的切换	应校验切换前后运行定值区的定值正确、无误	●		
		5. 电量保护功能检验	1. 差动保护	1. 注意比率制动特性、谐波闭锁、差动速断、差动高低定值校验。 2. 应根据主变压器的实际容量、变比等参数计算保护各侧平衡系数并校验	●	●	
			2. 高压侧复合电压闭锁过流保护	动作逻辑应与装置技术说明书提供的原理及逻辑框图一致	●		
			3. 高压侧零序方向过流保护				
			4. 高压侧间隙过流保护				
			5. 高压侧零序电压保护				
			6. 高压侧过负荷保护				

序号	项目	具体内容		质量控制要点	质量控制点		
					Ⅰ级	Ⅱ级	Ⅲ级
3	主变压器保护单机调试	5. 电量保护功能检验	7. 中压侧复合电压闭锁过流保护	动作逻辑应与装置技术说明书提供的原理及逻辑框图一致	●		
			8. 中压侧零序方向过流保护				
			9. 中压侧限时速断过流保护	动作逻辑应与装置技术说明书提供的原理及逻辑框图一致	●		
			10. 中压侧间隙过流保护				
			11. 中压侧零序电压保护				
			12. 中压侧过负荷保护				
			13. 低压侧复合电压闭锁过流保护				
			14. 低压侧过流保护				
			15. 低压侧过负荷保护				
		6. 非电量保护功能检验	1. 本体重瓦斯	继电器动作正确，面板指示灯正确	●		
			2. 调压重瓦斯				
			3. 本体压力释放				

序号	项目	具体内容		质量控制要点	质量控制点		
					Ⅰ级	Ⅱ级	Ⅲ级
3	主变压器保护单机调试	6. 非电量保护功能检验	4. 冷却器全停	继电器动作正确，面板指示灯正确	●		
			5. 本体轻瓦斯				
			6. 调压轻瓦斯				
			7. 本体油位异常				
			8. 本体油面温度 1				
			9. 本体油面温度 2				
			10. 本体绕组温度 1				
			11. 本体绕组温度 2				
			12. 本体油位异常				
			13. 高压侧开关失灵跳闸				
		7. 合并单元装置	1. 合并单元采样	1. 进行数字量输入、模拟量输入合并单元精确度测试。MU 测试仪上显示待测 MU 通过模拟器采集交流量的参数（包括幅值、频率、功率、功率因数等交流量）应符合相关规程规范。待测 MU 和交流采样基准的同一路交流量信号之间的相角差应符合相关规程规范。	●		

续表

序号	项目	具体内容		质量控制要点	质量控制点		
					Ⅰ级	Ⅱ级	Ⅲ级
3	主变压器保护单机调试	7. 合并单元装置	1. 合并单元采样	2. 应具有双 AD 采样。双 AD 采样为合并单元通过两个 AD 同时采样两路数据，如一路为电流 A、电流 B、电流 C，另一路为电流 A1、电流 B1、电流 C1。两路 A/D 电路输出的结果应完全独立，两路数据同时参与逻辑运算，即相互校验	●		
			2. 合并单元延时	根据目前各主流设备制造厂家硬件处理能力和满足现阶段电网继电保护性能指标不受影响的要求，合并单元离散度要求确定为 10μs，角差为 0.18°，不会对以差动或方向为原理的保护有影响	●		
			3. 合并单元精度	1. 合并单元对时要求不超过 1μs。 2. 在时钟源丢失后，依照参考时钟继续运行，保证在一段时间内参考时钟和时钟源偏差不大。守时 10min 误差不超过 4μs	●		
			4. 交流通道采样检查	1. 核对 SCD 文件的虚端子连接。 2. 模拟量输入二次回路检查。 3. 保护装置 SV 数字量显示检查。 4. 保护（测控）装置 SV 接收软连接片投退检查。 5. 保护（测控）装置的光纤连接检查。 6. 保护（测控）装置及合智一体装置正常工作检查。 7. 两侧的检修连接片状态一致性检查	●		
		8. 智能终端装置	1. 状态量采集	1. 应具有开关量（DI）和模拟量（AI）采集功能。开关量输入宜用强电方式采集，模拟量输入应能接受 4~20 mA 电流量和 0~5V 电压量。 2. 具备事件顺序记录（SOE）功能。 3. 应具备电气隔离功能。 4. 应具有开关量输入防抖功能，断路器位置、隔离开关位置防抖时间宜统一设定为 5ms，开入时标应是防抖前的时标。 5. 应具有信息转换和通信功能。支持以 GOOSE 方式上传一次设备的状态信息，同时接受来自二次设备的 GOOSE 下行控制命令，实现对一次设备的实时控制功能。	●		

续表

序号	项目	具体内容		质量控制要点	质量控制点		
					Ⅰ级	Ⅱ级	Ⅲ级
3	主变压器保护单机调试	8. 智能终端装置	1. 状态量采集	6. 应具有对时功能。能接受 IEC 61588 或 B 码时钟同步信号功能，装置的对时精度误差应不大于 ±1ms。 7. 应具有闭锁告警功能。它包括电源中断、通信中断、通信异常、GOOSE 断链、装置内部异常等信号；其中装置异常及直流消失在装置面板上宜直接有 LED 指示灯			
			2. 直流量采集	应具备温度、湿度等直流量信号测量功能	●		
			3. 控制功能	1. 应具备断路器控制功能，可根据工程需要选择分相控制或三相控制等不同模式。 2. 应具备开关量输出功能，用于控制隔离开关等设备，输出量点数可根据工程需要灵活配置，继电器输出触点容量应满足现场实际需要。 3. 断路器智能终端双套配置而断路器操动机构配置单跳圈的情况下，需要将两套装置的跳闸触点并接。 4. 常规站改造过程中，断路器智能终端与线路保护应同时改造，断路器智能终端应具备电缆 TJR 跳闸功能，并支持 GOOSE 方式转发 TJR 信号。 5. 断路器防跳、断路器三相不一致保护功能以及各种压力闭锁功能宜在断路器本体操动机构中实现；智能终端应保留防跳功能，并可以方便取消防跳功能。 6. 双重化配置的智能终端应具有相互闭锁重合闸的功能。闭锁重合闸逻辑为遥合（手合）、遥跳（手跳）、TJR、TJF、闭锁重合闸开入	●		
			4. 保护装置整组传动检查	1. 核对 SCD 文件的虚端子连接。 2. 输出硬触点动作情况、输出二次回路正确性检查。 3. 保护装置接受 GOOSE 跳闸报文正确性检查。 4. 保护（测控）装置 GOOSE 出口软连接片投退检查。 5. 装置的光纤连接检查。 6. 保护（测控）及合智一体动作正确检查。 7. 两侧的检修连接片状态投退一致性，出口硬连接片投退检查	●		

续表

序号	项目	具体内容		质量控制要点	质量控制点		
					Ⅰ级	Ⅱ级	Ⅲ级
3	主变压器保护单机调试	8. 智能终端装置	5. 主变压器本体智能终端	主变压器本体智能终端应包含完整的本体信息交互功能（非电量动作报文、调档及测温等），同时具备就地非电量保护功能。所有非电量保护启动信号均应经大功率继电器重动，非电量保护跳闸通过控制电缆以直跳方式实现	●		
4	二次回路检查及核对	1. 电流回路检查	1. 电流回路的接线	1. 进行二次回路的接线检查时应保持接线整齐美观、牢固可靠，电缆吊牌及号码筒应完整，且标示清晰、正确。 2. 二次回路接线符合有关规定，与设计要求一致，满足反措要求，端子接入位置与设计图纸一致，多股软线必须经压接线头接入端子。 3. 计量电流二次回路，连接导线截面积应不小于 4mm²，计量接线盒接线方式正确；保护及测量二次回路，连接导线截面积应不小于 2.5mm²。 4. 检查从断路器本体电流互感器端子到保护及其他装置整个二次回路接线的正确性、完整性。 5. 升高座电流互感器极性应与一次试验负责人核对正确。 6. 套管电流互感器极性应与一次试验负责人核对正确	●		
			2. 电流互感器配置原则检查	保护采用的电流互感器绕组级别符合有关要求，不存在保护死区，并与设计要求一致	●	●	●
			3. 电流互感器极性、变比	1. 电流互感器极性应满足设计或现场实际情况要求，特别是中间断路器 TA 的极性，核对铭牌上的极性标志是否正确。 2. 核对铭牌上的变比标示，应正确，与设计要求一致，投运前变比整定应与最新定值单要求一致	●	●	●
			4. 回路绝缘电阻	用 1000V 绝缘电阻表测量绝缘电阻，其阻值均应大于 10MΩ	●	●	●
			5. 检查电流回路的接地情况	1. 电流互感器的二次回路应有且只有一个接地点。 2. 对于有几组电流互感器连接在一起（有直接电气连接）的电流回路（保护、测量、计量），应在和电流处接地。	●	●	

续表

序号	项目	具体内容		质量控制要点	质量控制点		
					Ⅰ级	Ⅱ级	Ⅲ级
4	二次回路检查及核对	1. 电流回路检查	5. 检查电流回路的接地情况	3. 独立的、与其他电流互感器没有电的联系的电流回路，宜在配电装置端子箱接地，特别注意备用绕组接地情况。 4. 专用接地线截面不小于 2.5mm²	●	●	
5	二次回路检查及核对	1. 电流回路检查	1. 检查电流回路的二次负担	1. 测量二次回路每相直阻，三相直阻应平衡。 2. 在电流互感器端子箱接线端子处分别通入二次电流，并在端子处测量电压，计算二次负担，三相负担应平衡，二次负担在电流互感器许可范围内。 3. 核对电流互感器 10%误差满足要求	●		
			2. 一次升流	1. 试验在验收后投运前进行。 2. 一次升流前必须检查电流互感器极性正确。 3. 检查电流互感器变比（一次串并联、二次出线端子接法）；特别注意一次改串并联方式时无异常情况。 4. 检查电流互感器的变比、电流回路接线的完整性和正确性、电流回路相别标示的正确性（测量三相及 N 线，包括保护、测量、计量、录波、母差等）。 5. 核对电流互感器的变比与最新定值通知单是否一致。 6. 各电流监测点均应检查，不得遗漏。 7. 与常规站相比，通过观察母线保护差电流幅值，可以比对母线保护各间隔合并单元采样同步特性。应特别注意母线保护不应有差流启动信号出现	●	●	●
			3. 旁路 TA 代本开关 TA	1. 旁路电流互感器二次回路也应参照上述检查进行。 2. 电流切换回路正确	●	●	
		2. 电压回路检查	1. 电压回路的接线	1. 二次回路的接线应该整齐美观、牢固可靠。电缆固定应牢固可靠，接线端予排不受外力拉扯。 2. 二次回路接线符合有关规定，与设计要求一致，满足国家电网设备〔2018〕979 号要求，端子接入位置与设计图纸一致，多股软线必须经压接接头接入端子。 3. 计量电压二次回路，连接导线截面积应不小于 2.5mm²，计量接线盒接线方式正确；保护及测量二次回路，连接导线截面积应不小于 1.5mm²。	●		

序号	项目	具体内容		质量控制要点	质量控制点		
					Ⅰ级	Ⅱ级	Ⅲ级
5	二次回路检查及核对	2. 电压回路检查	1. 电压回路的接线	4. 检查从电压互感器端子到保护及其他装置整个二次回路接线的正确性、完整性。 5. 电压空气断路器型号与设计要求一致，用途、编号应整齐，且标示清晰、正确。 6. 电压互感器的中性线不得接有可能断开的开关和接触器。 7. 来自电压互感器二次的 4 根开关场引入线和电压互感器开口三角回路的 2 根开关场引入线必须分开，不得共用。 8. TV 二次绕组的中性点避雷器应进行试验。（按规程要求进行） 9. 电压回路中的消谐装置、接地继电器、有压监视继电器均应按厂家技术要求、规程规定进行试验	●		
			2. 电压互感器配置原则检查	保护采用的电压互感器绕组级别符合有关要求，与设计要求一致	●		
			3. 电压互感器极性、变比	1. 电压互感器极性应满足设计要求，核对铭牌上的极性标志正确。 2. 核对铭牌上的变比标示是否正确、是否与设计要求一致	●	●	●
			4. 回路绝缘电阻	用 1000V 绝缘电阻表测量绝缘电阻，其阻值均应大于 10MΩ	●	●	
			5. 检查电压回路的接地情况	1. 电压互感器的二次回路应有且只有一个接地点。 2. 有电气连接的二次绕组必须在保护室一点接地。 3. 无电气连接的各二次绕组宜在配电装置端子箱分别接地。 4. 电压互感器开口三角回路的 N600 必须在保护室接地，专用接地线截面不小于 2.5mm^2	●	●	
			6. 同期系统回路检查	检查同期系统回路接线正确，模拟断路器同期合闸正确	●	●	
			7. 电压回路的二次负担	1. 在电压互感器端子箱接线端子处分别通入二次电压，并测量电流，计算二次负担，三相负担应平衡，二次负担在电压互感器许可范围内。 2. 采取可靠措施防止电压反送。 3. 电压互感器二次回路中使用的重动、并列、切换继电器接线正确、接点动作正常	●	●	●

续表

序号	项目	具体内容		质量控制要点	质量控制点		
					Ⅰ级	Ⅱ级	Ⅲ级
5	二次回路检查及核对	2. 电压回路检查	8. 电压继电器检查	1. 继电器经试验检查合格。 2. 继电器按定值通知单整定；若未下定值，则应满足运行要求。 3. 继电器接线正确	●		
			9. 电压回路一次升压	1. 通过电压互感器一次升压，确认二次回路接线正确性及电压互感器变比。 2. 电压互感器变比及二次回路接线验证。对电压互感器加一次电压，分别测量保护屏、测控屏、计量屏、故障录波屏、母差保护屏电压回路二次电压。 3. 检查所接电压互感器二次绕组的变比是否与定值通知单要求一致。 4. 与常规站相比，可以检查母线电压互感器的输出值，线路、主变压器间隔合并单元的电压级联功能、电压切换功能等的正确性	●	●	●
		3. 直流电源配置及接线检查	1. 双跳操作电源配置情况，保护电源配置情况	断路器操作电源与保护电源分开且独立：第一路操作电源与第二路操作电源分别引自不同直流小母线，第一套主保护与第二套主保护直流电源分别取自不同直流小母线，其他辅助保护电源、不同断路器的操作电源应由专用直流电源空气断路器供电	●		
			2. 检查操作电源之间、操作电源与保护电源之间寄生回路	试验前所有保护、操作电源均投入，断开某路电源，分别测试其直流端子对地电压，其结果均为0V，且不含交流成分	●	●	
			3. 直流空气断路器、熔丝配置原则及梯级配合情况	上、下级熔断器之间的容量配合必须有选择性，应保证逐级配合，按照设计要求验收	●		
		4. 直流回路绝缘检查		1. 用1000V绝缘电阻表测量回路对地的绝缘电阻，其绝缘电阻应大于$1M\Omega$。 2. 特别注意检查跳、合闸回路之间及对地绝缘。 3. 特别注意检查跳、合闸回路对所有正电源之间的绝缘	●		

续表

序号	项目	具体内容		质量控制要点	质量控制点		
					Ⅰ级	Ⅱ级	Ⅲ级
5	二次回路检查及核对	5. 隔离开关回路检查	1. 操作回路检查	1. 检查二次回路接线正确，与设计相符。 2. 第一次操作应有安装专业人员配合。 3. 电源相序正确，远方及就地操作正常。 4. 辅助触点切换正确。 5. 与保护、测控配合，隔离开关切换正常	●		
			2. 电气闭锁检查	1. 电气闭锁逻辑满足运行要求。 2. 与计算机"五防"系统配合正确	●		
			3. 220kV、110kV保护电压切换	1G、2G 隔离开关分合闸，电压切换箱继电器动作正确，继电器触点切换正确，面板指示灯正确	●		
			4. 220kV、110kV计量电压切换	1G、2G 隔离开关分合闸，计量屏切换继电器动作正确，继电器触点切换正确	●		
		6. 断路器回路检查	1. 三相不一致回路检查	1. 检查三相不一致保护回路正确。（采用断路器本体三相不一致保护，保护装置中三相不一致功能退出） 2. 断路器模拟三相不一致情况，检查保护动作行为及动作时间正确	●	●	
			2. 断路器防跳跃检查	1. 检查防跳回路正确。（采用操作箱内防跳继电器，断路器本体防跳回路应正确、可靠拆除） 2. 防跳功能可靠	●	●	
			3. 操作回路闭锁情况检查	1. 应检查断路器 SF_6 压力、空气压力（或油压）和弹簧未储能闭锁功能，其中闭锁重合闸回路可与保护装置开入量检查同步进行。 2. 由断路器厂家专业人员配合，实际模拟空气压力（或油压）降低，当压力降低至闭锁重合闸时，保护显示"禁止重合闸"开入量变位；当压力降低至闭锁合闸时，实际模拟断路器合闸（此前断路器处分闸状态），此时无法操作；当压力降低至闭锁分闸时，实际模拟断路器分闸（此前断路器处合闸状态），此时无法操作。上述几种情况信号系统应发相应声光信号	●		

续表

序号	项目	具体内容		质量控制要点	质量控制点		
					Ⅰ级	Ⅱ级	Ⅲ级
5	二次回路检查及核对	6. 断路器回路检查	4. 断路器双操双跳检查	断路器机构内及操作箱内需配置两套完整的操作回路,且由不同的直流电源供电。该项目可与整组传动试验同步进行	●		
		7. 主变压器本体回路检查	1. 本体冷控箱回路检查	风冷系统动作正确,箱内继电器、交流接触器、空气断路器型号满足设计要求,工作中无异常信号或声响,风扇转向正确	●		
			2. 绝缘检查	特别注意检查非电量回路接点、跳闸回路对地及接点之间绝缘电阻	●		
			3. 本体跳闸回路	各相本体重瓦斯、调压重瓦斯动作跳三侧	●	●	
			4. 本体信号回路	本体轻瓦斯、油温高告警,绕组温度高告警,压力释放、冷控失电、油位异常等告警信号正确	●		
6	主变压器保护重点回路	1. 本体非电量保护的回路		检查本体保护发信回路、跳闸回路的正确性	●		
		2. 与母线失灵配合回路		1. 主变压器保护动作启动失灵、回路正确。 2. 主变压器保护动作,解除失灵电压闭锁。 3. 母线保护动作,主变压器断路器拒动,母线保护启动主变压器保护失灵功能,跳主变压器三侧	●		
		3. 三相不一致启动回路		检验启动回路,防止在控制回路断线时误启动。检查断路器本体保护是否按定值单整定	●		
		4. 出口跳、合闸回路		主保护、后备保护出口跳各侧断路器和母联断路器回路的正确性	●		
		5. 各侧电压闭锁回路		应与定值单要求一致	●		
		6. 温控回路		油面、绕组温度计本体及监控系统指示正确一致,温度触点动作正确	●		
7	信号回路	1. 断路器本体告警信号		包括气体压力、液压、弹簧未储能、三相不一致、电动机运转、就地操作电源消失等,检查监控后台机遥信定义是否正确	●		

续表

序号	项目	具体内容		质量控制要点	质量控制点		
					Ⅰ级	Ⅱ级	Ⅲ级
7	信号回路	2. 保护异常告警信号		包括保护动作、重合闸动作、保护装置告警信号等，检查监控后台机遥信定义是否正确	●		
		3. 回路异常告警信号		包括控制回路断线、电流互感器、电压互感器回路断线、切换同时动、直流电源消失和操作电源消失等，检查监控后台机遥信定义是否正确	●		
		4. 本体保护检查		轻瓦斯、油温高、风冷全停、压力释放、绕温高、油位异常信号检查监控后台机遥信定义是否正确	●		
		5. 跳、合闸监视回路		检查回路是否正确，控制回路断线信号是否正确	●		
		6. 其他信号		检查监控后台机遥信定义是否正确	●		
		7. 计算机保护软信号		检查保护动作报文、定值清单、告警信息与监控后台机遥信定义是否正确	●		
8	录波信号	1. 保护跳闸		作为启动录波量	●		
		2. 断路器位置		作为启动录波量	●		
9	整组传动试验（主变压器保护）		1. 保护出口动作时间	保护动作时间与说明书一致	●	●	
			2. 差动保护	检查差动保护出口逻辑与出口矩阵一致，满足设计和最新定值单要求	●	●	
			3. 各侧后备保护	检查后备保护出口逻辑与出口矩阵一致，满足设计要求	●	●	
			4. 本体保护	在主变压器本体模拟故障，非电量保护动作正确，出口逻辑与出口矩阵一致	●	●	
			5. 出口矩阵检查	1. 要求定值单必须提供出口矩阵表。 2. 认真按出口矩阵图进行仔细核对，核对各保护出口矩阵的唯一正确性。 3. 出口矩阵一经设定并检查正确，严禁随意修改。	●	●	

续表

序号	项目	具体内容		质量控制要点	质量控制点		
					Ⅰ级	Ⅱ级	Ⅲ级
9	整组传动试验（主变压器保护）	5. 出口矩阵检查		4. 若最新定值单对出口矩阵有变更，与整定计算人员确认后再设定，矩阵更改后必须重新检查出口正确性	●	●	
		6. 保护动作闭锁备自投		分别模拟保护动作跳变高、变中、变低断路器，对应备自投应有对应开入或放电，备自投不动作	●	●	
10	投运前检查			1. 检查所有保护、测控及安全自动装置的所有连接螺栓均压接紧固。 2. 检查所有保护、测控及安全自动装置的端子排接线完整，试验时临时拆开或短接线均已恢复或拆除。 3. 检查"三相不一致保护"和"断路器防跳"回路已按设计和反措要求解开屏内或断路器机构箱内的接线。 4. 检查所有保护及安全自动装置上的电源指示正常，无异常告警信号及异常开入量、所有信号均复归。 5. 检查所有保护及安全自动装置已按最新定值整定。 6. 检查所有保护及安全自动装置上的连接片投入正确，标示清晰、准确。 7. 检查所有保护、测控及安全自动装置上的快分开关，操作把手均在正常位置。 8. 检查主变压器绕组温度计的变流器挡位选择正确，切换到位，确保不出现 TA 开路	●	●	
11	二次核相与带负荷检查	1. 二次核相		检查二次回路电压相序、幅值正确（应检查 TV 端子箱、TV 并列柜、保护柜、安全自动装置、自动化监控系统、计量等相关回路）	●	●	●
		2. 带负荷检查		1. 测量电压、电流的幅值及相位关系，必须测量流过中性线的不平衡电流，要求与当时系统潮流大小及方向核对，并与装置面板显示一致。 2. 对本间隔所有电流回路都必须检查（含备用绕组），包括保护、测量、计量、本体测温回路电流，并做好试验记录。 3. 记录应包括以下内容：主变压器名称、试验日期、设备运行方式、TA、TV 变比、电流回路编号及用途、一次负荷潮流分布、二次电流幅值、电流电压的相位、零序电流幅值、差动保护差流大小	●	●	●

续表

序号	项目	具体内容	质量控制要点	质量控制点		
				I级	II级	III级
11	二次核相与带负荷检查	3. 差动保护差流的检查	检查其大小是否正常，并记录存档	●	●	●
		4. 填写运行检修记录	检修记录应准确、详细说明带负荷检查试验结果，并做出正确的试验结论；若有特殊情况也应在检修记录上说明	●	●	●

五、220kV 线路保护调试质量控制表

序号	项目	具体内容	质量控制要点	质量控制点		
				I级	II级	III级
1	调试准备工作	1. 相关资料收集	应包括设计图纸、设计变更通知单、二次设备出厂说明书、出厂图纸、出厂报告、调试大纲	●		
		2. 试验仪器、工具、试验记录准备	1. 使用试验设备应齐全，功能满足试验要求，且在有效期内。 2. 使用工具应齐全，且满足安全要求。 3. 原始试验记录	●		
2	屏柜现场检查	1. 检验设备的完好性	设备外形应端正，无明显损坏及变形现象，接线应无机械损伤，端子压接应紧固	●		
		2. 检查、记录装置的铭牌参数	检查保护装置的型号、出厂厂家、出厂年月、出厂编号、交流电流、交流电压、直流工作电压等参数与设计参数一致，并记录	●		
		3. 检查连接片、按钮、把手安装正确性	1. 保护跳、合闸出口连接片及与失灵回路相关连接片采用红色，功能连接片采用黄色，连接片底座及其他连接片采用浅驼色。 2. 检查跳闸连接片的开口端应装在上方，接至断路器的跳闸线圈回路。 3. 跳闸连接片在落下过程中必须和相邻跳闸连接片有足够的距离，以保证在操作跳闸连接片时不会碰到相邻的跳闸连接片。 4. 检查并确证跳闸连接片在拧紧螺栓后能可靠地接通回路，且不会接地。 5. 穿过保护屏的跳闸连接片导电杆必须有绝缘套，并距屏孔有明显距离。 6. 连接片、按钮、把手应采用双重编号，内容标示明确规范，并应与图纸标示内容相符，满足运行部门要求	●		

续表

序号	项目	具体内容		质量控制要点	质量控制点		
					Ⅰ级	Ⅱ级	Ⅲ级
2	屏柜现场检查	4. 屏柜及装置接地检查		1. 在主控室、保护室柜屏下层的电缆沟内，按柜屏布置的方向敷设 100mm² 的专用铜排（缆），将该专用铜排（缆）首末端连接，形成保护室内的等电位接地网。保护室内的等电位接地网必须用至少 4 根以上、截面不小于 50mm² 的铜排（缆）与厂、站的主接地网在电缆竖井处可靠连接。 2. 静态保护和控制装置的屏柜下部应有截面不小于 100mm² 的接地铜排。屏柜上装置的接地端子应用截面不小于 4mm² 的多股铜线和接地铜排相连。屏柜内的接地铜排应用截面不小于 50mm² 的铜缆与保护室内的等电位接地网相连。 3. 屏柜内接地铜排可不与屏体绝缘	●		
		5. 装置绝缘检查		用 500V 绝缘电阻表测量回路对地的绝缘电阻，其绝缘电阻应大于 10MΩ	●		
3	线路保护单机调试	1. 保护电源的检查	1. 检查电源的自启动性能	电源电压缓慢上升至 80%额定值应正常自启动；在 80%额定电压下拉合空气断路器应正常自启动	●		
			2. 检查输出电压及其稳定性	输出电压幅值应在装置技术参数正常范围以内	●		
		2. 保护装置的模数转换	1. 装置零漂检查	零漂应在装置技术参数允许范围以内	●		
			2. 电压测量采样	误差应在装置技术参数允许范围以内	●		
			3. 电流测量采样	1. 误差应在装置技术参数允许范围以内。 2. 在线性度检查时，加入 $10I_n$ 电流检查装置过载能力。试验时应特别注意：在试验设备输出允许范围内；试验时间应在说明书要求时间内；加大电流严禁超过允许时间，防止损坏保护装置；试验时应有厂家人员参与	● ●		
			4. 相位角度测量采样	误差应在装置技术参数允许范围以内	●		

续表

序号	项目	具体内容		质量控制要点	质量控制点		
					Ⅰ级	Ⅱ级	Ⅲ级
3	线路保护单机调试	3. 开关量的输入	1. 检查软连接片和硬连接片的逻辑关系	应与装置技术规范及逻辑要求一致	●		
			2. 保护连接片投退的开入	按厂家调试大纲及设计要求调试	●		
			3. 断路器位置的开入	变位情况应与装置及设计要求一致，特别注意检查两台断路器跳闸位置串联情况及与面板检修切换配合情况	●		
			4. 其他开入量	变位情况应与装置及设计要求一致	●		
		4. 定值校验	1. 1.05 倍及 0.95 倍定值校验	装置动作行为应正确	●		
			2. 操作输入和固化定值	应能正常输入和固化	●		
			3. 定值组的切换	应校验切换前后运行定值区的定值正确无误	●		
		5. 合并单元装置	1. 合并单元采样	1. 进行数字量输入、模拟量输入合并单元精确度测试。MU 测试仪上显示待测 MU 通过模拟器采集交流量的参数（包括幅值、频率、功率、功率因数等交流量）应符合相关规程规范。待测 MU 和交流采样基准的同一路交流量信号之间的相角差应符合相关规程规范。 2. 应具有双 AD 采样。双 AD 采样为合并单元通过两个 AD 同时采样两路数据，如一路为电流 A、电流 B、电流 C，另一路为电流 A1、电流 B1、电流 C1。两路 A/D 电路输出的结果应完全独立，两路数据同时参与逻辑运算，即相互校验	●		

续表

序号	项目	具体内容		质量控制要点	质量控制点		
					Ⅰ级	Ⅱ级	Ⅲ级
3	线路保护单机调试	5. 合并单元装置	2. 合并单元延时	根据目前各主流设备制造厂家硬件处理能力和满足现阶段电网继电保护性能指标不受影响的要求，合并单元离散度要求确定为 10μs，角差为 0.18°，不会对以差动或方向为原理的保护有影响	●		
			3. 合并单元精度	1. 合并单元对时要求不超过 1μs。 2. 在时钟源丢失后，依照参考时钟继续运行，保证在一段时间内参考时钟和时钟源偏差不大。守时 10min 误差不超过 4μs	●		
			4. 合并单元电压切换	1. 当Ⅰ母隔离开关合位，Ⅱ母隔离开关分位，母线电压取自Ⅰ母。 2. 当Ⅱ母隔离开关合位，Ⅰ母隔离开关分位，母线电压取自Ⅱ母。 3. 当Ⅰ母隔离开关合位，Ⅱ母隔离开关合位，理论上母线电压取Ⅰ母电压或Ⅱ母电压都可以；工程应用中一般取Ⅰ母电压，合并单元亮"同时动作"信号灯。 4. 当Ⅰ母隔离开关分位，Ⅱ母隔离开关分位，母线电压数值为0，合并单元亮"同时返回"信号灯	●		
			5. 交流通道采样检查	1. 核对 SCD 文件的虚端子连接。 2. 模拟量输入二次回路检查。 3. 保护装置 SV 数字量显示检查。 4. 保护（测控）装置 SV 接收软连接片投退检查。 5. 保护（测控）装置的光纤连接检查。 6. 保护（测控）装置及合智一体装置正常工作检查。 7. 两侧的检修连接片状态一致性检查	●		
			6. 案例分析	某新建变电站调试过程中，调试人员发现：某线路间隔Ⅰ段母线隔离开关合位时，电压取Ⅱ段母线电压，Ⅱ段母线隔离开关合位时，电压取Ⅰ段母线电压。经核查发现为 SCD（全站配置文件）虚端子连接错误，避免了因电压切换错误而导致的电网事故			

续表

序号	项目	具体内容		质量控制要点	质量控制点		
					Ⅰ级	Ⅱ级	Ⅲ级
3	线路保护单机调试	6. 智能终端装置	1. 状态量采集	1. 应具有开关量（DI）和模拟量（AI）采集功能。开关量输入宜用强电方式采集，模拟量输入应能接受 4~20 mA 电流量和 0~5V 电压量。 2. 具备事件顺序记录（SOE）功能。 3. 应具备电气隔离功能。 4. 应具有开关量输入防抖功能，断路器位置、隔离开关位置防抖时间宜统一设定为 5ms，开入时标应是防抖前的时标。 5. 应具有信息转换和通信功能。支持以 GOOSE 方式上传一次设备的状态信息，同时接受来自二次设备的 GOOSE 下行控制命令，实现对一次设备的实时控制功能。 6. 应具有对时功能。能接受 IEC 61588 或 B 码时钟同步信号功能，装置的对时精度误差应不大于±1ms。 7. 应具有闭锁告警功能。它包括电源中断、通信中断、通信异常、GOOSE 断链、装置内部异常等信号；其中装置异常及直流消失在装置面板上宜直接有 LED 指示灯	●		
			2. 直流量采集	应具备温度、湿度等直流量信号测量功能	●		
			3. 控制功能	1. 应具备断路器控制功能，可根据工程需要选择分相控制或三相控制等不同模式。 2. 应具备开关量输出功能，用于控制隔离开关等设备，输出量点数可根据工程需要灵活配置，继电器输出触点容量应满足现场实际需要。 3. 断路器智能终端双套配置而断路器操动机构配置单跳圈的情况下，需要将两套装置的跳闸触点并接。 4. 常规站改造过程中，断路器智能终端与线路保护应同时改造，断路器智能终端应具备电缆 TJR 跳闸功能，并支持 GOOSE 方式转发 TJR 信号。 5. 断路器防跳、断路器三相不一致保护功能以及各种压力闭锁功能宜在断路器本体操动机构中实现；智能终端应保留防跳功能，并可以方便取消防跳功能。	●		

续表

序号	项目	具体内容		质量控制要点	质量控制点		
					Ⅰ级	Ⅱ级	Ⅲ级
3	线路保护单机调试	6. 智能终端装置	3. 控制功能	6. 双重化配置的智能终端应具有相互闭锁重合闸的功能。闭锁重合闸逻辑为遥合（手合）、遥跳（手跳）、TJR、TJF、闭锁重合闸开入	●		
			4. 保护装置整组传动检查	1. 核对 SCD 文件的虚端子连接。 2. 输出硬触点动作情况、输出二次回路正确性检查。 3. 保护装置接受 GOOSE 跳闸报文正确性检查。 4. 保护（测控）装置 GOOSE 出口软连接片投退检查。 5. 装置的光纤连接检查。 6. 保护（测控）及合智一体动作正确检查。 7. 两侧的检修连接片状态投退一致性，出口硬连接片投退检查	●		
		7. 保护功能检验	1. 主保护	正、反向故障和区内、外故障	●		
			2. 相间距离Ⅰ、Ⅱ、Ⅲ段保护	正、反向故障以及动作时间，TV 断线闭锁距离保护	●		
			3. 接地距离Ⅰ、Ⅱ、Ⅲ段保护	正、反向故障以及动作时间，电压互感器断线闭锁距离保护	●		
			4. 零序Ⅰ、Ⅱ、Ⅲ、Ⅳ段保护、零序反时限	正、反向故障以及动作时间	●		
			5. 电压互感器断线过流保护	动作逻辑应与装置技术说明书提供的原理及逻辑框图一致	●		
			6. 电压互感器断线闭锁功能				
			7. 重合闸后加速功能				

续表

序号	项目	具体内容		质量控制要点	质量控制点		
					Ⅰ级	Ⅱ级	Ⅲ级
3	线路保护单机调试	7. 保护功能检验	8. 振荡闭锁功能	动作逻辑应与装置技术说明书提供的原理及逻辑框图一致	●		
			9. 其他保护功能				
			10. 充电保护				
			11. 三相不一致保护				
			12. 重合闸功能				
4	二次回路检查及核对	1. 电流回路检查	1. 电流回路的接线	1. 进行二次回路的接线检查时应保持接线整齐美观、牢固可靠，电缆吊牌及号码筒应完整，且标示清晰、正确。 2. 二次回路接线符合有关规定，与设计要求一致，满足反措要求，端子接入位置与设计图纸一致，多股软线必须经压接线头接入端子。 3. 计量电流二次回路，连接导线截面积应不小于 4mm²，计量接线盒接线方式正确；保护及测量二次回路，连接导线截面积应不小于 2.5mm²。 4. 检查从断路器本体电流互感器端子到保护及其他装置整个二次回路接线的正确性、完整性	●		
			2. 电流互感器配置原则检查	保护采用的电流互感器绕组级别符合有关要求，不存在保护死区，并与设计要求一致	●	●	●
			3. 电流互感器极性、变比	1. 电流互感器极性应满足设计或现场实际情况要求，特别是中间断路器 TA 的极性，核对铭牌上的极性标志是否正确。 2. 核对铭牌上的变比标示，应正确，与设计要求一致，投运前变比整定应与最新定值单要求一致	●	●	●
			4. 回路绝缘电阻	用 1000V 绝缘电阻表测量绝缘电阻，其阻值均应大于 10MΩ	●	●	●

续表

序号	项目	具体内容		质量控制要点	质量控制点		
					Ⅰ级	Ⅱ级	Ⅲ级
4	二次回路检查及核对	1. 电流回路检查	5. 检查电流回路的接地情况	1. 电流互感器的二次回路应有且只有一个接地点。 2. 对于有几组电流互感器连接在一起（有直接电气连接）的电流回路（保护、测量、计量），应在和电流处接地。 3. 独立的、与其他电流互感器没有电的联系的电流回路，宜在配电装置端子箱接地，特别注意备用绕组接地情况。 4. 专用接地线截面不小于 2.5mm²	●	●	
			6. 检查电流回路的二次负担	1. 测量二次回路每相直阻，三相直阻应平衡。 2. 在电流互感器端子箱接线端子处分别通入二次电流，并在端子处测量电压，计算二次负担，三相负担应平衡，二次负担在电流互感器许可范围内。 3. 核对电流互感器 10%误差满足要求	●		
			7. 一次升流	1. 试验在验收后投运前进行。 2. 一次升流前必须检查电流互感器极性正确。 3. 检查电流互感器变比（一次串并联、二次出线端子接法）；特别注意一次改串并联方式时无异常情况。 4. 检查电流互感器的变比、电流回路接线的完整性和正确性、电流回路相别标示的正确性（测量三相及 N 线，包括保护、测量、计量、录波、母差等）。 5. 核对电流互感器的变比与最新定值通知单是否一致。 6. 各电流监测点均应检查，不得遗漏。 7. 与常规站相比，通过观察母线保护差电流幅值，可以比对母线保护各间隔合并单元采样同步特性。应特别注意母线保护不应有差流启动信号出现	●	●	●
		2. 电压回路检查	1. 电压回路的接线	1. 二次回路的接线应该整齐美观、牢固可靠。电缆固定应牢固可靠，接线端予排不受电缆牌及回路拉扯。 2. 二次回路接线符合有关规定，与设计要求一致，满足反措要求，端子接入位置与设计图纸一致，多股软线必须经压接线头接入端子。	●		

续表

序号	项目		具体内容	质量控制要点	质量控制点		
					Ⅰ级	Ⅱ级	Ⅲ级
4	二次回路检查及核对	2. 电压回路检查	1. 电压回路的接线	3. 计量电压二次回路，连接导线截面积应不小于 2.5mm²，计量接线盒接线方式正确；保护及测量二次回路，连接导线截面积应不小于 1.5mm²。 4. 检查从电压互感器端子到保护及其他装置整个二次回路接线的正确性、完整性。 5. 电压空气断路器型号与设计要求一致，用途编号应整齐，且标示清晰、正确。 6. 电压互感器的中性线不得接有可能断开的开关和接触器。 7. 来自电压互感器二次的 4 根开关场引入线和电压互感器开口三角回路的 2 根开关场引入线必须分开，不得共用。 8. TV 二次绕组的中性点避雷器应进行试验。（按规程要求进行）。 9. 电压回路中的消谐装置、接地继电器、有压监视继电器均应按厂家技术要求、规程规定进行试验	●		
			2. 电压互感器配置原则检查	保护采用的电压互感器绕组级别符合有关要求，与设计要求一致	●	●	
			3. 电压互感器极性、变比	1. 电压互感器极性应满足设计要求，核对铭牌上的极性标志正确。 2. 核对铭牌上的变比标示是否正确，是否与设计要求一致	●	●	●
			4. 回路绝缘电阻	用 1000V 绝缘电阻表测量绝缘电阻，其阻值均应大于 10MΩ	●	●	
			5. 检查电压回路的接地情况	1. 电压互感器的二次回路应有且只有一个接地点。 2. 有电气连接的二次绕组必须在保护室一点接地。 3. 无电气连接的各二次绕组宜在配电装置端子箱分别接地。 4. 电压互感器开口三角回路的 N600 必须在保护室接地，专用接地线截面不小于 2.5mm²	●	●	
			6. 同期系统回路检查	检查同期系统回路接线正确，模拟断路器同期合闸正确	●	●	
			7. 电压回路的二次负担	1. 在电压互感器端子箱接线端子处分别通入二次电压，并测量电流，计算二次负担，三相负担应平衡，二次负担在电压互感器许可范围内。	●	●	

续表

序号	项目	具体内容		质量控制要点	Ⅰ级	Ⅱ级	Ⅲ级
4	二次回路检查及核对	2. 电压回路检查	7. 电压回路的二次负担	2. 采取可靠措施防止电压反送。 3. 电压互感器二次回路中使用的重动、并列、切换继电器接线正确、接点动作正常	●	●	
			8. 电压继电器检查	1. 继电器经试验检查合格。 2. 继电器按定值通知单整定；若未下定值，则应满足运行要求。 3. 继电器接线正确	●		
			9. 电压回路一次升压	1. 通过电压互感器一次升压，确认二次回路接线正确性及电压互感器变比。 2. 电压互感器变比及二次回路接线验证。对电压互感器加一次电压，分别测量保护屏、测控屏、计量屏、故障录波屏、母差保护屏电压回路二次电压。 3. 检查所接电压互感器二次绕组的变比是否与定值通知单要求一致。 4. 与常规站相比，可以检查母线电压互感器的输出值，线路、主变压器间隔合并单元的电压级联功能、电压切换功能等的正确性	●	●	●
		3. 直流电源配置及接线检查	1. 双跳操作电源配置情况、保护电源配置情况	断路器操作电源与保护电源分开且独立：第一路操作电源与第二路操作电源分别引自不同直流小母线，第一套主保护与第二套主保护直流电源分别取自不同直流小母线，其他辅助保护电源、不同断路器的操作电源应有专用直流电源空气断路器供电	●		
			2. 检查操作电源之间、操作电源与保护电源之间寄生回路	试验前所有保护、操作电源均投入，断开某路电源，分别测试其直流端子对地电压，其结果均为0V，且不含交流成分	●	●	
			3. 直流空气断路器、熔丝配置原则及梯级配合情况	上、下级熔断器之间的容量配合必须有选择性，应保证逐级配合，按照设计要求验收	●		
		4. 直流回路绝缘检查		1. 用1000V绝缘电阻表测量回路对地的绝缘电阻，其绝缘电阻应大于1MΩ。 2. 特别注意检查跳、合闸回路之间及对地绝缘。 3. 特别注意检查跳、合闸回路对所有正电源之间的绝缘	●		

续表

序号	项目	具体内容		质量控制要点	质量控制点		
					Ⅰ级	Ⅱ级	Ⅲ级
4	二次回路检查及核对	5. 隔离开关回路检查	1. 操作回路检查	1. 检查二次回路接线正确，与设计相符。 2. 第一次操作应有安装专业人员配合。 3. 电源相序正确，远方及就地操作正常。 4. 辅助触点切换正确。 5. 与保护、测控配合，隔离开关切换正常	●		
			2. 电气闭锁检查	1. 电气闭锁逻辑满足运行要求。 2. 与计算机"五防"系统配合正确	●		
			3. 保护电压切换回路	采用单位置触点切换，正确动作	●		
			4. 计量电压切换回路	采用单位置触点切换，继电器正确动作	●		
			5. 母线保护切换回路	采用单位置触点切换，正确动作	●		
		6. 断路器回路检查	1. 三相不一致回路检查	1. 检查三相不一致保护回路正确（采用断路器本体三相不一致保护，保护装置中三相不一致功能应退出）。 2. 断路器模拟三相不一致情况，检查保护动作行为及动作时间正确	●	●	
			2. 断路器防跳跃检查	1. 检查防跳回路正确（采用操作箱内防跳继电器，断路器本体防跳回路应正确、可靠拆除）。 2. 防跳功能可靠	●	●	
			3. 操作回路闭锁情况检查	1. 应检查断路器 SF_6 压力、空气压力（或油压）和弹簧未储能闭锁功能，其中闭锁重合闸回路可与保护装置开入量检查同步进行。	●		

续表

序号	项目	具体内容		质量控制要点	质量控制点		
					I 级	II 级	III 级
4	二次回路检查及核对	6. 断路器回路检查	3. 操作回路闭锁情况检查	2. 由断路器厂家专业人员配合，实际模拟空气压力（或油压）降低，当压力降低至闭锁重合闸时，保护显示"禁止重合闸"开入量变位；当压力降低至闭锁合闸时，实际模拟断路器合闸（此前断路器处分闸状态），此时无法操作；当压力降低至闭锁分闸时，实际模拟断路器分闸（此前断路器处合闸状态），此时无法操作。上述几种情况信号系统应发相应声光信号	●		
			4. 断路器双操双跳检查	断路器机构内及操作箱内需配置两套完整的操作回路，且由不同的直流电源供电。该项目可与整组传动试验同步进行	●		
			5. 其他功能检查	启、停泵，打压超时，弹簧储能，SF_6 压力低告警，空气压力（或油压）低告警，照明，加热，驱潮	●		
5	线路保护重点回路	1. 失灵启动回路		1. 检查失灵回路中每个触点、连接片接线的正确性。 2. 检查保护启动失灵回路是否正确，与母线保护配合	●		
		2. 重合闸回路		检查保护重合闸回路是否正确	●		
		3. 闭锁重合闸回路		检查保护、断路器闭锁重合闸回路是否正确	●		
		4. 失灵联跳回路检查		1. 实际加电流模拟本线路断路器失灵启动、复合电压闭锁开放、220kV 失灵保护 I 母失灵动作、II 母失灵动作。 2. 光纤电流差动保护，失灵保护动作发远跳命令。失灵保护动作跳闸时应同时闭锁线路重合闸	●		
		5. 两套保护联系的回路		按施工设计具体回路接线进行检查	●		
		6. 保护和收发信机回路		按施工设计具体回路接线进行检查，检查保护发信、收信回路是否正确	●		
		7. 同步时钟对时		检查对时功能正确	●		

续表

序号	项目	具体内容	质量控制要点	质量控制点		
				Ⅰ级	Ⅱ级	Ⅲ级
6	信号回路	1. 断路器本体告警信号	包括气体压力、液压、弹簧未储能、三相不一致、电动机运转、就地操作电源消失等，检查监控后台机遥信定义是否正确	●		
		2. 保护异常告警信号	包括保护动作、重合闸动作、保护装置告警信号等，检查监控后台机遥信定义是否正确	●		
		3. 回路异常告警信号	包括控制回路断线、电流互感器、电压互感器回路断线、切换同时动、直流电源消失和操作电源消失等，检查监控后台机遥信定义是否正确	●		
		4. 跳、合闸监视回路	检查回路是否正确，控制回路断线信号是否正确	●		
		5. 通道告警信号	检查监控后台机遥信定义是否正确	●		
		6. 其他信号	检查监控后台机遥信定义是否正确	●		
		7. 计算机保护软信号	检查保护动作报文、定值清单、告警信息与监控后台机遥信定义是否正确	●		
7	录波信号	1. 跳 A 相、跳 B 相、跳 C 相、三相跳闸、永跳	作为启动录波量	●		
		2. 重合闸	作为启动录波量	●		
		3. 收信输入	允许式纵联保护要求发信也录波，不要求作为启动量	●		
		4. 其他回路	高频信号录波等	●		
8	重合闸功能	1. 综合重合闸方式校验	单相故障保护单跳单重。分别按检同期和检无压方式，间隔故障保护三跳三重	●		
		2. 三相重合闸方式校验	分别按检同期和检无压方式，单相故障、相间故障保护均三跳三重	●		
		3. 单相重合闸方式校验	单相故障保护单跳单重，相间故障保护三跳不重	●		
		4. 停用重合闸方式校验	单相故障、相间故障保护均三跳不重	●		

续表

序号	项目	具体内容		质量控制要点	质量控制点		
					Ⅰ级	Ⅱ级	Ⅲ级
8	重合闸功能	5. 重合闸后加速		手合后加速，保护重合于故障线路后加速	●		
9	与稳控系统联系回路	1. 交流电压回路		作为稳控装置重要判别依据	●		
		2. 交流电流回路		作为稳控装置重要判别依据	●		
		3. 线路保护跳闸信号		作为稳控装置重要判别依据	●		
		4. 跳闸位置信号		作为稳控装置重要判别依据	●		
10	整组传动试验	1. 保护出口动作时间		保护动作时间与说明书一致	●	●	
		2. 单相瞬时接地故障、重合		分别模拟 A、B、C 相单相故障，检查跳闸回路和重合闸回路的正确性，要求保护与断路器动作一致	●	●	
		3. 单相永久性接地故障		模拟一次单相故障，检查保护后加速功能正确	●	●	
		4. 两相接地瞬时故障		两套保护分别模拟一次两相故障，检查保护三跳回路正确	●	●	
		5. 保护出口动作时间		保护动作时间与说明书一致	●	●	
		6. 充电、死区、三相不一致保护动作跳本断路器		检查保护三跳回路正确	●	●	
11	通道测试	1. 光纤通道	1. 通道的完好性	对于光纤通道可以采用自环的方式检查光纤通道完好	●		

续表

序号	项目	具体内容		质量控制要点	质量控制点		
					I 级	II 级	III 级
11	通道测试	1. 光纤通道	2. 附属设备	对于与复用 PCM 相连的保护用附属接口设备应对其继电器输出触点和其逆变电源进行检查	●		
			3. 传输时间及误码率	应对光纤通道的误码率和传输时间进行检查，误码率小于 10^{-6}，传输时间小于 12ms	●		
			4. 与光纤施工方配合	与光纤施工方协调、配合，保证通道顺利开通	●		
		2. 采用光纤通道的线路保护对调	1. 电流采样传输	两侧分别分相加入电流，并在两侧保护装置上检查电流正确性	●	●	
			2. 差动保护	模拟区内故障时，加入故障电流，保护正确动作	●	●	
			3. 通道告警	两侧先后模拟通道故障，保护能正确告警	●	●	
		3. 专用通道联调		测试保护装置的发光功率以及接收功率；保护装置的发光功率在规定范围内，尾纤及接头的损耗满足要求	●		
		4. 复用通道联调		1. 复用通道测试：测试保护装置的发光功率以及接收功率；保护装置的发光功率在规定范围内，尾纤及接头的损耗满足要求。 2. 测试保护装置和光纤接口的发光功率以及接收功率。保护装置和保护通信接口装置的发光功率在规定范围内，尾纤及接头的损耗满足要求。 3. 光电转换装置测试：测试时两侧保护正常运行，光纤通道连接正常，用光功率计测量光电转换装置收发信端（RX、TX）的光功率。光电转换装置和保护通信接口装置的发光功率在规定范围内，尾纤及接头的损耗满足要求。若测得的发光功率与装置的标称发光功率有较大的差距，需确认装置及尾纤是否正常	●		
12	投运前检查			1. 检查所有保护、测控及安全自动装置的所有连接螺栓均压接紧固。 2. 检查所有保护、测控及安全自动装置的端子排接线完整，试验时临时拆开或短接线均已恢复或拆除。	●	●	

续表

序号	项目	具体内容	质量控制要点	质量控制点		
				Ⅰ级	Ⅱ级	Ⅲ级
13	投运前检查		3. 检查"三相不一致保护"和"断路器防跳"回路已按设计和反措要求解开屏内或断路器机构箱内的接线。 4. 检查所有保护及安全自动装置上的电源指示正常，无异常告警信号及异常开入量、所有信号均复归。 5. 检查所有保护及安全自动装置已按最新定值整定。 6. 检查所有保护及安全自动装置上的连接片投入正确，标示清晰、准确。 7. 检查所有保护、测控及安全自动装置上的快分开关，操作把手均在正常位置	●	●	
14	二次核相与带负荷检查	1. 二次核相	检查二次回路电压相序、幅值正确（应检查 TV 端子箱、TV 并列柜、保护柜、安全自动装置、自动化监控系统、计量等相关回路）	●	●	●
		2. 带负荷检查	1. 测量电压、电流的幅值及相位关系，必须测量流过中性线的不平衡电流，要求与当时系统潮流大小及方向核对，并与装置面板显示一致。 2. 对本间隔所有电流回路（含备用绕组）都必须检查，包括保护、测量、计量等，并做好试验记录。 3. 记录应包括以下内容：线路名称、试验日期、设备运行情况、TA/TV 变比、电流回路编号及用途、一次负荷潮流分布、二次电流幅值、电流电压的相位、零序电流幅值、差动保护差流大小	●	●	●
		3. 线路光纤差动保护差流的检查	检查其大小是否正常，并记录存档	●	●	●
		4. 填写运行检修记录	检修记录应准确、详细说明带负荷检查试验结果，并做出正确的试验结论；若有特殊情况也应在检修记录上说明	●	●	●

六、500kV 母线保护调试质量控制表

序号	项目	具体内容	质量控制要点	质量控制点 I 级	II 级	III 级
1	调试准备工作	1. 相关资料收集	应包括设计图纸、设计变更通知单、二次设备出厂说明书、出厂图纸、出厂报告、调试大纲	●		
		2. 试验仪器、工具、试验记录准备	1. 使用试验设备应齐全，功能满足试验要求，且在有效期内。 2. 使用工具应齐全，且满足安全要求。 3. 原始试验记录	●		
2	屏柜现场检查	1. 检验设备的完好性	设备外形应端正，无明显损坏及变形现象，接线应无机械损伤，端子压接应紧固	●		
		2. 检查、记录装置的铭牌参数	检查保护装置的型号、出厂厂家、出厂年月、出厂编号、交流电流、交流电压、直流工作电压等参数与设计参数一致，并记录	●		
		3. 检查连接片、按钮、把手安装正确性	1. 保护跳、合闸出口连接片及与失灵回路相关连接片采用红色，功能连接片采用黄色，连接片底座及其他连接片采用浅驼色。 2. 检查跳闸连接片的开口端应装在上方，接至断路器的跳闸线圈回路。 3. 跳闸连接片在落下过程中必须和相邻跳闸连接片有足够的距离，以保证在操作跳闸连接片时不会碰到相邻的跳闸连接片。 4. 检查并确证跳闸连接片在拧紧螺栓后能可靠地接通回路，且不会接地。 5. 穿过保护屏的跳闸连接片导电杆必须有绝缘套，并距屏孔有明显距离。 6. 连接片、按钮、把手应采用双重编号，内容标示明确规范，并应与图纸标示内容相符，满足运行部门要求	●		
		4. 屏柜及装置接地检查	1. 在主控室、保护室柜屏下层的电缆沟内，按柜屏布置的方向敷设 100mm² 的专用铜排（缆），将该专用铜排（缆）首末端连接，形成保护室内的等电位接地网。保护室内的等电位接地网必须用至少 4 根以上、截面不小于 50mm² 的铜排（缆）与厂、站的主接地网在电缆竖井处可靠连接。	●		

续表

序号	项目	具体内容		质量控制要点	质量控制点		
					Ⅰ级	Ⅱ级	Ⅲ级
2	屏柜现场检查	4. 屏柜及装置接地检查		2. 静态保护和控制装置的屏柜下部应设有截面不小于100mm² 的接地铜排。屏柜上装置的接地端子应用截面不小于4mm² 的多股铜线和接地铜排相连。屏柜内的接地铜排应用截面不小于50mm² 的铜缆与保护室内的等电位接地网相连。 3. 屏柜内接地铜排可不与屏体绝缘	●		
		5. 装置绝缘检查		用500V 绝缘电阻表测量回路对地的绝缘电阻，其绝缘电阻应大于10MΩ	●		
3	母线保护单机调试	1. 保护电源的检查	1. 检查电源的自启动性能	电源电压缓慢上升至 80%额定值应正常自启动；在 80%额定电压下拉合空气断路器应正常自启动	●		
			2. 检查输出电压及其稳定性	输出电压幅值应在装置技术参数正常范围以内	●		
		2. 保护装置的模数转换	1. 装置零漂检查	零漂应在装置技术参数允许范围以内	●		
			2. 电压测量采样	误差应在装置技术参数允许范围以内	●		
			3. 电流测量采样	1. 误差应在装置技术参数允许范围以内。 2. 在线性度检查时，加入 $10I_n$ 电流检查装置过载能力。试验时应特别注意：在试验设备输出允许范围内；试验时间应在说明书要求时间内；加大电流严禁超过允许时间，防止损坏保护装置；试验时应有厂家人员参与	●		
			4. 相位角度测量采样	误差应在装置技术参数允许范围以内	●		
		3. 开关量的输入	1. 检查软连接片和硬连接片的逻辑关系	应与装置技术规范及逻辑要求一致	●		

续表

序号	项目	具体内容		质量控制要点	质量控制点		
					Ⅰ级	Ⅱ级	Ⅲ级
3	母线保护单机调试	3. 开关量的输入	2. 保护连接片投退的开入	按厂家调试大纲及设计要求调试	●		
			3. 断路器位置的开入	变位情况应与装置及设计要求一致	●		
			4. 其他开入量	变位情况应与装置及设计要求一致	●		
		4. 定值校验	1. 1.05 倍及 0.95 倍定值校验	装置动作行为应正确	●		
			2. 操作输入和固化定值	应能正常输入和固化	●		
			3. 定值组的切换	应校验切换前后运行定值区的定值正确无误	●		
		5. 保护功能检验	1. 差动保护	1. 分别模拟母线区内、外故障，检查母差保护的动作行为及测量保护动作时间。保护动作后应同时跳开接于故障母线上的各断路器。 2. 校验差动保护制动特性	●	●	
			2. TA 断线判别功能	动作逻辑应与装置技术说明书提供的原理及逻辑框图一致	●		
			3. 直跳功能	动作逻辑应与装置技术说明书提供的原理及逻辑框图一致	●		
			4. 其他保护功能	动作逻辑应与装置技术说明书提供的原理及逻辑框图一致	●		
4	智能终端	1. 状态量采集		1. 应具有开关量（DI）和模拟量（AI）采集功能。开关量输入宜用强电方式采集，模拟量输入应能接受 4～20mA 电流量和 0～5V 电压量。 2. 具备事件顺序记录（SOE）功能。 3. 应具备电气隔离功能。	●		

续表

序号	项目	具体内容	质量控制要点	质量控制点		
				Ⅰ级	Ⅱ级	Ⅲ级
4	智能终端	1. 状态量采集	4. 应具有开关量输入防抖功能，断路器位置、隔离开关位置防抖时间宜统一设定为 5ms，开入时标应是防抖前的时标。 5. 应具有信息转换和通信功能。支持以 GOOSE 方式上传一次设备的状态信息，同时接受来自二次设备的 GOOSE 下行控制命令，实现对一次设备的实时控制功能。 6. 应具有对时功能。能接受 IEC 61588 或 B 码时钟同步信号功能，装置的对时精度误差应不大于±1ms。 7. 应具有闭锁告警功能。它包括电源中断、通信中断、通信异常、GOOSE 断链、装置内部异常等信号；其中装置异常及直流消失在装置面板上宜直接有 LED 指示灯	●		
		2. 直流量采集	应具备温度、湿度等直流量信号测量功能	●		
		3. 控制功能	应具备开关量输出功能，用于控制隔离开关等设备，输出量点数可根据工程需要灵活配置，继电器输出触点容量应满足现场实际需要	●		
		4. 保护装置整组传动检查	1. 核对 SCD 文件的虚端子连接。 2. 输出硬触点动作情况、输出二次回路正确性检查。 3. 保护装置接受 GOOSE 跳闸报文正确性检查。 4. 保护（测控）装置 GOOSE 出口软连接片投退检查。 5. 装置的光纤连接检查。 6. 保护（测控）及合智一体动作正确检查。 7. 两侧的检修连接片状态投退一致性，出口硬连接片投退检查	●		
5	二次回路检查及核对	1. 直流空气断路器、熔丝配置原则及梯级配合情况	上、下级熔断器之间的容量配合必须有选择性，应保证逐级配合，按照设计要求验收	●		
		2. 直流回路绝缘检查	1. 用 1000V 绝缘电阻表测量回路对地的绝缘电阻，其绝缘电阻应大于 1MΩ。 2. 特别注意检查跳、合闸回路之间及对地绝缘。 3. 特别注意检查跳、合闸回路对所有正电源之间的绝缘	●		

续表

序号	项目	具体内容	质量控制要点	质量控制点 I 级	II 级	III 级
6	母线保护重点回路	1. 出口跳闸回路	1. 检查出口跳闸回路是否正确，与直流正电端子应相隔一个以上端子。 2. 检查出口连接片标示正确	●		
		2. 失灵直跳回路	检查启动回路是否正确，连接片标示与实际一致	●		
		3. 各支路电流回路	1. 电流回路变比、极性正确。 2. 电流回路接地正确。 3. 各支路用于母线保护的二次绕组特性应一致	●		
		4. 同步时钟对时	检查对时功能正确	●		
7	信号回路	1. 保护异常告警信号	检查监控后台机遥信定义是否正确	●		
		2. 回路异常告警信号	检查监控后台机遥信定义是否正确	●		
		3. 电流互感器断线告警信号	检查监控后台机遥信定义是否正确	●		
		4. 其他信号	检查监控后台机遥信定义是否正确	●		
		5. 计算机保护软信号	检查保护动作报文、定值清单、告警信息与监控后台机遥信定义是否正确	●		
8	录波信号	母差动作信号	要求作为启动量	●		
9	整组传动试验（带断路器进行）	1. 差动/失灵保护整组出口试验	检查保护动作的正确性	●	●	
		2. 直跳功能整组出口试验	检查保护动作的正确性	●	●	
10	电压回路一次升压		1. 通过电压互感器一次升压，确认二次回路接线正确性及电压互感器变比。 2. 电压互感器变比及二次回路接线验证。对电压互感器加一次电压，分别测量保护屏、测控屏、计量屏、故障录波屏、母差保护屏电压回路二次电压。 3. 检查所接电压互感器二次绕组的变比是否与定值通知单要求一致。	●	●	●

续表

序号	项目	具体内容	质量控制要点	质量控制点		
				Ⅰ级	Ⅱ级	Ⅲ级
10	电压回路一次升压		4. 与常规站相比,可以检查母线电压互感器的输出值,线路、主变压器间隔合并单元的电压级联功能、电压切换功能等的正确性	●	●	●
11	投运前检查		1. 检查所有保护、测控及安全自动装置的所有连接螺栓均压接紧固。 2. 检查所有保护、测控及安全自动装置的端子排接线完整,试验时临时拆开或短接线均已恢复或拆除。 3. 检查"三相不一致保护"和"断路器防跳"回路已按设计和反措要求解开屏内或断路器机构箱内的接线。 4. 检查所有保护及安全自动装置上的电源指示正常,无异常告警信号及异常开入量,所有信号均复归。 5. 检查所有保护及安全自动装置已按最新定值整定。 6. 检查所有保护及安全自动装置上的连接片投入正确,标示清晰、准确。 7. 检查所有保护、测控及安全自动装置上的快分开关,操作把手均在正常位置	●	●	●
12	带负荷检查	1. 带负荷检查	1. 测量电压、电流的幅值及相位关系,必须测量流过中性线的不平衡电流,要求与当时系统潮流大小及方向核对,并与装置面板显示一致。 2. 对各支路电流回路都必须检查。 3. 记录应包括以下内容:各间隔名称、试验日期、设备运行方式、TA/TV 变比、电流回路编号及用途、一次负荷潮流分布、二次电流幅值、电流电压的相位、零序电流幅值、差动保护差流大小	●	●	●
		2. 保护差流的检查	检查装置无差流(包括大差、小差),并记录存档	●	●	●
		3. 填写运行检修记录	检修记录应准确、详细说明每次带负荷检查试验的间隔名称、结果,并做出正确的试验结论;若有特殊情况也应在检修记录上说明	●	●	●

七、500kV 线路及断路器间隔（一个半断路器接线）保护调试质量控制表

序号	项目	具体内容	质量控制要点	质量控制点		
				Ⅰ级	Ⅱ级	Ⅲ级
1	调试准备工作	1. 相关资料收集	应包括设计图纸、设计变更通知单、二次设备出厂说明书、出厂图纸、出厂报告、调试大纲	●		
		2. 试验仪器、工具、试验记录准备	1. 使用试验设备应齐全，功能满足试验要求，且在有效期内。 2. 使用工具应齐全，且满足安全要求。 3. 原始试验记录	●		
2	屏柜现场检查	1. 检验设备的完好性	设备外形应端正，无明显损坏及变形现象，接线应无机械损伤，端子压接应紧固	●		
		2. 检查、记录装置的铭牌参数	检查保护装置的型号、出厂厂家、出厂年月、出厂编号、交流电流、交流电压、直流工作电压等参数与设计参数一致，并记录	●		
		3. 检查连接片、按钮、把手安装正确性	1. 保护跳、合闸出口连接片及与失灵回路相关连接片采用红色，功能连接片采用黄色，连接片底座及其他连接片采用浅驼色。 2. 检查跳闸连接片的开口端应装在上方，接至断路器的跳闸线圈回路。 3. 跳闸连接片在落下过程中必须和相邻跳闸连接片有足够的距离，以保证在操作跳闸连接片时不会碰到相邻的跳闸连接片。 4. 检查并确证跳闸连接片在拧紧螺栓后能可靠地接通回路，且不会接地。 5. 穿过保护屏的跳闸连接片导电杆必须有绝缘套，并距屏孔有明显距离。 6. 连接片、按钮、把手应采用双重编号，内容标示明确规范，并应与图纸标示内容相符，满足运行部门要求	●		
		4. 屏柜及装置接地检查	1. 在主控室、保护室柜屏下层的电缆沟内，按柜屏布置的方向敷设 $100mm^2$ 的专用铜排（缆），将该专用铜排（缆）首末端连接，形成保护室内的等电位接地网。保护室内的等电位接地网必须用至少 4 根以上、截面不小于 $50mm^2$ 的铜排（缆）与厂、站的主接地网在电缆竖井处可靠连接。	●		

续表

序号	项目	具体内容		质量控制要点	质量控制点		
					Ⅰ级	Ⅱ级	Ⅲ级
2	屏柜现场检查	4. 屏柜及装置接地检查		2. 静态保护和控制装置的屏柜下部应设有截面不小于 100mm² 的接地铜排。屏柜上装置的接地端子应用截面不小于 4mm² 的多股铜线和接地铜排连。屏柜内的接地铜排应用截面不小于 50mm² 的铜缆与保护室内的等电位接地网相连。 3. 屏柜内接地铜排可不与屏体绝缘	●		
		5. 装置绝缘检查		用 500V 绝缘电阻表测量回路对地的绝缘电阻，其绝缘电阻应大于 10MΩ	●		
3	线路保护单机调试	1. 保护电源的检查	1. 检查电源的自启动性能	电源电压缓慢上升至 80%额定值应正常自启动；在 80%额定电压下拉合空气断路器应正常自启动	●		
			2. 检查输出电压及其稳定性	输出电压幅值应在装置技术参数正常范围以内	●		
		2. 保护装置的模数转换	1. 装置零漂检查	零漂应在装置技术参数允许范围以内	●		
			2. 电压测量采样	误差应在装置技术参数允许范围以内	●		
			3. 电流测量采样	1. 误差应在装置技术参数允许范围以内。 2. 在线性度检查时，加入 $10I_n$ 电流检查装置过载能力。试验时应特别注意：在试验设备输出允许范围内；试验时间应在说明书要求时间内；加大电流严禁超过允许时间，防止损坏保护装置；试验时应有厂家人员参与	●		
			4. 相位角度测量采样	误差应在装置技术参数允许范围以内	●		
		3. 开关量的输入	1. 检查软连接片和硬连接片的逻辑关系	应与装置技术规范及逻辑要求一致	●		
			2. 保护连接片投退的开入	按厂家调试大纲及设计要求调试	●		

续表

序号	项目	具体内容		质量控制要点	质量控制点		
					Ⅰ级	Ⅱ级	Ⅲ级
3	线路保护单机调试	3. 开关量的输入	3. 断路器位置的开入	变位情况应与装置及设计要求一致，特别注意检查两台断路器跳闸位置开入情况及与面板检修切换配合情况	●		
			4. 其他开入量	变位情况应与装置及设计要求一致	●		
		4. 定值校验	1. 1.05 倍及 0.95 倍定值校验	装置动作行为应正确	●		
			2. 操作输入和固化定值	应能正常输入和固化	●		
			3. 定值组的切换	应校验切换前后运行定值区的定值正确无误	●		
		5. 保护功能检验	1. 主保护	正、反向故障和区内、外故障	●		
			2. 相间距离Ⅰ、Ⅱ、Ⅲ段保护	正、反向故障以及动作时间，TV 断线闭锁距离保护	●		
			3. 接地距离Ⅰ、Ⅱ、Ⅲ段保护	正、反向故障以及动作时间，电压互感器断线闭锁距离保护	●		
			4. 零序Ⅰ、Ⅱ、Ⅲ、Ⅳ段保护、零序反时限	正、反向故障以及动作时间	●		
			5. 电压互感器断线过流保护				
			6. 弱馈功能	动作逻辑应与装置技术说明书提供的原理及逻辑框图一致	●		
			7. 电压互感器断线闭锁功能				

序号	项目	具体内容		质量控制要点	质量控制点		
					Ⅰ级	Ⅱ级	Ⅲ级
3	线路保护单机调试	5. 保护功能检验	8. 重合闸后加速功能	动作逻辑应与装置技术说明书提供的原理及逻辑框图一致	●		
			9. 振荡闭锁功能				
			10. 其他保护功能				
4	过压及远方跳闸保护单机调试	1. 保护电源的检查	1. 检查电源的自启动性能	电源电压缓慢上升至80%额定值应正常自启动；在80%额定电压下拉合空气断路器应正常自启动	●		
			2. 检查输出电压及其稳定性	输出电压幅值应在装置技术参数正常范围以内	●		
		2. 保护装置的模数转换	1. 装置零漂检查	零漂应在装置技术参数允许范围以内	●		
			2. 电压测量采样	误差应在装置技术参数允许范围以内	●		
			3. 电流测量采样	1. 误差应在装置技术参数允许范围以内。 2. 在线性度检查时，加入$10I_n$电流检查装置过载能力。试验时应特别注意：在试验设备输出允许范围内；试验时间应在说明书要求时间内；加大电流严禁超过允许时间，防止损坏保护装置；试验应有厂家人员参与	●		
			4. 相位角度测量采样	误差应在装置技术参数允许范围以内	●		
		3. 开关量的输入	1. 检查软连接片和硬连接片的逻辑关系	应与装置技术规范及逻辑要求一致	●		

序号	项目	具体内容		质量控制要点	质量控制点		
					Ⅰ级	Ⅱ级	Ⅲ级
4	过压及远方跳闸保护单机调试	3. 开关量的输入	2. 保护连接片投退的开入	按厂家调试大纲及设计要求调试	●		
			3. 断路器位置的开入	变位情况应与装置及设计要求一致，特别注意检查两台断路器跳闸位置串联情况及与面板检修切换配合情况	●		
			4. 其他开入量	变位情况应与装置及设计要求一致	●		
		4. 定值校验	1. 1.05 倍及 0.95 倍定值校验	装置动作行为应正确	●		
			2. 操作输入和固化定值	应能正常输入和固化	●		
			3. 定值组的切换	应校验切换前后运行定值区的定值正确无误	●		
		5. 保护功能检验	1. 过压保护	动作逻辑应与装置技术说明书提供的原理及逻辑框图一致	●		
			2. 远方跳闸	动作逻辑应与装置技术说明书提供的原理及逻辑框图一致	●		
5	断路器保护单机调试	1. 保护电源的检查	1. 检查电源的自启动性能	电源电压缓慢上升至 80%额定值应正常自启动；在 80%额定电压下拉合空气断路器应正常自启动	●		
			2. 检查输出电压及其稳定性	输出电压幅值应在装置技术参数正常范围以内	●		
		2. 保护装置的模数转换	1. 装置零漂检查	零漂应在装置技术参数允许范围以内	●		
			2. 电压测量采样	误差应在装置技术参数允许范围以内	●		
			3. 电流测量采样	1. 误差应在装置技术参数允许范围以内	●		

续表

序号	项目	具体内容		质量控制要点	质量控制点		
					Ⅰ级	Ⅱ级	Ⅲ级
5	断路器保护单机调试	2. 保护装置的模数转换	3. 电流测量采样	2. 在线性度检查时，加入$10I_n$电流检查装置过载能力。试验时应特别注意：在试验设备输出允许范围内；试验时间应在说明书要求时间内；加大电流严禁超过允许时间，防止损坏保护装置；试验时应有厂家人员参与	●		
			4. 相位角度测量采样	误差应在装置技术参数允许范围以内	●		
		3. 开关量的输入	1. 检查软连接片和硬连接片的逻辑关系	应与装置技术规范及逻辑要求一致	●		
			2. 保护连接片投退的开入	按厂家调试大纲及设计要求调试	●		
			3. 断路器位置的开入	变位情况应与装置及设计要求一致	●		
			4. 其他开入量	变位情况应与装置及设计要求一致	●		
		4. 定值校验	1. 1.05倍及0.95倍定值校验	装置动作行为应正确	●		
			2. 操作输入和固化定值	应能正常输入和固化	●		
			3. 定值组的切换	应校验切换前后运行定值区的定值正确无误	●		
		5. 保护功能检验	1. 充电保护	动作逻辑应与装置技术说明书提供的原理及逻辑框图一致	●		
			2. 三相不一致保护	动作逻辑应与装置技术说明书提供的原理及逻辑框图一致	●		

续表

序号	项目	具体内容		质量控制要点	质量控制点		
					Ⅰ级	Ⅱ级	Ⅲ级
5	断路器保护单机调试	5. 保护功能检验	3. 重合闸	同期、无压功能检查	●		
				先合、后合逻辑检查	●		
				重合闸方式功能检查	●		
			4. 断路器失灵保护	动作逻辑应与装置技术说明书提供的原理及逻辑框图一致	●		
			5. 死区保护	动作逻辑应与装置技术说明书提供的原理及逻辑框图一致	●		
			6. 过流保护	动作逻辑应与装置技术说明书提供的原理及逻辑框图一致	●		
6	电抗器保护单机调试	1. 保护电源的检查	1. 检查电源的自启动性能	电源电压缓慢上升至80%额定值应正常自启动；在80%额定电压下拉合空气断路器应正常自启动	●		
			2. 检查输出电压及其稳定性	输出电压幅值应在装置技术参数正常范围以内	●		
		2. 保护装置的模数转换	1. 装置零漂检查	零漂应在装置技术参数允许范围以内	●		
			2. 电压测量采样	误差应在装置技术参数允许范围以内	●		
			3. 电流测量采样	1. 误差应在装置技术参数允许范围以内。2. 在线性度检查时，加入 $10I_n$ 电流检查装置过载能力。试验时应特别注意：在试验设备输出允许范围内；试验时间应在说明书要求时间内；加大电流严禁超过允许时间，防止损坏保护装置；试验时应有厂家人员参与	●		
			4. 相位角度测量采样	误差应在装置技术参数允许范围以内	●		

续表

序号	项目	具体内容		质量控制要点	质量控制点		
					Ⅰ级	Ⅱ级	Ⅲ级
6	电抗器保护单机调试	3. 开关量的输入	1. 检查软连接片和硬连接片的逻辑关系	应与装置技术规范及逻辑要求一致	●		
			2. 保护连接片投退的开入	按厂家调试大纲及设计要求调试	●		
			3. 断路器位置的开入	变位情况应与装置及设计要求一致，特别注意检查高压侧两台断路器跳闸位置开入情况及与面板检修切换配合情况	●		
			4. 其他开入量	变位情况应与装置及设计要求一致	●		
		4、定值校验	1. 1.05 倍及 0.95 倍定值校验	装置动作行为应正确	●		
			2. 操作输入和固化定值	应能正常输入和固化	●		
			3. 定值组的切换	应校验切换前后运行定值区的定值正确无误	●		
		5. 电量保护功能检验	1. 差动保护	注意比率制动特性、差动速断、差动高低定值、零序差动校验	●	●	
			2. 主电抗器匝间保护	动作逻辑应与装置技术说明书提供的原理及逻辑框图一致	●		
			3. 主电抗器过流保护				
			4. 主电抗器零序过流保护				

续表

序号	项目	具体内容		质量控制要点	质量控制点		
					Ⅰ级	Ⅱ级	Ⅲ级
6	电抗器保护单机调试	5. 电量保护功能检验	5. 主电抗器过负荷保护	动作逻辑应与装置技术说明书提供的原理及逻辑框图一致	●		
			6. 中性点电抗器过流保护				
			7. 中性点电抗器过负荷保护				
		6. 非电量保护功能检验	1. 主电抗器重瓦斯	继电器动作正确，面板指示灯正确	●		
			2. 主电抗器压力释放				
			3. 主电抗器轻瓦斯				
			4. 主电抗器油位异常				
			5. 主电抗器油面温度1				
			6. 主电抗器油面温度2				
			7. 主电抗器绕组温度1				

续表

序号	项目	具体内容		质量控制要点	质量控制点		
					Ⅰ级	Ⅱ级	Ⅲ级
6	电抗器保护单机调试	6. 非电量保护功能检验	8. 主电抗器绕组温度2	继电器动作正确，面板指示灯正确	●		
			9. 中性点电抗器重瓦斯				
			10. 中性点电抗器压力释放				
			11. 中性点电抗器轻瓦斯				
			12. 中性点电抗器油位异常				
			13. 中性点电抗器油面温度1				
			14. 中性点电抗器油面温度2				
7	智能终端装置	1. 状态量采集		1. 应具有开关量（DI）和模拟量（AI）采集功能。开关量输入宜用强电方式采集，模拟量输入应能接受4～20mA电流量和0～5V电压量。 2. 具备事件顺序记录（SOE）功能。 3. 应具备电气隔离功能。 4. 应具有开关量输入防抖功能，断路器位置、隔离开关位置防抖时间宜统一设定为5ms，开入时标应是防抖前的时标。 5. 应具有信息转换和通信功能。支持以GOOSE方式上传一次设备的状态信息，同时接受来自二次设备的GOOSE下行控制命令，实现对一次设备的实时控制功能。	●		

续表

序号	项目	具体内容		质量控制要点	质量控制点		
					I 级	II 级	III 级
7	智能终端装置	1. 状态量采集		6. 应具有对时功能。能接受 IEC 61588 或 B 码时钟同步信号功能，装置的对时精度误差应不大于±1ms。 7. 应具有闭锁告警功能。它包括电源中断、通信中断、通信异常、GOOSE 断链、装置内部异常等信号；其中装置异常及直流消失在装置面板上宜直接有 LED 指示灯	●		
		2. 直流量采集		应具备温度、湿度等直流量信号测量功能	●		
		3. 控制功能		1. 应具备断路器控制功能，可根据工程需要选择分相控制或三相控制等不同模式。 2. 应具备开关量输出功能，用于控制隔离开关等设备，输出量点数可根据工程需要灵活配置，继电器输出触点容量应满足现场实际需要。 3. 断路器智能终端双套配置而断路器操动机构配置单跳圈的情况下，需要将两套装置的跳闸触点并接。 4. 常规站改造过程中，断路器智能终端与线路保护应同时改造，断路器智能终端应具备电缆 TJR 跳闸功能，并支持 GOOSE 方式转发 TJR 信号。 5. 断路器防跳、断路器三相不一致保护功能以及各种压力闭锁功能宜在断路器本体操动机构中实现；智能终端应保留防跳功能，并可以方便取消防跳功能。 6. 双重化配置的智能终端应具有相互闭锁重合闸的功能。闭锁重合闸逻辑为遥合（手合）、遥跳（手跳）、TJR、TJF、闭锁重合闸开入	●		
		4. 保护装置整组传动检查		1. 核对 SCD 文件的虚端子连接。 2. 输出硬触点动作情况、输出二次回路正确性检查。 3. 保护装置接受 GOOSE 跳闸报文正确性检查。 4. 保护（测控）装置 GOOSE 出口软连接片投退检查。 5. 装置的光纤连接检查。 6. 保护（测控）及合智一体动作正确性检查。 7. 两侧的检修连接片状态投退一致性，出口硬连接片投退检查	●		
8	二次回路检查及核对	1. 电流回路检查	1. 电流回路的接线	1. 进行二次回路的接线检查时应保持接线整齐美观、牢固可靠，电缆吊牌及号码筒应完整，且标示清晰、正确。	●		

续表

序号	项目	具体内容		质量控制要点	质量控制点		
					Ⅰ级	Ⅱ级	Ⅲ级
8	二次回路检查及核对	1. 电流回路检查	1. 电流回路的接线	2. 二次回路接线符合有关规定，与设计要求一致，满足反措要求 ，端子接入位置与设计图纸一致，多股软线必须经压接线头接入端子。	●		
				3. 计量电流二次回路，连接导线截面积应不小于 4mm²，计量接线盒接线方式正确；保护及测量二次回路连接导线截面积应不小于 2.5mm²。 4. 检查从断路器本体电流互感器端子到保护及其他装置整个二次回路接线的正确性、完整性	●		
			2. 电流互感器配置原则检查	保护采用的电流互感器绕组级别符合有关要求，不存在保护死区，并与设计要求一致	●	●	
			3. 电流互感器极性、变比	1. 电流互感器极性应满足设计或现场实际情况要求，特别是中间断路器 TA 的极性，核对铭牌上的极性标志是否正确。 2. 核对铭牌上的变比标示，应正确，与设计要求一致，投运前变比整定应与最新定值单要求一致	●	●	●
			4. 回路绝缘	用 1000V 绝缘电阻表测量绝缘电阻，其阻值均应大于 10MΩ	●		
			5. 检查电流回路的接地情况	1. 电流互感器的二次回路应有且只有一个接地点。 2. 对于有几组电流互感器连接在一起（有直接电气连接）的电流回路（保护、测量、计量），应在和电流处接地。 3. 独立的、与其他电流互感器没有电的联系的电流回路，宜在配电装置端子箱接地，特别注意备用绕组接地情况。 4. 专用接地线截面不小于 2.5mm²	●	●	
			6. 检查电流回路的二次负担	1. 测量二次回路每相直阻，三相直阻应平衡。 2. 在电流互感器端子箱接线端子处分别通入二次电流，并在端子处测量电压，计算二次负担，三相负担应平衡，二次负担在电流互感器许可范围内。 3. 核对电流互感器10%误差满足要求	●	●	●
		2. 电压回路检查	1. 一次升流	1. 试验在验收后投运前进行。	●	●	●

续表

序号	项目	具体内容		质量控制要点	质量控制点		
					Ⅰ级	Ⅱ级	Ⅲ级
8	二次回路检查及核对	2. 电压回路检查	1. 一次升流	2. 一次升流前必须检查电流互感器极性正确。 3. 检查电流互感器变比（一次串并联、二次出线端子接法）；特别注意一次改串并联方式时无异常情况。 4. 检查电流互感器的变比、电流回路接线的完整性和正确性、电流回路相别标示的正确性（测量三相及 N 线，包括保护、测量、计量、录波、母差等）。 5. 核对电流互感器的变比与最新定值通知单是否一致。 6. 各电流监测点均应检查，不得遗漏。 7. 与常规站相比，通过观察母线保护差电流幅值，可以比对母线保护各间隔合并单元采样同步特性。应特别注意母线保护不应有差流启动信号出现	●	●	●
			2. 电压回路的接线	1. 二次回路的接线应该整齐美观、牢固可靠。电缆固定应牢固可靠，接线端予排不受电缆牌及回路拉扯。 2. 二次回路接线符合有关规定，与设计要求一致，满足反措要求，端子接入位置与设计图纸一致，多股软线必须经压接线头接入端子。 3. 计量电压二次回路连接导线截面积应不小于 2.5mm²，计量接线盒接线方式正确；保护及测量二次回路，连接导线截面积应不小于 1.5mm²。 4. 检查从电压互感器端子到保护及其他装置整个二次回路接线的正确性、完整性。 5. 电压空气断路器型号与设计要求一致，用途编号应整齐，且标示清晰、正确。 6. 电压互感器的中性线不得接有可能断开的开关和接触器。 7. 来自电压互感器二次的 4 根开关场引入线和电压互感器开口三角回路的 2 根开关场引入线必须分开，不得共用。 8. TV 二次绕组的中性点避雷器应进行试验。（按规程要求进行）。 9. 电压回路中的消谐装置、接地继电器、有压监视继电器均应按厂家技术要求、规程规定进行试验	●		

续表

序号	项目	具体内容		质量控制要点	质量控制点		
					Ⅰ级	Ⅱ级	Ⅲ级
8	二次回路检查及核对	2. 电压回路检查	3. 电压互感器配置原则检查	保护采用的电压互感器绕组级别符合有关要求，与设计要求一致	●		
			4. 电压互感器极性、变比	1. 电压互感器极性应满足设计要求，核对铭牌上的极性标志正确。 2. 核对铭牌上的变比标示，是否正确，是否与设计要求一致	●	●	●
			5. 回路绝缘	用 1000V 绝缘电阻表测量绝缘电阻，其阻值均应大于 10MΩ（应特别注意 TV 端子箱中过压保护器或避雷器对绝缘的影响）	●	●	
			6. 检查电压回路的接地情况	1. 电压互感器的二次回路应有且只有一个接地点。 2. 有电气连接的二次绕组必须在保护室一点接地。 3. 无电气连接的各二次绕组宜在配电装置端子箱分别接地。 4. 电压互感器开口三角回路的 N600 必须在保护室接地。 5. 专用接地线截面不小于 2.5mm²	●	●	
			7. 同期系统回路检查	检查同期系统回路接线正确，模拟断路器同期合闸正确	●	●	
			8. 电压回路的二次负担	1. 在电压互感器端子箱接线端子处分别通入二次电压，测量电流，并计算二次负担、三相负担应平衡，二次负担在电压互感器许可范围内。 2. 采取可靠措施防止电压反送。 3. 电压互感器二次回路中使用的重动、并列、切换继电器接线正确，触点动作正常	●	●	●
			9. 电压继电器检查	1. 继电器经试验检查合格。 2. 继电器按定值通知单整定；若未下定值通知单，则应满足运行要求。 3. 继电器接线正确	●		

续表

序号	项目	具体内容		质量控制要点	质量控制点		
					I级	II级	III级
8	二次回路检查及核对	2. 电压回路检查	10. 电压回路一次升压	1. 通过电压互感器一次升压，确认二次回路接线正确性及电压互感器变比。 2. 电压互感器变比及二次回路接线验证。对电压互感器加一次电压，分别测量保护屏、测控屏、计量屏、故障录波屏、母差保护屏电压回路二次电压。 3. 检查所接电压互感器二次绕组的变比是否与定值通知单要求一致。 4. 与常规站相比，可以检查母线电压互感器的输出值，线路、主变压器间隔合并单元的电压级联功能、电压切换功能等的正确性	●	●	●
		3. 直流电源配置及接线检查	1. 双跳操作电源配置情况、保护电源配置情况	断路器操作电源与保护电源分开且独立：第一路操作电源与第二路操作电源分别引自不同直流小母线，第一套主保护与第二套主保护直流电源分别取自不同直流小母线，其他辅助保护电源、不同断路器的操作电源应由专用直流电源空气断路器供电	●		
			2. 检查操作电源之间、操作电源与保护电源之间寄生回路	试验前所有保护、操作电源均投入，断开某路电源，分别测试其直流端子对地电压，其结果均为 0V，且不含交流成分	●	●	
			3. 直流空气断路器、熔丝配置原则及梯级配合情况	上、下级熔断器之间的容量配合必须有选择性，应保证逐级配合，符合设计要求	●		
		4. 直流回路绝缘检查		1. 用 1000V 绝缘电阻表测量回路对地的绝缘电阻，其绝缘电阻应大于 1MΩ。 2. 特别注意检查跳、合闸回路之间及对地绝缘。 3. 特别注意检查跳、合闸回路对所有正电源之间的绝缘	●		
		5. 隔离开关及接地开关回路检查	1. 操作回路检查	1. 检查二次回路接线正确，与设计相符。 2. 第一次操作应有安装专业人员配合。 3. 电源相序正确，远方及就地操作正常，分相及三相联动操作正确。 4. 辅助触点切换正确。	●		

续表

序号	项目	具体内容		质量控制要点	质量控制点		
					Ⅰ级	Ⅱ级	Ⅲ级
8	二次回路检查及核对	5. 隔离开关及接地开关回路检查	1. 操作回路检查	5. 与保护、测控配合，隔离开关切换正常			
			2. 电器闭锁检查	电气闭锁逻辑满足运行要求	●		
		6. 断路器回路检查	1. 三相不一致回路检查	1. 检查三相不一致保护回路正确。（采用断路器本体三相不一致保护，保护装置中三相不一致功能应退出） 2. 断路器模拟三相不一致情况，检查保护动作行为及动作时间正确	●	●	
			2. 断路器防跳跃检查	1. 检查防跳回路正确。（采用操作箱内防跳继电器，断路器本体防跳回路应正确、可靠拆除） 2. 防跳功能可靠	●	●	
			3. 操作回路闭锁情况检查	1. 应检查断路器 SF_6 压力、空气压力（或油压）和弹簧未储能闭锁功能，其中闭锁重合闸回路可与保护装置开入量检查同步进行。 2. 由断路器厂家专业人员配合，实际模拟空气压力（或油压）降低，当压力降低至闭锁重合闸时，保护显示"禁止重合闸"开入量变位；当压力降低至闭锁合闸时，实际模拟断路器合闸（此前断路器处分闸状态），此时无法操作；当压力降低至闭锁分闸时，实际模拟断路器分闸（此前断路器处合闸状态），此时无法操作。上述几种情况信号系统应发相应声光信号	●		
			4. 断路器双跳检查	断路器机构需配置两套完整的操作回路，且由不同的直流电源供电。该项目可与整组传动试验同步进行	●		
			5. 其他功能检查	启、停泵，打压超时，弹簧储能，SF_6 压力低告警，空气压力（或油压）低告警，照明，加热，驱潮	●		
		7. 电抗器本体回路检查	1. 绝缘检查	特别注意检查非电量跳闸回路对地及触点之间绝缘电阻	●		
			2. 本体跳闸回路	各相本体重瓦斯动作跳三侧	●	●	

序号	项目	具体内容		质量控制要点	质量控制点		
					Ⅰ级	Ⅱ级	Ⅲ级
8	二次回路检查及核对	7. 电抗器本体回路检查	3. 本体信号回路	本体轻瓦斯、油温高告警、绕组温度高告警、压力释放、油位异常等告警信号正确	●		
9	线路保护重点回路	1. 失灵启动回路		1. 检查失灵回路中每个触点、连接片接线的正确性。 2. 检查保护启动失灵回路是否正确，与断路器保护配合	●		
		2. 重合闸启动回路		检查保护启动重合闸回路是否正确，与断路器保护配合	●		
		3. 闭锁重合闸回路		检查保护闭锁重合闸回路是否正确	●		
		4. 两套保护联系的回路		按施工设计具体回路接线进行检查	●		
		5. 保护和复用载波机联系回路		按施工设计具体回路接线进行检查，检查保护发信、收信回路是否正确	●		
		6. 断路器 TWJ 开入保护		1. 中、边断路器分相跳位 TWJ（跳闸位置继电器）触点按设计要求开入保护，应分相进行检查。 2. 检修开关切换回路正确、标示正确	●		
		7. 同步时钟对时		检查对时功能正确	●		
10	过压及远方跳闸保护重点回路	1. 失灵启动回路		1. 按相检验失灵回路中每个触点、连接片接线的正确性。 2. 检查保护启动失灵回路是否正确，与断路器保护配合	●		
		2. 保护和联系回路		按施工设计具体回路接线进行检查，检查保护发信、收信回路是否正确	●		
		3. 失灵保护、过压保护及外部回路启动远跳		与设计图纸一致，并满足运行要求	●		
		4. 断路器 TWJ 开入保护		1. 中、边断路器分相跳位串联进保护 TWJ 开入，应分相进行检查。 2. 检修开关切换回路正确	●		
		5. 同步时钟对时		检查对时功能正确	●		

续表

序号	项目	具体内容	质量控制要点	质量控制点		
				Ⅰ级	Ⅱ级	Ⅲ级
11	断路器保护重点回路	1. 失灵启动及出口回路	1. 检查线路保护启动失灵回路、失灵出口回路（包括跳相邻断路器、启动母差直跳、启动远跳等），要求检验失灵回路中每个触点、连接片接线的正确性。 2. 若与主变压器共用中断路器，则该断路器的失灵保护还应启动主变压器保护跳主变压器三侧	●		
		2. 三相不一致启动回路	检查断路器本体或保护三相不一致保护是否按定值单要求整定	●		
		3. 重合闸启动、出口回路	检查不对应启动、保护启动回路是否正确	●		
		4. 闭锁重合闸回路	手分、手合、永跳和单重方式时三跳闭锁重合闸等回路的正确性	●		
		5. 先合、后合相互闭锁回路	与设计图纸一致，并满足运行要求	●		
		6. 同步时钟对时	检查对时功能正确	●		
12	电抗器保护重点回路	1. 本体非电量保护的回路	检查本体保护发信回路、跳闸回路的正确性	●		
		2. 出口跳、合闸回路	主保护、后备保护出口跳各侧断路器和母联断路器回路的正确性	●		
		3. 保护动作启动远跳线路对侧回路（线路电抗器）	保护动作后除跳开本侧线路断路器外，还应发远跳命令至对侧，跳开线路对侧断路器	●		
		4. 温控回路	油面、绕组温度计本体及监控系统指示正确一致，温度触点动作正确	●		
		5. 同步时钟对时	检查对时功能正确	●		
13	信号回路	1. 断路器本体告警信号	包括气体压力、液压、弹簧未储能、三相不一致、电动机运转、就地操作电源消失等，检查监控后台机遥信定义是否正确	●		
		2. 保护异常告警信号	包括保护动作、重合闸动作、保护装置告警信号等，检查监控后台机遥信定义是否正确	●		
		3. 回路异常告警信号	包括控制回路断线、电流互感器回路断线、电压互感器回路断线、切换同时动、直流电源消失和操作电源消失等，检查监控后台机遥信定义是否正确	●		

续表

序号	项目	具体内容	质量控制要点	质量控制点		
				Ⅰ级	Ⅱ级	Ⅲ级
13	信号回路	4. 跳、合闸监视回路	检查回路是否正确，控制回路断线信号是否正确	●		
		5. 通道告警信号	检查监控后台机遥信定义是否正确	●		
		6. 本体保护检查	轻瓦斯、油温高、压力释放、绕温高、油位异常信号检查监控后台机遥信定义是否正确	●		
		7. 其他信号	检查监控后台机遥信定义是否正确	●		
		8. 计算机保护软信号	检查保护动作报文、定值清单、告警信息与监控后台机遥信定义是否正确	●		
14	录波信号	1. 线路保护跳闸	作为启动录波量	●		
		2. 重合闸	作为启动录波量	●		
		3. 收信输入	允许式纵联保护要求发信也录波，不要求作为启动量	●		
		4. 其他回路	高频信号录波等	●		
		5. 电抗器保护跳闸	作为启动录波量	●		
15	重合闸功能	1. 综合重合闸方式校验	单相故障保护单跳单重。分别按检同期和检无压方式，相间故障保护三跳三重	●		
		2. 三相重合闸方式校验	分别按检同期和检无压方式，单相故障、相间故障保护均三跳三重	●		
		3. 单相重合闸方式校验	单相故障保护单跳单重，相间故障保护三跳不重	●		
		4. 停用重合闸方式校验	单相故障、相间故障保护均三跳不重	●		
		5. 重合闸后加速	手合后加速，保护重合于故障线路后加速	●		
		6. 重合闸相互闭锁	对先重闭锁后重功能进行检查	●		

续表

序号	项目	具体内容		质量控制要点	质量控制点		
					Ⅰ级	Ⅱ级	Ⅲ级
16	与稳控系统联系回路	1. 交流电压回路		作为稳控装置重要判别依据	●		
		2. 交流电流回路			●		
		3. 线路保护跳闸信号			●		
		4. 跳闸位置信号			●		
17	整组传动试验（线路保护屏与断路器保护屏联调）	1. 线路保护	1. 保护出口动作时间	保护动作时间与说明书一致	●		
			2. 单相瞬时接地故障、重合	分别模拟A、B、C相单相故障，检查跳闸回路和重合闸回路的正确性，要求保护与断路器动作一致	●		
			3. 单相永久性接地故障	模拟一次单相故障，检查保护后加速功能正确	●		
			4. 两相接地瞬时故障	两套保护分别模拟一次两相故障，检查保护三跳回路正确	●		
		2. 过压及远跳保护	1. 保护出口动作时间	保护动作时间与说明书一致	●		
			2. 过压故障	两套保护分别模拟一次故障，检查保护三跳回路正确	●		
			3. 对侧故障启动远方跳闸	模拟收到对侧远方跳闸信号，本侧加入就地判据动作跳闸正确	●		
		3. 电抗器保护	1. 保护出口动作时间	保护动作时间与说明书一致	●		

序号	项目	具体内容		质量控制要点	质量控制点		
					Ⅰ级	Ⅱ级	Ⅲ级
17	整组传动试验（线路保护屏与断路器保护屏联调）	3. 电抗器保护	2. 差动保护	检查差动保护动作正确，满足设计和最新定值单要求	●		
			3. 后备保护	检查后备保护动作正确，满足设计要求	●		
			4. 本体保护	在电抗器本体模拟故障，非电量保护动作正确	●		
		4. 断路器保护	1. 保护出口动作时间	保护动作时间与说明书一致	●		
			2. 充电、死区、失灵、三相不一致保护动作跳本断路器	检查保护三跳回路正确	●	●	
			3. 失灵保护跳其他断路器	检查失灵保护跳相邻断路器、启动母差直跳、启动发信跳对侧断路器、跳有关主变压器三侧	●	●	
18	通道测试	1. 复用载波通道	1. 回路检查	确保两侧保护命令要一一对应	●		
			2. 收发信展宽时间检查	1. 检查传输延时 $T<15ms$，保护装置应能正常运行和正确动作，要求允许信号传输延时 $T<14ms$，闭锁信号传输延时 $T<10ms$，要求检查解除闭锁逻辑正确。 2. 继电保护复用接口设备传输允许命令信号时，原则上不应带有延时展宽，防止系统功率倒向时，引起继电保护误动作	●		
		2. 光纤通道	1. 通道的完好性	对于光纤通道可以采用自环的方式检查光纤通道是否完好	●		
			2. 附属设备	1. 对于与复用 PCM 相连的保护用附属接口设备应对其继电器输出触点和其逆变电源进行检查。	●		

续表

序号	项目	具体内容		质量控制要点	质量控制点		
					Ⅰ级	Ⅱ级	Ⅲ级
18	通道测试	2. 光纤通道	2. 附属设备	2. 直接影响电网安全稳定运行的同一条线路的两套继电保护和同一系统的两套安全自动装置应配置两套独立的通信设备，并分别由两套独立的通信电源供电，两套通信设备和通信电源在物理上应完全隔离			
			3. 传输时间及误码率	应对光纤通道的误码率和传输时间进行检查，误码率小于 10^{-6}，传输时间小于12ms	●		
19	保护对调	1. 采用复用载波通道的线路保护对调	1. 区内故障	模拟区内故障时，对于允许式，高频保护发允许跳闸信号，对侧高频保护在收到允许跳闸信号后向本侧回馈一个允许跳闸信号，本侧高频保护在收到允许跳闸信号后动作跳闸	●	●	
			2. 区外故障	模拟区外故障时，对于允许式，高频保护不向对侧发允许跳闸信号，本侧高频保护不应收到允许跳闸信号，保护不应动作跳闸	●	●	
			3. 本侧过压启动远跳	本侧模拟过压故障，向对侧发远跳信号，跳对侧断路器	●	●	
			4. 对侧过压启动远跳	对侧模拟过压故障，向本侧发远跳信号，跳本侧断路器	●	●	
			5. 本侧失灵启动远跳	模拟本侧断路器失灵，向对侧发远跳信号，跳对侧断路器	●	●	
			6. 对侧失灵启动远跳	模拟对侧断路器失灵，向本侧发远跳信号，跳本侧断路器	●	●	
			7. 通道告警	两侧先后模拟通道故障，保护能正确告警	●	●	
		2. 采用光纤通道的线路保护对调	1. 电流采样传输	两侧分别分相加入电流，并在两侧保护装置上检查电流正确性	●	●	
			2. 差动保护	模拟区内故障时，加入故障电流，保护正确动作	●	●	

续表

序号	项目	具体内容		质量控制要点	质量控制点		
					Ⅰ级	Ⅱ级	Ⅲ级
19	保护对调	2. 采用光纤通道的线路保护对调	3. 本侧过压启动远跳	本侧模拟过压故障，向对侧发远跳信号，跳对侧断路器	●	●	
			4. 对侧过压启动远跳	对侧模拟过压故障，向本侧发远跳信号，跳本侧断路器	●	●	
			5. 本侧失灵启动远跳	模拟本侧断路器失灵，向对侧发远跳信号，跳对侧断路器	●	●	
			6. 对侧失灵启动远跳	模拟对侧断路器失灵，向本侧发远跳信号，跳本侧断路器	●	●	
			7. 通道告警	两侧先后模拟通道故障，保护能正确告警	●	●	
20	投运前检查			1. 检查所有保护、测控及安全自动装置的所有连接螺栓均压接紧固。 2. 检查所有保护、测控及安全自动装置的端子排接线完整，试验时临时拆开或短接线均已恢复或拆除。 3. 检查"三相不一致保护"和"断路器防跳"回路已按设计和反措要求解开屏内或断路器机构箱内的接线。 4. 检查所有保护及安全自动装置上的电源指示正常，无异常告警信号及异常开入量，所有信号均复归。 5. 检查所有保护及安全自动装置已按最新定值整定。 6. 检查所有保护及安全自动装置上的连接片投入正确，标示清晰、准确。 7. 检查所有保护、测控及安全自动装置上的快分开关，操作把手均在正常位置	●	●	●
21	二次核相与带负荷检查	1. 二次核相		检查二次回路电压相序、幅值正确（应检查 TV 端子箱、TV 并列柜、保护柜、安全自动装置、自动化监控系统、计量等相关回路）	●	●	●
		2. 带负荷检查		1. 测量电压、电流的幅值及相位关系，必须测量流过中性线的不平衡电流，要求与当时系统潮流大小及方向核对，并与装置面板显示一致。	●	●	●

续表

序号	项目	具体内容	质量控制要点	质量控制点 I级	II级	III级
21	二次核相与带负荷检查	2. 带负荷检查	2. 对本间隔所有电流回路（含备用绕组）都必须检查，包括保护、测量、计量等，并做好试验记录。 3. 记录应包括以下内容：线路名称、试验日期、设备运行情况、TA/TV 变比、电流回路编号及用途、一次负荷潮流分布、二次电流幅值、电流电压的相位、零序电流幅值、差动保护差流大小	●	●	●
		3. 线路光纤差动保护差流的检查	检查其大小是否正常，并记录存档	●	●	●
		4. 填写运行检修记录	检修记录应准确、详细说明带负荷检查试验结果，并做出正确的试验结论；若有特殊情况也应在检修记录上说明	●	●	●

八、500kV 主变压器保护调试质量控制表

序号	项目	具体内容	质量控制要点	质量控制点 I级	II级	III级
1	调试准备工作	1. 相关资料收集	应包括设计图纸、设计变更通知单、二次设备出厂说明书、出厂图纸、出厂报告、调试大纲	●		
		2. 试验仪器、工具、试验记录准备	1. 使用试验设备应齐全，功能满足试验要求，且在有效期内。 2. 使用工具应齐全，且满足安全要求。 3. 原始试验记录	●		
2	屏柜现场检查	1. 检验设备的完好性	设备外形应端正，无明显损坏及变形现象，接线应无机械损伤，端子压接应紧固	●		
		2. 检查、记录装置的铭牌参数	检查保护装置的型号、出厂厂家、出厂年月、出厂编号、交流电流、交流电压、直流工作电压等参数与设计参数一致，并记录	●		

续表

序号	项目	具体内容		质量控制要点	质量控制点		
					Ⅰ级	Ⅱ级	Ⅲ级
2	屏柜现场检查	3. 检查连接片、按钮、把手安装正确性		1. 保护跳、合闸出口连接片及与失灵回路相关连接片采用红色，功能连接片采用黄色，连接片底座及其他连接片采用浅驼色。 2. 检查跳闸连接片的开口端应装在上方，接至断路器的跳闸线圈回路。 3. 跳闸连接片在落下过程中必须和相邻跳闸连接片有足够的距离，以保证在操作跳闸连接片时不会碰到相邻的跳闸连接片。 4. 检查并确证跳闸连接片在拧紧螺栓后能可靠地接通回路，且不会接地。 5. 穿过保护屏的跳闸连接片导电杆必须有绝缘套，并距屏孔有明显距离。 6. 连接片、按钮、把手应采用双重编号，内容标示明确规范，并应与图纸标示内容相符，满足运行部门要求	●		
		4. 屏柜及装置接地检查		1. 在主控室、保护室柜屏下层的电缆沟内，按柜屏布置的方向敷设 100mm² 的专用铜排（缆），将该专用铜排（缆）首末端连接，形成保护室内的等电位接地网。保护室内的等电位接地网必须用至少 4 根以上、截面不小于 50mm² 的铜排（缆）与厂、站的主接地网在电缆竖井处可靠连接。	●		
				2. 静态保护和控制装置的屏柜下部应设有截面不小于 100mm² 的接地铜排。屏柜上装置的接地端子应用截面不小于 4mm² 的多股铜线和接地铜排相连。屏柜内的接地铜排应用截面不小于 50mm² 的铜缆与保护室内的等电位接地网相连。 3. 屏柜内接地铜排可不与屏体绝缘	●		
		5. 装置绝缘检查		用 500V 绝缘电阻表测量回路对地的绝缘电阻，其绝缘电阻应大于 10MΩ	●		
3	主变压器保护单机调试	1. 保护电源的检查	1. 检查电源的自启动性能	电源电压缓慢上升至 80%额定值应正常自启动；在 80%额定电压下拉合空气断路器应正常自启动	●		
			2. 检查输出电压及其稳定性	输出电压幅值应在装置技术参数正常范围以内	●		
		2. 保护装置的模数转换	1. 装置零漂检查	零漂应在装置技术参数允许范围以内	●		
			2. 电压测量采样	误差应在装置技术参数允许范围以内	●		

续表

序号	项目	具体内容		质量控制要点	质量控制点		
					Ⅰ级	Ⅱ级	Ⅲ级
3	主变压器保护单机调试	2. 保护装置的模数转换	2. 电流测量采样	1. 误差应在装置技术参数允许范围以内。 2. 在线性度检查时，加入 $10I_n$ 电流检查装置过载能力。试验时应特别注意：在试验设备输出允许范围内；试验时间应在说明书要求时间内；加大电流严禁超过允许时间，防止损坏保护装置；试验时应有厂家人员参与	●		
			3. 相位角度测量采样	误差应在装置技术参数允许范围以内	●		
		3. 开关量的输入	1. 检查软连接片和硬连接片的逻辑关系	应与装置技术规范及逻辑要求一致	●		
			2. 保护连接片投退的开入	按厂家调试大纲及设计要求调试	●		
			3. 断路器位置的开入	变位情况应与装置及设计要求一致，特别注意检查高压侧两台断路器跳闸位置开入情况及与面板检修切换配合情况	●		
			4. 其他开入量	变位情况应与装置及设计要求一致	●		
		4. 定值校验	1. 1.05 倍及 0.95 倍定值校验	装置动作行为应正确	●		
			2. 操作输入和固化定值	应能正常输入和固化	●		
			3. 定值组的切换	应校验切换前后运行定值区的定值正确无误	●		
		5. 电量保护功能检验	1. 差动保护	1. 注意比率制动特性、谐波闭锁、差动速断、差动高低定值校验。 2. 应根据主变压器的实际容量、变比等参数计算保护各侧平衡系数并校验	●	●	

序号	项目	具体内容		质量控制要点	质量控制点		
					Ⅰ级	Ⅱ级	Ⅲ级
3	主变压器保护单机调试	5. 电量保护功能检验	2. 过励磁保护及反时限过励磁保护	动作逻辑应与装置技术说明书提供的原理及逻辑框图一致	●		
			3. 高压侧相间阻抗保护				
			4. 高压侧复合电压闭锁过流保护				
			5. 高压侧过负荷保护				
			6. 中压侧相间阻抗保护				
			7. 中压侧复合电压闭锁过流保护				
			8. 中压侧零序方向过流保护				
			9. 中压侧过负荷保护				
			10. 公共绕组零序过流保护				
			11. 公共绕组过负荷保护				

续表

序号	项目	具体内容		质量控制要点	质量控制点		
					Ⅰ级	Ⅱ级	Ⅲ级
3	主变压器保护单机调试	5. 电量保护功能检验	12. 低压侧复合电压闭锁过流保护	动作逻辑应与装置技术说明书提供的原理及逻辑框图一致	●		
			13. 低压侧过流保护				
		6. 非电量保护功能检验	1. 本体重瓦斯	继电器动作正确，面板指示灯正确	●		
			2. 本体压力释放				
			3. 冷却器全停				
			4. 本体轻瓦斯				
			5. 本体油位异常				
			6. 本体油面温度 1				
			7. 本体油面温度 2				
			8. 本体绕组温度 1				
			9. 本体绕组温度 2				

序号	项目	具体内容		质量控制要点	质量控制点		
					Ⅰ级	Ⅱ级	Ⅲ级
3	主变压器保护单机调试	6. 非电量保护功能检验	10. 本体油位异常	继电器动作正确，面板指示灯正确	●		
			11. 高压侧中、边断路器失灵跳闸				
4	500kV断路器保护单机调试	1. 保护电源的检查	1. 检查电源的自启动性能	电源电压缓慢上升至 80%额定值应正常自启动；在 80%额定电压下拉合空气断路器应正常自启动	●		
			2. 检查输出电压及稳定性	输出电压幅值应在装置技术参数正常范围以内	●		
		2. 保护装置的模数转换	1. 装置零漂检查	零漂应在装置技术参数允许范围以内	●		
			2. 电压测量采样	误差应在装置技术参数允许范围以内	●		
			3. 电流测量采样	1. 误差应在装置技术参数允许范围以内。 2. 在线性度检查时，加入 $10I_n$ 电流检查装置过载能力。试验时应特别注意：在试验设备输出允许范围内；试验时间应在说明书要求时间内；加大电流严禁超过允许时间，防止损坏保护装置；试验时应有厂家人员参与	●		
			4. 相位角度测量采样	误差应在装置技术参数允许范围以内	●		
		3. 开关量的输入	1. 检查软连接片和硬连接片的逻辑关系	应与装置技术规范及逻辑要求一致	●		

序号	项目	具体内容		质量控制要点	质量控制点		
					Ⅰ级	Ⅱ级	Ⅲ级
4	500kV 断路器保护单机调试	3. 开关量的输入	2. 保护连接片投退的开入	按厂家调试大纲及设计要求调试	●		
			3. 断路器位置的开入	变位情况应与装置及设计要求一致	●		
			4. 其他开入量	变位情况应与装置及设计要求一致	●		
		4. 定值校验	1. 1.05 倍、0.95 倍定值校验	装置动作行为应正确	●		
			2. 操作输入和固化定值	应能正常输入和固化	●		
			3. 定值组的切换	应校验切换前后运行定值区的定值正确无误	●		
		5. 保护功能检验	1. 充电保护	动作逻辑应与装置技术说明书提供的原理及逻辑框图一致	●		
			2. 三相不一致保护				
			3. 断路器失灵保护				
			4. 死区保护				
			5. 过流保护				

序号	项目	具体内容	质量控制要点	质量控制点		
				Ⅰ级	Ⅱ级	Ⅲ级
5	智能终端装置	1. 状态采集	1. 应具有开关量（DI）和模拟量（AI）采集功能。开关量输入宜用强电方式采集，模拟量输入应能接受 4～20mA 电流量和 0～5V 电压量。 2. 具备事件顺序记录（SOE）功能。 3. 应具备电气隔离功能。 4. 应具有开关量输入防抖功能，断路器位置、隔离开关位置防抖时间宜统一设定为 5ms，开入时标应是防抖前的时标。 5. 应具有信息转换和通信功能。支持以 GOOSE 方式上传一次设备的状态信息，同时接受来自二次设备的 GOOSE 下行控制命令，实现对一次设备的实时控制功能。 6. 应具有对时功能。能接受 IEC 61588 或 B 码时钟同步信号功能，装置的对时精度误差应不大于±1ms。 7. 应具有闭锁告警功能。它包括电源中断、通信中断、通信异常、GOOSE断链、装置内部异常等信号；其中装置异常及直流消失在装置面板上宜直接有 LED 指示灯	●		
		2. 直流量采集	应具备温度、湿度等直流量信号测量功能	●		
		3. 控制功能	1. 应具备断路器控制功能，可根据工程需要选择分相控制或三相控制等不同模式。 2. 应具备开关量输出功能，用于控制隔离开关等设备，输出量点数可根据工程需要灵活配置，继电器输出触点容量应满足现场实际需要。 3. 断路器智能终端双套配置而断路器操动机构配置单跳圈的情况下，需要将两套装置的跳闸触点并接。 4. 常规站改造过程中，断路器智能终端与线路保护应同时改造，断路器智能终端应具备电缆 TJR 跳闸功能，并支持 GOOSE 方式转发 TJR 信号。 5. 断路器防跳、断路器三相不一致保护功能以及各种压力闭锁功能宜在断路器本体操动机构中实现；智能终端应保留防跳功能，并可以方便取消防跳功能。 6. 双重化配置的智能终端应具有相互闭锁重合闸的功能。闭锁重合闸逻辑为遥合（手合）、遥跳（手跳）、TJR、TJF、闭锁重合闸开入	●		

续表

序号	项目	具体内容		质量控制要点	质量控制点		
					Ⅰ级	Ⅱ级	Ⅲ级
5	智能终端装置	4. 保护装置整组传动检查		1. 核对 SCD 文件的虚端子连接。 2. 输出硬触点动作情况、输出二次回路正确性检查。 3. 保护装置接受 GOOSE 跳闸报文正确性检查。 4. 保护（测控）装置 GOOSE 出口软连接片投退检查。 5. 装置的光纤连接检查。 6. 保护（测控）及合智一体动作正确检查。 7. 两侧的检修连接片状态投退一致性，出口硬连接片投退检查	●		
		5. 主变压器本体智能终端		主变压器本体智能终端应包含完整的本体信息交互功能（非电量动作报文、调档及测温等），同时具备就地非电量保护功能。所有非电量保护启动信号均应经大功率继电器重动，非电量保护跳闸通过控制电缆以直跳方式实现	●		
6	二次回路检查及核对	1. 电流回路检查	1. 电流回路的接线	1. 进行二次回路的接线检查时应保持接线整齐美观、牢固可靠，电缆吊牌及号码筒应完整，且标示清晰、正确。 2. 二次回路接线符合有关规定，与设计要求一致，满足反措要求，端子接入位置与设计图纸一致，多股软线必须经压接线头接入端子。 3. 计量电流二次回路连接导线截面积应不小于 4mm²，计量接线盒接线方式正确；保护及测量二次回路连接导线截面积应不小于 2.5mm²。 4. 检查从断路器本体电流互感器端子到保护及其他装置整个二次回路接线的正确性、完整性。 5. 升高座电流互感器极性应与一次试验负责人核对正确	●		
			2. 电流互感器配置原则检查	保护采用的电流互感器绕组级别符合有关要求，不存在保护死区，并与设计要求一致	●	●	
			3. 电流互感器极性、变比	1. 电流互感器极性应满足设计或现场实际情况要求，特别是中间断路器 TA 的极性，核对铭牌上的极性标志是否正确。	●	●	●

序号	项目	具体内容		质量控制要点	质量控制点		
					I级	II级	III级
6	二次回路检查及核对	1. 电流回路检查	3. 电流互感器极性、变比	2. 核对铭牌上的变比标示，应正确，与设计要求一致，投运前变比整定应与最新定值单要求一致			
			4. 回路绝缘电阻	用 1000V 绝缘电阻表测量绝缘电阻，其阻值均应大于 10MΩ	●	●	
			5. 检查电流回路的接地情况	1. 电流互感器的二次回路应有且只有一个接地点。 2. 对于有几组电流互感器连接在一起（有直接电气连接）的电流回路（保护、测量、计量），应在和电流处接地。 3. 独立的、与其他电流互感器没有电的联系的电流回路，宜在配电装置端子箱接地，特别注意备用绕组接地情况。 4. 专用接地线截面不小于 $2.5mm^2$	●	●	
			6. 检查电流回路的二次负担	1. 测量二次回路每相直阻、三相直阻应平衡。 2. 在电流互感器端子箱接线端子处分别通入二次电流，并在端子处测量电压，计算二次负担、三相负担应平衡，二次负担在电流互感器许可范围内。 3. 核对电流互感器 10% 误差满足要求	●		
			7. 一次升流	1. 试验在验收后投运前进行。 2. 一次升流前必须检查电流互感器极性正确。 3. 检查电流互感器变比（一次串并联、二次出线端子接法）；特别注意一次改串并联方式时无异常情况。 4. 检查电流互感器的变比、电流回路接线的完整性和正确性、电流回路相别标示的正确性（测量三相及 N 线，包括保护、测量、计量、录波、母差等）。 5. 核对电流互感器的变比与最新定值通知单是否一致。 6. 各电流监测点均应检查，不得遗漏。 7. 与常规站相比，通过观察母线保护差电流幅值，可以比对母线保护各间隔合并单元采样同步特性。应特别注意母线保护不应有差流启动信号出现	●	●	

续表

序号	项目	具体内容		质量控制要点	质量控制点		
					I 级	II 级	III 级
6	二次回路检查及核对	1. 电流回路检查	8. 旁路 TA 代本开关 TA	1. 旁路电流互感器二次回路也应参照上述检查进行。 2. 电流切换回路正确	●		
		2. 电压回路检查	1. 电压回路的接线	1. 二次回路的接线应该整齐美观、牢固可靠。电缆固定应牢固可靠，接线端予排不受电缆牌及回路拉扯。 2. 二次回路接线符合有关规定，与设计要求一致，满足反措要求，端子接入位置与设计图纸一致，多股软线必须经压接线头接入端子。 3. 计量电压二次回路连接导线截面积应不小于 2.5mm²，计量接线盒接线方式正确；保护及测量二次回路连接导线截面积应不小于 1.5mm²。 4. 检查从电压互感器端子到保护及其他装置整个二次回路接线的正确性、完整性。 5. 电压空气断路器型号与设计要求一致，用途编号应整齐且标示清晰正确。 6. 电压互感器的中性线不得接有可能断开的开关和接触器。 7. 来自电压互感器二次的 4 根开关场引入线和电压互感器开口三角回路的 2 根开关场引入线必须分开，不得共用。 8. TV 二次绕组的中性点避雷器应进行试验。（按规程要求进行） 9. 电压回路中的消谐装置、接地继电器、有压监视继电器均应按厂家技术要求、规程规定进行试验	●		
			2. 电压互感器配置原则检查	保护采用的电压互感器绕组级别符合有关要求，与设计要求一致	●		
			3. 电压互感器极性、变比	1. 电压互感器极性应满足设计要求，核对铭牌上的极性标志正确。 2. 核对铭牌上的变比标示是否正确、是否与设计要求一致	●	●	●
			4. 回路绝缘电阻	用 1000V 绝缘电阻表测量绝缘电阻，其阻值均应大于 10MΩ	●	●	

序号	项目	具体内容		质量控制要点	质量控制点		
					Ⅰ级	Ⅱ级	Ⅲ级
6	二次回路检查及核对	2. 电压回路检查	5. 检查电压回路的接地情况	1. 电压互感器的二次回路应有且只有一个接地点。 2. 有电气连接的二次绕组必须在保护室一点接地。 3. 无电气连接的各二次绕组宜在配电装置端子箱分别接地。 4. 电压互感器开口三角回路的 N600 必须在保护室接地。 5. 专用接地线截面不小于 2.5mm^2	●	●	
			6. 同期系统回路检查	检查同期系统回路接线正确，模拟断路器同期合闸正确	●	●	
			7. 电压回路的二次负担	1. 在电压互感器端子箱接线端子处分别通入二次电压，并测量电流，计算二次负担、三相负担应平衡，二次负担在电压互感器许可范围内。 2. 采取可靠措施防止电压反送。 3. 电压互感器二次回路中使用的重动、并列、切换继电器接线正确、触点动作正常	●	●	●
			8. 电压继电器检查	1. 继电器经试验检查合格。 2. 继电器按定值通知单整定；若未下定值通知单，则应满足运行要求。 3. 继电器接线正确	●		
		3. 直流电源配置及接线检查	1. 双跳操作电源配置情况、保护电源配置情况	断路器操作电源与保护电源分开且独立：第一路操作电源与第二路操作电源分别引自不同直流小母线，第一套主保护与第二套主保护直流电源分别取自不同直流小母线，其他辅助保护电源、不同断路器的操作电源应由专用直流电源空气断路器供电	●		
			2. 检查操作电源之间、操作电源与保护电源之间寄生回路	试验前所有保护、操作电源均投入，断开某路电源，分别测试其直流端子对地电压，其结果均为 0V，且不含交流成分	●	●	

续表

序号	项目	具体内容		质量控制要点	质量控制点		
					Ⅰ级	Ⅱ级	Ⅲ级
6	二次回路检查及核对	3. 直流电源配置及接线检查	3. 直流空气断路器、熔丝配置原则及梯级配合情况	上、下级熔断器之间的容量配合必须有选择性，应保证逐级配合，按照设计要求验收	●		
		4. 直流回路绝缘检查		1. 用 1000V 绝缘电阻表测量回路对地的绝缘电阻，其绝缘电阻应大于 1MΩ。 2. 特别注意检查跳、合闸回路之间及对地绝缘。 3. 特别注意检查跳、合闸回路对所有正电源之间的绝缘	●		
		5. 隔离开关及接地开关回路检查	1. 操作回路检查	1. 检查二次回路接线正确，与设计相符。 2. 第一次操作应有安装专业人员配合。 3. 电源相序正确，远方及就地操作正常，分相及三相联动操作正确。 4. 辅助触点切换正确。 5. 与保护、测控配合，隔离开关切换正常	●		
			2. 电气闭锁检查	1. 电气闭锁逻辑满足运行要求。 2. 与计算机"五防"系统配合正确	●		
		6. 断路器回路检查	1. 三相不一致回路检查	1. 检查三相不一致保护回路正确。（采用断路器本体三相不一致保护，保护装置中三相不一致应功能退出） 2. 断路器模拟三相不一致情况，检查保护动作行为及动作时间正确	●	●	
			2. 断路器防跳跃检查	1. 检查防跳回路正确。（采用操作箱内防跳继电器，断路器本体防跳回路应正确、可靠拆除） 2. 防跳功能可靠	●	●	
			3. 操作回路闭锁情况检查	1. 应检查断路器 SF_6 压力、空气压力（或油压）和弹簧未储能闭锁功能，其中闭锁重合闸回路可与保护装置开入量检查同步进行。	●		

续表

序号	项目	具体内容		质量控制要点	质量控制点		
					Ⅰ级	Ⅱ级	Ⅲ级
6	二次回路检查及核对	6. 断路器回路检查	3. 操作回路闭锁情况检查	2. 由断路器厂家专业人员配合，实际模拟空气压力（或油压）降低，当压力降低至闭锁重合闸时，保护显示"禁止重合闸"开入量变位；当压力降低至闭锁合闸时，实际模拟断路器合闸（此前断路器处分闸状态），此时无法操作；当压力降低至闭锁分闸时，实际模拟断路器分闸（此前断路器处合闸状态），此时无法操作。上述几种情况信号系统应发相应声光信号	●		
			4. 断路器双操双跳检查	断路器机构内及操作箱内需配置两套完整的操作回路，且由不同的直流电源供电。该项目可与整组传动试验同步进行	●		
		7. 主变压器本体回路检查	1. 本体冷控箱回路检查	风冷系统动作正确，箱内继电器、交流接触器、空气断路器型号满足设计要求，工作中无异常信号或声响，风扇转向正确	●		
			2. 绝缘检查	特别注意检查非电量跳闸回路对地及触点之间绝缘电阻	●		
			3. 本体跳闸回路	各相本体重瓦斯动作跳三侧	●	●	
			4. 本体信号回路	本体轻瓦斯、油温高告警、绕组温度高告警、压力释放、冷控失电、油位异常等告警信号正确	●		
		8. 电压回路一次升压		1. 通过电压互感器一次升压，确认二次回路接线正确性及电压互感器变比。2. 电压互感器变比及二次回路接线验证。对电压互感器加一次电压，分别测量保护屏、测控屏、计量屏、故障录波屏、母差保护屏电压回路二次电压。3. 检查所接电压互感器二次绕组的变比是否与定值通知单要求一致。4. 与常规站相比，可以检查母线电压互感器的输出值，线路、主变压器间隔合并单元的电压级联功能、电压切换功能等的正确性	●	●	●
7	主变压器保护重点回路	1. 本体非电量保护的回路		检查本体保护发信回路、跳闸回路的正确性	●		

续表

序号	项目	具体内容	质量控制要点	质量控制点		
				Ⅰ级	Ⅱ级	Ⅲ级
7	主变压器保护重点回路	2. 与母线失灵配合回路	1. 主变压器保护动作启动失灵回路正确。 2. 主变压器保护动作解除失灵电压闭锁。 3. 母线保护动作，主变压器断路器拒动，母线保护启动主变压器保护失灵功能跳主变压器三侧	●		
		3. 三相不一致启动回路	检验启动回路，防止在控制回路断线时误启动。检查断路器本体保护是否按定值单整定	●		
		4. 出口跳、合闸回路	主保护、后备保护出口跳各侧断路器和母联断路器回路的正确性	●		
		5. 各侧电压闭锁回路	应与定值单要求一致	●		
		6. 温控回路	油面、绕组温度计本体及监控系统指示正确一致，温度触点动作正确	●		
		7. 同步时钟对时	检查对时功能正确	●		
8	断路器保护重点回路	1. 失灵启动及出口回路	1. 检查保护启动失灵回路、失灵出口回路（包括跳相邻开关、启动母差直跳、启动远跳等），要求检验失灵回路中每个触点、连接片接线的正确性。 2. 若与主变压器共用中断路器，则该断路器的失灵保护还应启动主变压器保护跳主变压器三侧	●		
		2. 三相不一致启动回路	检查断路器本体三相不一致保护是否按定值单要求整定	●		
		3. 同步时钟对时	检查对时功能正确	●		
9	信号回路	1. 断路器本体告警信号	包括气体压力、液压、弹簧未储能、三相不一致、电动机运转、就地操作电源消失等，检查监控后台机遥信定义是否正确	●		
		2. 保护异常告警信号	包括保护动作、重合闸动作、保护装置告警信号等，检查监控后台机遥信定义是否正确	●		

续表

序号	项目	具体内容		质量控制要点	质量控制点		
					Ⅰ级	Ⅱ级	Ⅲ级
9	信号回路	3. 回路异常告警信号		包括控制回路断线、电流互感器回路断线、电压互感器回路断线、切换同时动、直流电源消失和操作电源消失等，检查监控后台机遥信定义是否正确	●		
		4. 本体保护检查		三相轻瓦斯、油温高、风冷全停、压力释放、绕组温度高、油位异常信号检查监控后台机遥信定义是否正确	●		
		5. 跳、合闸监视回路		检查回路是否正确、控制回路断线信号是否正确	●		
		6. 其他信号		检查监控后台机遥信定义是否正确	●		
		7. 计算机保护软信号		检查保护动作报文、定值清单、告警信息与监控后台机遥信定义是否正确	●		
10	录波信号	1. 保护跳闸		作为启动录波量	●		
		2. 断路器位置		作为启动录波量	●		
11	与稳控系统联系回路	1. 交流电压回路		作为稳控装置重要判别依据	●		
		2. 交流电流回路		作为稳控装置重要判别依据	●		
		3. 保护跳闸信号		作为稳控装置重要判别依据	●		
		4. 跳闸位置信号		作为稳控装置重要判别依据	●		
12	整组传动试验	1. 主变压器保护	1. 保护出口动作时间	保护动作时间与说明书一致	●	●	
			2. 差动保护	检查差动保护出口逻辑与出口矩阵一致，满足设计和最新定值单要求	●	●	
			3. 各侧后备保护	检查后备保护出口逻辑与出口矩阵一致，满足设计要求	●	●	
			4. 本体保护	在主变压器本体模拟故障，非电量保护动作正确，出口逻辑与出口矩阵一致	●	●	

续表

序号	项目	具体内容		质量控制要点	质量控制点		
					I级	II级	III级
12	整组传动试验	1. 主变压器保护	5. 出口矩阵检查	1. 要求定值单必须提供出口矩阵表。 2. 认真按出口矩阵图进行仔细核对，核对各保护出口矩阵的唯一正确性。 3. 出口矩阵一经设定并检查正确，严禁随意修改。 4. 若最新定值单对出口矩阵有变更，与整定计算人员确认后再设定，矩阵更改后必须重新检查出口正确性	●	●	
		2. 断路器保护	1. 保护出口动作时间	保护动作时间与说明书一致	●	●	
			2. 充电、死区、失灵、三相不一致保护动作跳本断路器	检查保护三跳回路正确	●	●	
			3. 失灵保护跳其他断路器	检查失灵保护跳相邻断路器、启动母差直跳、启动发信跳对侧断路器、跳有关主变压器三侧	●	●	
13	投运前检查			1. 检查所有保护、测控及安全自动装置的所有连接螺栓均压接紧固。 2. 检查所有保护、测控及安全自动装置的端子排接线完整，试验时临时拆开或短接线均已恢复或拆除。 3. 检查"三相不一致保护"和"断路器防跳"回路已按设计和反措要求解开屏内或断路器机构箱内的接线 4. 检查所有保护及安全自动装置上的电源指示正常，无异常告警信号及异常开入量，所有信号均已复归。 5. 检查所有保护及安全自动装置已按最新定值整定。 6. 检查所有保护及安全自动装置上的连接片投入正确，标示清晰、准确。 7. 检查所有保护、测控及安全自动装置上的快分开关，操作把手均在正常位置。 8. 检查主变压器绕组温度计的变流器挡位选择正确，切换到位，确保不出现 TA 开路	●	●	●

续表

序号	项目	具体内容	质量控制要点	质量控制点		
				I 级	II 级	III 级
14	二次核相与带负荷检查	1. 二次核相	检查二次回路电压相序、幅值正确（应检查 TV 端子箱、TV 并列柜、保护柜、安全自动装置、自动化监控系统、计量等相关回路）	●	●	
		2. 带负荷检查	1. 测量电压、电流的幅值及相位关系，必须测量流过中性线的不平衡电流，要求与当时系统潮流大小及方向核对，并与装置面板显示一致。 2. 对本间隔所有电流回路都必须检查（含备用绕组），包括保护、测量、计量、本体测温回路电流，并做好试验记录。 3. 记录应包括以下内容：主变压器名称、试验日期、设备运行方式、TA/TV 变比、电流回路编号及用途、一次负荷潮流分布、二次电流幅值、电流电压的相位、零序电流幅值、差动保护差流大小	●	●	
		3. 差动保护差流的检查	检查其大小是否正常，并记录存档	●	●	
		4. 填写运行检修记录	检修记录应准确、详细说明带负荷检查试验结果，并做出正确的试验结论；若有特殊情况也应在检修记录上说明	●	●	

九、故障录波调试质量控制表

序号	项目	具体内容	质量控制要点	质量控制点		
				I 级	II 级	III 级
1	调试准备工作	1. 相关资料收集	应包括设计图纸、设计变更通知单、二次设备出厂说明书、出厂图纸、出厂报告、调试大纲	●		
		2. 试验仪器、工具准备	1. 使用试验设备应齐全，功能满足试验要求，且在有效期内。 2. 使用工具应齐全，且满足安全要求。 3. 原始试验记录	●		

续表

序号	项目	具体内容		质量控制要点	质量控制点		
					Ⅰ级	Ⅱ级	Ⅲ级
2	屏柜现场检查	1. 检验设备的完好性		设备外形应端正，无明显损坏及变形现象，接线应无机械损伤，端子压接应紧固	●		
		2. 检查、记录装置的铭牌参数		检查保护装置的型号、出厂厂家、出厂年月、出厂编号、交流电流、交流电压、直流工作电压等参数与设计参数一致，并记录	●		
		3. 屏蔽接地检查		1. 在主控室、保护室柜屏下层的电缆沟内，按柜屏布置的方向敷设 100mm² 的专用铜排（缆），将该专用铜排（缆）首末端连接，形成保护室内的等电位接地网。保护室内的等电位接地网必须用至少 4 根以上、截面不小于 50mm² 的铜排（缆）与厂、站的主接地网在电缆竖井处可靠连接。 2. 静态保护和控制装置的屏下部应设有截面不小于 100mm² 的接地铜排。屏柜上装置的接地端子应用截面不小于 4mm² 的多股铜线和接地铜排相连。屏柜内的接地铜排应用截面不小于 50mm² 的铜缆与保护室内的等电位接地网相连。 3. 屏柜内接地铜排可不与屏体绝缘	●		
		4. 屏柜绝缘检查		用 500V 绝缘电阻表测量回路对地的绝缘电阻，其绝缘电阻应大于 10MΩ	●		
3	单机调试	1. 电源的检查	1. 检查电源的自启动性能	拉合空气断路器应正常自启动，电源电压缓慢上升至 80%额定值应正常自启动	●		
			2. 检查输出电压及其稳定性	输出电压幅值应在装置技术参数正常范围以内	●		
			3. 检查输出电源是否有接地	检查正、负对地是否有电压。检查工作地与保安地是否相连（要求不连），检查逆变输出电源对地是否有电压	●		
		2. 装置的数模转换	1. 电压测量采样	误差应在装置技术参数允许范围以内	●		
			2. 电流测量采样	1. 误差应在装置技术参数允许范围以内。 2. 在线性度检查时，加入 $10 I_n$ 电流检查装置过载能力。试验时应特别注意：在试验设备输出允许范围内；试验时间应在说明书要求时间内；加大电流严禁超过允许时间，防止损坏装置；试验应有厂家人员参与	●		

序号	项目	具体内容		质量控制要点	质量控制点		
					Ⅰ级	Ⅱ级	Ⅲ级
3	单机调试	2. 装置的数模转换	3. 相位角度测量采样	误差应在装置技术参数允许范围以内	●		
		3. 定值校验		正确操作输入和固化定值	●		
		4. 录波功能	1. 开关量启动录波	检查各开关量启动录波是否正确	●		
			2. 模拟量启动录波	检查各模拟量启动录波是否正确	●		
			3. 其他量启动录波	检查频率等其他量启动录波是否正确	●		
		5. 波形分析	1. 就地波形分析（含后台机）	检查是否能够正常进行	●		
			2. 远传录波文件	检查是否能够正常进行	●		
			3. 打印故障波形	检查是否能够正常进行	●		
4	二次回路检查及核对	1. 直流空气断路器、熔丝配置原则及梯级配合情况		上、下级熔断器之间的容量配合必须有选择性，应保证逐级配合，按照设计要求验收	●		
		2. 直流回路绝缘检查		用1000V绝缘电阻表测量回路对地的绝缘电阻，其绝缘电阻应大于1MΩ	●		
		3. 交流电流、电压回路		与设计一致	●		
		4. 直流启动回路		与设计一致，能正确启动，装置定义正确	●		
5	信号回路	1. 装置异常告警信号		检查监控后台机遥信定义是否正确	●		
		2. 录波启动信号		检查监控后台机遥信定义是否正确	●		

续表

序号	项目	具体内容	质量控制要点	质量控制点		
				I 级	II 级	III 级
6	投运前检查		1. 检查所有保护、测控及安全自动装置的所有连接螺栓均压接紧固。 2. 检查所有保护、测控及安全自动装置的端子排接线完整，试验时临时拆开或短接线均已恢复或拆除。 3. 检查所有保护及安全自动装置上的电源指示正常，无异常告警信号及异常开入量，所有信号均复归。 4. 检查所有保护及安全自动装置已按最新定值整定。 5. 检查所有保护及安全自动装置上的连接片投入正确，标示清晰、准确	●	●	●

十、母线交流电压部分调试质量控制表

序号	项目	具体内容	质量控制要点	质量控制点		
				I 级	II 级	III 级
1	调试准备工作	1. 相关资料收集	应包括设计图纸、设计变更通知单、二次设备出厂说明书、出厂图纸、出厂报告、调试大纲	●		
		2. 试验仪器、工具准备	1. 使用试验设备应齐全，功能满足试验要求，且在有效期内。 2. 使用工具应齐全，且满足安全要求。 3. 原始试验记录	●		
2	母线 TV 切换柜	1. 检验设备的完好性	设备外形应端正，无明显损坏及变形现象，接线应无机械损伤，端子压接应紧固	●		
		2. 检查、记录装置的铭牌参数	检查保护装置的型号、出厂厂家、出厂年月、出厂编号、交流电压、直流工作电压等参数与设计参数一致，并记录	●		
		3. 检查连接片、按钮、把手安装正确性	连接片、按钮、把手应采用双重编号，内容标示明确、规范，并应与图纸标示内容相符，满足运行部门要求	●		

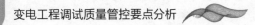

续表

序号	项目	具体内容		质量控制要点	质量控制点		
					Ⅰ级	Ⅱ级	Ⅲ级
2	母线 TV 切换柜	4. 屏柜及装置接地检查		1. 在主控室、保护室柜屏下层的电缆沟内，按柜屏布置的方向敷设 100mm² 的专用铜排（缆），将该专用铜排（缆）首末端连接，形成保护室内的等电位接地网。保护室内的等电位接地网必须用至少 4 根以上截面不小于 50mm² 的铜排（缆）与厂、站的主接地网在电缆竖井处可靠连接。 2. 静态保护和控制装置的屏柜下部应设有截面不小于 100mm² 的接地铜排。屏柜上装置的接地端子应用截面不小于 4mm² 的多股铜线和接地铜排相连。屏柜内的接地铜排应用截面不小于 50mm² 的铜缆与保护室内的等电位接地网相连。 3. 屏柜内接地铜排可不与屏体绝缘	●		
		5. 装置绝缘检查		用 500V 绝缘电阻表测量回路对地的绝缘电阻，其绝缘电阻应大于 10MΩ	●		
		6. 母线 TV 并列回路检查		1. 母联断路器三相合位串联再与母联 1G、2G 隔离开关合位触点串联，还必须经屏上并列切换把手控制才能启动 TV 并列继电器。 2. 母联断路器三相跳位并联复归 TV 并列继电器。 3. TV 并列继电器必须仔细检查触点动作及复归可靠。 4. 投运前必须检查并列切换把手放在"解列"位置，同时用万用表或通灯检查 TV 并列继电器触点可靠断开。 5. 试验 TV 并列装置二次并列回路、重动回路正确。试验时 TV 二次回路应具有防止二次电压反送电的措施。 6. 用模拟信号实际动作的方法检验 TV 并列装置异常及 TV 并列、保护电压失压、测量电压、计量电压失压等信号	●	●	
		7. 电压小母线绝缘、接线检查		1. 电压小母线绝缘检查：用 1000V 绝缘电阻表测量绝缘电阻，其阻值均应大于 10MΩ。 2. 电压小母线接线检查：包括屏顶引下线核对及屏间互联电缆接线核对，必须保证接线正确性及号码筒标示正确	●	●	
3	智能设备	1. 合并单元	1. 合并单元采样	1. 进行数字量输入、模拟量输入合并单元精确度测试。MU 测试仪上显示待测 MU 通过模拟器采集交流量的参数（包括幅值、频率、功率、功率因数等交流量）应符合相关规程规范。待测 MU 和交流采样基准的同一路交流量信号之间的相角差应符合相关规程规范。	●		

续表

序号	项目	具体内容		质量控制要点	质量控制点		
					Ⅰ级	Ⅱ级	Ⅲ级
3	智能设备	1. 合并单元	1. 合并单元采样	2. 应具有双 AD 采样。双 AD 采样为合并单元通过两个 AD 同时采样两路数据，如一路为电流 A、电流 B、电流 C，另一路为电流 A1、电流 B1、电流 C1。两路 A/D 电路输出的结果应完全独立，两路数据同时参与逻辑运算，即相互校验	●		
			2. 合并单元延时	根据目前各主流设备制造厂家硬件处理能力和满足现阶段电网继电保护性能指标不受影响的要求，合并单元离散度要求确定为 10μs，角差为 0.18°，不会对以差动或方向为原理的保护有影响	●		
			3. 合并单元精度	1. 合并单元对时要求不超过 1μs。 2. 在时钟源丢失后，依照参考时钟继续运行，保证在一段时间内参考时钟和时钟源偏差不大。守时 10min，误差不超过 4μs	●		
			4. 合并单元电压并列	当母联断路器、Ⅰ母隔离开关、Ⅱ母隔离开关均处于合位时，将并列把手切换至"并列"时，实现Ⅰ、Ⅱ母电压并列功能	●		
			5. 母线电压合并单元配置	1. 双母线接线：两段母线按双重化配置。每台合并单元应具备 GOOSE 接口，以及接收智能终端传递的母线电压互感器隔离开关位置、母联隔离开关位置和断路器位置，用于电压并列。 2. 双母单分段接线：按双重化配置两台母线电压合并单元，不考虑横向电压并列。 3. 双母双分段接线：按双重化配置 4 台母线电压合并单元，不考虑横向电压并列。 4. 用于检同期的母线电压由母线合并单元点对点通过间隔合并单元转接给各间隔保护装置	●		
			6. 交流通道采样检查	1. 核对 SCD 文件的虚端子连接。 2. 模拟量输入二次回路检查。 3. 保护装置 SV 数字量显示检查。 4. 保护（测控）装置 SV 接收软连接片投退检查。 5. 保护（测控）装置的光纤连接检查。 6. 保护（测控）装置及合智一体装置正常工作检查。	●		

续表

序号	项目	具体内容		质量控制要点	质量控制点		
					Ⅰ级	Ⅱ级	Ⅲ级
3	智能设备	1. 合并单元	6. 交流通道采样检查	7. 两侧的检修连接片状态一致性检查	●		
		2. 智能终端	1. 状态量采集	1. 应具有开关量（DI）和模拟量（AI）采集功能。开关量输入宜用强电方式采集，模拟量输入应能接受4~20 mA电流量和0~5V电压量。 2. 具备事件顺序记录（SOE）功能。 3. 应具备电气隔离功能。 4. 应具有开关量输入防抖功能，断路器位置、隔离开关位置防抖时间宜统一设定为5ms，开入时标应是防抖前的时标。 5. 应具有信息转换和通信功能。支持以GOOSE方式上传一次设备的状态信息，同时接受来自二次设备的GOOSE下行控制命令，实现对一次设备的实时控制功能。 6. 应具有对时功能。能接受IEC 61588或B码时钟同步信号功能，装置的对时精度误差应不大于±1ms。 7.应具有闭锁告警功能。它包括电源中断、通信中断、通信异常、GOOSE断链、装置内部异常等信号；其中装置异常及直流消失在装置面板上宜直接有LED指示灯	● ●		
			2. 直流量采集	应具备温度、湿度等直流量信号测量功能	●		
			3. 控制功能	应具备开关量输出功能，用于控制隔离开关等设备，输出量点数可根据工程需要灵活配置，继电器输出触点容量应满足现场实际需要	●		
			4. 测控装置整组传动检查	1. 核对SCD文件的虚端子连接。 2. 输出硬触点动作情况、输出二次回路正确性检查。 3. 保护装置接受GOOSE跳闸报文正确性检查。 4. 测控装置GOOSE出口软连接片投退检查。 5. 装置的光纤连接检查。 6. 测控及合智一体动作正确性检查。 7. 两侧的检修连接片状态投退一致性，出口硬连接片投退检查	●		

续表

序号	项目	具体内容	质量控制要点	质量控制点		
				Ⅰ级	Ⅱ级	Ⅲ级
4	电压二次回路检查及核对	1. 电压回路的接线	1. 二次回路的接线应该整齐美观、牢固可靠。电缆固定应牢固可靠，接线端子排不受电缆牌及回路拉拔。 2. 二次回路接线符合有关规定，与设计要求一致，满足反措要求，端子接入位置与设计图纸一致，多股软线必须经压接线头接入端子。 3. 计量电压二次回路连接导线截面积应不小于 2.5mm²，计量接线盒接线方式正确；保护及测量二次回路连接导线截面积应不小于 1.5mm²。 4. 检查从电压互感器端子到保护及其他装置整个二次回路接线的正确性、完整性。 5. 电压空气断路器型号与设计要求一致，用途编号应整齐且标示清晰、正确。 6. 电压互感器的中性线不得接有可能断开的开关和接触器。 7. 来自电压互感器二次的 4 根开关场引入线和电压互感器开口三角回路的 2 根开关场引入线必须分开，不得共用。 8. TV 二次绕组的中性点避雷器应进行试验。（按规程要求进行） 9. 电压回路中的消谐装置、接地继电器、有压监视继电器均应按厂家技术要求、规程规定进行试验	● ●		
		2. 电压互感器配置原则检查	保护采用的电压互感器绕组级别符合有关要求，与设计要求一致	●	●	
		3. 电压互感器极性、变比	1. 电压互感器极性应满足设计要求，核对铭牌上的极性标志正确。 2. 核对铭牌上的变比标示是否正确、是否与设计要求一致	●	●	●
		4. 回路绝缘电阻	用 1000V 绝缘电阻表测量绝缘电阻，其阻值均应大于 10MΩ	●		
		5. 检查电压回路的接地情况	1. 电压互感器的二次回路应有且只有一个接地点。 2. 有电气连接的二次绕组必须在保护室一点接地。 3. 无电气连接的各二次绕组宜在配电装置端子箱分别接地。 4. 电压互感器开口三角回路的 N600 必须在保护室接地，专用接地线截面不小于 2.5mm²	●	●	
		6. 同期系统回路检查	检查同期系统回路接线正确，模拟断路器同期合闸正确	●	●	

续表

序号	项目	具体内容	质量控制要点	质量控制点		
				Ⅰ级	Ⅱ级	Ⅲ级
4	电压二次回路检查及核对	7. 电压回路的二次负担	1. 在电压互感器端子箱接线端子处分别通入二次电压，测量电流，并计算二次负担、三相负担应平衡，二次负担在电压互感器许可范围内。 2. 采取可靠措施防止电压反送。 3. 电压互感器二次回路中使用的重动、并列、切换继电器接线正确、触点动作正常	●	●	●
		8. 电压继电器检查	1. 继电器经试验检查合格。 2. 继电器按定值通知单整定；若未下定值通知单，则应满足运行要求。 3. 继电器接线正确	●		
		9. 电压回路一次升压	1. 通过电压互感器一次升压，确认二次回路接线正确性及电压互感器变比。 2. 电压互感器变比及二次回路接线验证。对电压互感器加一次电压，分别测量保护屏、测控屏、计量屏、故障录波屏、母差保护屏电压回路二次电压。 3. 检查所接电压互感器二次绕组的变比是否与定值通知单要求一致。 4. 与常规站相比，可以检查母线电压互感器的输出值，线路、主变压器间隔合并单元的电压级联功能，电压切换功能等的正确性	●	●	●
5	投运前检查		1. 检查所有保护、测控及安全自动装置的所有连接螺栓均压接紧固。 2. 检查所有保护、测控及安全自动装置的端子排接线完整，试验时临时拆开或短接线均已恢复或拆除。 3. 检查"三相不一致保护"和"断路器防跳"回路已按设计和反措要求解开屏内或断路器机构箱内的接线。 4. 检查所有保护及安全自动装置上的电源指示正常，无异常告警信号及异常开入量、所有信号均复归。 5. 检查所有保护及安全自动装置已按最新定值整定。 6. 检查所有保护及安全自动装置上的连接片投入正确，标示清晰、准确。 7. 检查所有保护、测控及安全自动装置上的快分开关，操作把手均在正常位置	●	●	●

续表

序号	项目	具体内容	质量控制要点	质量控制点		
				I 级	II 级	III 级
6	投运检查（带电检查）		1. 核对 I 、 II 母母线电压相位正确。 2. 检查二次回路电压相序、幅值正确。（应检查 TV 端子箱、TV 并列柜、保护柜、安全自动装置、自动化监控系统、计量等相关回路） 3. 填写运行检修记录：检修记录应准确、详细说明带负荷检查试验结果，并做出正确的试验结论；若有特殊情况也应在检修记录上说明	●	●	●

十一、站用电源系统调试质量控制表

序号	项目	具体内容	质量控制要点	质量控制点		
				I 级	II 级	III 级
1	调试准备工作	1. 相关资料收集	应包括设计图纸、设计变更通知单、二次设备出厂说明书、出厂图纸、出厂报告、调试大纲	●		
		2. 试验仪器、工具准备	1. 使用试验设备应齐全，功能满足试验要求，且在有效期内。 2. 使用工具应齐全，且满足安全要求。 3. 原始试验记录	●		
2	交流配电柜试验	1. 检查设备的铭牌参数	检查设备的型号、出厂厂家、出厂年月、出厂编号、交流电压、直流工作电压等参数与设计参数一致	●		
		2. 绝缘电阻及交流耐压	1. 带电部位对地及带电部位之间，绝缘电阻均大于 10MΩ。 2. 带电部位对地及带电部位之间，进行 1kV 1min 工频耐压，无绝缘击穿和闪络现象	●		
		3. 交流馈线屏各支路开关检查	分别将各支路开关合上，测量出线端子电压正常	●		
		4. 380V 交流母线	380V 交流母线必须核对相位一致	●		

续表

序号	项目	具体内容	质量控制要点	质量控制点		
				I级	II级	III级
2	交流配电柜试验	5. 电流、电压表校验	满足表计校验要求	●		
3	交流环网检查	1. 端子箱交流环网检查	1. 500kV、220kV、110kV、35kV、10kV、主变压器本体等各侧端子箱应各有两路交流电源，且取自不同的380V交流母线。 2. 储能电源与加热、照明电源分别独立。 3. 各间隔交流环网电源连线要检查相序一致。 4. 端子箱进线刀闸型号与设计一致，熔丝大小选择适当	●		
		2. 保护室交流环网检查	1. 各屏柜交流环网电源连线要仔细检查。 2. 进线刀闸型号与设计一致，熔丝大小选择适当	●		
4	站用变压器保护屏柜及备自投屏柜现场检查	1. 检验设备的完好性	设备外形应端正，无明显损坏及变形现象，接线应无机械损伤，端子压接应紧固	●		
		2. 检查、记录装置的铭牌参数	检查保护装置的型号、出厂厂家、出厂年月、出厂编号、交流电流、交流电压、直流工作电压等参数与设计参数一致，并记录	●		
		3. 检查连接片、按钮、把手安装正确性	1. 保护跳、合闸出口连接片及与失灵回路相关连接片采用红色，功能连接片采用黄色，连接片底座及其他连接片采用浅驼色。 2. 检查跳闸连接片的开口端应装在上方，接至断路器的跳闸线圈回路。 3. 跳闸连接片在落下过程中必须和相邻跳闸连接片有足够的距离，以保证在操作跳闸连接片时不会碰到相邻的跳闸连接片。 4. 检查并确证跳闸连接片在拧紧螺栓后能可靠地接通回路，且不会接地。 5. 穿过保护屏的跳闸连接片导电杆必须有绝缘套，并距屏孔有明显距离。 6. 连接片、按钮、把手应采用双重编号，内容标示明确、规范，并应与图纸标示内容相符，满足运行部门要求	●		

续表

序号	项目	具体内容		质量控制要点	质量控制点		
					Ⅰ级	Ⅱ级	Ⅲ级
4	站用变压器保护及备自投屏柜现场检查	4. 屏柜及装置接地检查		1. 在主控室、保护室柜屏下层的电缆沟内，按柜屏布置的方向敷设 100mm² 的专用铜排（缆），将该专用铜排（缆）首末端连接，形成保护室内的等电位接地网。保护室内的等电位接地网必须用至少 4 根以上截面不小于 50mm² 的铜排（缆）与厂、站的主接地网在电缆竖井处可靠连接。 2. 静态保护和控制装置的屏柜下部应设有截面不小于 100mm² 的接地铜排。屏柜上装置的接地端子应用截面不小于 4mm² 的多股铜线和接地铜排相连。屏柜内的接地铜排应用截面不小于 50mm² 的铜缆与保护室内的等电位接地网相连。 3. 屏柜内接地铜排可不与屏体绝缘	●		
		5. 装置绝缘检查		用 500V 绝缘电阻表测量回路对地的绝缘电阻，其绝缘电阻应大于 10MΩ	●		
5	站用变压器保护及备自投保护调试	1. 保护电源的检查	1. 检查电源的自启动性能	电源电压缓慢上升至 80%额定值应正常自启动，在 80%额定电压下拉合空气断路器应正常自启动	●		
			2. 检查输出电压及其稳定性	输出电压幅值应在装置技术参数正常范围以内	●		
		2. 保护装置的模数转换	1. 装置零漂检查	零漂应在装置技术参数允许范围以内	●		
			2. 电压测量采样	误差应在装置技术参数允许范围以内	●		
			3. 电流测量采样	1. 误差应在装置技术参数允许范围以内。 2. 在线性度检查时，加入 $10I_n$ 电流检查装置过载能力。试验时应特别注意：在试验设备输出允许范围内；试验时间应在说明书要求时间内；加大电流严禁超过允许时间，防止损坏保护装置；试验时应有厂家人员参与	●		
			4. 相位角度测量采样	误差应在装置技术参数允许范围以内	●		

序号	项目	具体内容		质量控制要点	质量控制点		
					I 级	II 级	III 级
5	站用变压器保护及备自投保护调试	3. 开关量的输入	1. 检查软连接片和硬连接片的逻辑关系	应与装置技术规范及逻辑要求一致	●		
			2. 保护连接片投退的开入	按厂家调试大纲及设计要求调试	●		
			3. 断路器位置的开入	变位情况应与装置及设计要求一致，	●		
			4. 其他开入量	变位情况应与装置及设计要求一致	●		
		4. 定值校验	1. 1.05 倍及 0.95 倍定值校验	装置动作行为应正确	●		
			2. 操作输入和固化定值	应能正常输入和固化	●		
			3. 定值组的切换	应校验切换前后运行定值区的定值正确无误	●		
6	站用变压器保护及备自投保护调试	5. 站用变压器保护功能检验	1. 高压侧过流 I、II、III 段	动作逻辑应与装置技术说明书提供的原理及逻辑框图一致	●		
			2. 高压侧零序过流 I、II、III 段				
			3. 低压侧过流 I、II、III 段				
			4. 低压侧零序过流 I、II、III 段				

续表

序号	项目	具体内容		质量控制要点	质量控制点		
					Ⅰ级	Ⅱ级	Ⅲ级
6	站用变压器保护及备自投保护调试	5. 站用变压器保护功能检验	5. 过负荷	动作逻辑应与装置技术说明书提供的原理及逻辑框图一致	●		
			6. 其他功能				
		6. 备自投保护功能检验	1. 进线Ⅰ备用自投	动作逻辑应与装置技术说明书提供的原理及逻辑框图一致	●	●	
			2. 进线Ⅱ备用自投				
			3. 桥开关备用自投				
7	UPS 电源装置检查	1. 电流、电压表校验		满足表计校验要求	●		
		2. 交流输入回路检查		输入交流电压正常，空气断路器动作可靠	●	●	
		3. 直流输入回路检查		输入直流电压正常，空气断路器动作可靠	●	●	
		4. 逆变交流电压输出回路检查		1. 输出电压幅值、频率满足说明书要求。 2. 各输出支路标示正确。 3. 输出电源容量满足运行要求	●	●	
		5. 旁路回路检查		按出厂说明书要求，模拟 UPS 检修，先合上旁路开关再断开交流电源输出、输入总开关，输出支路供电正常	●	●	
8	二次回路检查及核对	1. 电流回路检查	1. 电流回路的接线	1. 进行二次回路的接线检查时应保持接线整齐美观、牢固可靠，电缆吊牌及号码筒应完整，且标示清晰、正确。 2. 二次回路接线符合有关规定，与设计要求一致，满足反措要求，端子接入位置与设计图纸一致，多股软线必须经压接线头接入端子。	●		

续表

序号	项目	具体内容		质量控制要点	质量控制点		
					Ⅰ级	Ⅱ级	Ⅲ级
8	二次回路检查及核对	1. 电流回路检查	1. 电流回路的接线	3. 计量电流二次回路，连接导线截面积应不小于4mm²，计量接线盒接线方式正确；保护及测量二次回路，连接导线截面积应不小于2.5mm²。 4. 检查从断路器本体电流互感器端子到保护及其他装置整个二次回路接线的正确性、完整性。 5. 特别注意检查站用变压器低压侧电流回路，防止开路	●		
			2. 电流互感器配置原则检查	保护采用的电流互感器绕组级别符合有关要求，不存在保护死区，并与设计要求一致	●		
			3. 电流互感器极性、变比	1. 电流互感器极性应满足设计或现场实际情况要求，特别是中间断路器TA的极性，核对铭牌上的极性标志是否正确。 2. 核对铭牌上的变比标志，应正确，与设计要求一致，投运前变比整定应与最新定值单要求一致	●	●	●
			4. 回路绝缘电阻	用1000V绝缘电阻表测量绝缘电阻，其阻值均应大于10MΩ	●	●	
			5. 检查电流回路的接地情况	1. 电流互感器的二次回路应有且只有一个接地点。 2. 对于有几组电流互感器连接在一起（有直接电气连接）的电流回路（保护、测量、计量），应在和电流处接地。 3. 独立的、与其他电流互感器没有电的联系的电流回路，宜在配电装置端子箱接地，特别注意备用绕组接地情况。 4. 专用接地线截面不小于2.5mm²	●	●	
			6. 检查电流回路的二次负担	1. 测量二次回路每相直阻，三相直阻应平衡。 2. 在电流互感器端子箱接线端子处分别通入二次电流，并在端子处测量电压，计算二次负担、三相负担应平衡，二次负担在电流互感器许可范围内。 3. 核对电流互感器10%误差满足要求	●	●	●

续表

序号	项目	具体内容		质量控制要点	质量控制点		
					Ⅰ级	Ⅱ级	Ⅲ级
8	二次回路检查及核对	1. 电流回路检查	7. 一次升流	1. 试验在验收后投运前进行。 2. 一次升流前必须检查电流互感器极性正确。 3. 检查电流互感器变比（一次串并联、二次出线端子接法）；特别注意一次改串并联方式时无异常情况。 4. 检查电流互感器的变比、电流回路接线的完整性和正确性，电流回路相别标示的正确性（测量三相及N线，包括保护、测量、计量、录波、母差等）。 5. 核对电流互感器的变比与最新定值通知单是否一致。 6. 各电流监测点均应检查，不得遗漏	●	●	●
		2. 直流空气断路器、熔丝配置原则及梯级配合情况		上、下级熔断器之间的容量配合必须有选择性，应保证逐级配合，按照设计要求验收	●		
		3. 直流回路绝缘检查		1. 用1000V绝缘电阻表测量回路对地的绝缘电阻，其绝缘电阻应大于1MΩ。 2. 特别注意检查跳、合闸回路之间及对地绝缘。 3. 特别注意检查跳、合闸回路对所有正电源之间的绝缘	●		
		4. 断路器回路检查	1. 断路器防跳跃检查	1. 检查防跳回路正确。 2. 断路器处合闸状态，短接合闸控制回路，手动分闸断路器，此时开关不应出现合闸情况	●		
			2. 操作回路闭锁情况检查	1. 应具有断路器SF$_6$压力、空气压力（或油压）降低和弹簧未储能禁止重合闸、禁止合闸及禁止分闸等功能，其中闭锁重合闸回路可与保护装置开入检查同步进行。 2. 由断路器厂家专业人员配合，实际模拟空气压力（或油压）降低，当压力降低至闭锁重合闸时，保护显示"禁止重合闸开入量"变位；当压力降低至闭锁合闸时，实际模拟断路器合闸（此前断路器处分闸状态），此时无法操作；当压力降低至闭锁分闸时，实际模拟断路器分闸（此前断路器处合闸状态），此时无法操作。上述几种情况信号系统应发相应声光信号	●		
9	保护重点回路	1. 出口跳、合闸回路		检查出口跳、合闸回路是否正确，与直流正电端子应相隔一个以上端子	●		

续表

序号	项目	具体内容	质量控制要点	质量控制点		
				Ⅰ级	Ⅱ级	Ⅲ级
9	保护重点回路	2. 备自投回路	检查备自投逻辑正确，正确投入备用断路器	●		
		3. 同步时钟对时	检查对时功能正确	●		
10	信号回路	1. 断路器本体告警信号	包括气体压力、液压、弹簧未储能、电动机运转、就地操作电源消失等，检查监控后台机遥信定义是否正确	●		
		2. 保护异常告警信号	包括保护动作、重合闸动作、保护装置告警信号等，检查监控后台机遥信定义是否正确	●		
		3. 回路异常告警信号	包括控制回路断线、电流互感器、电压互感器回路断线、切换同时动、直流电源消失和操作电源消失等，检查监控后台机遥信定义是否正确	●		
		4. 跳、合闸监视回路	检查回路是否正确、控制回路断线信号是否正确	●		
		5. 其他信号	检查监控后台机遥信定义是否正确	●		
		6. 保护微机保护软信号	检查保护动作报文、定值清单、告警信息与监控后台机遥信定义是否正确	●		
11	整组传动试验	保护出口动作时间	保护动作时间与说明书一致	●	●	
		保护跳闸	加入电流、电压量模拟故障，投入相应跳闸连接片，保护跳闸断路器正确，面板信号及上传监控信号显示正确	●	●	
		备自投	1. 备自投装置应在实际情况下模拟故障，备自投保护正确动作，断路器投切正确。2. 分段断路器失压脱扣回路应注意取消	●	●	
12	投运前及外接站用变压器检查	投运前检查	检查所有保护、测控及安全自动装置的所有连接螺栓均压接紧固，临时拆开或短接线均已恢复或拆除；督促工作负责人检查所有保护、测控及安全自动装置上的快分开关，操作把手均在正常位置	●	●	●
		外接站用变压器情况检查	外接站用变压器工作正常	●	●	●

序号	项目	具体内容	质量控制要点	质量控制点		
				Ⅰ级	Ⅱ级	Ⅲ级
13	投运检查	投运检查	站用变压器受电后，应将低压侧与外接站用变压器低压侧进行核相，两台站用变压器相位一致	●	●	●

十二、直流系统调试质量控制表

序号	项目	具体内容		质量控制要点	质量控制点		
					Ⅰ级	Ⅱ级	Ⅲ级
1	调试准备工作	1. 相关资料收集		应包括设计图纸、设计变更通知单、二次设备出厂说明书、出厂图纸、出厂报告	●		
		2. 试验仪器、工具准备		1. 使用试验设备应齐全，功能满足试验要求，且在有效期内。 2. 使用工具应齐全，且满足安全要求	●		
2	直流系统检查	1. 直流充电装置试验	1. 检查装置的铭牌参数	检查装置的型号、出厂厂家、出厂年月、出厂编号、交流电压、直流工作电压等参数与设计参数一致	●		
			2. 装置一般检查	符合国家电网公司《直流电源系统技术标准》要求	●		
			3. 绝缘电阻及交流耐压	1. 带电部位对地及带电部位之间，绝缘电阻均大于 $10M\Omega$。 2. 带电部位对地及带电部位之间，进行 2kV 1min 工频耐压，无绝缘击穿和闪络现象	●		
			4. 稳流精度及充电（稳流）电压调节范围试验	1. 对高频开关电源型充电装置要求：稳流精度≤±1%。 2. 充电（稳流）电压调节范围要求：90%～125%U（直流标称电压）。 3. 稳流精度=（输出电流波动极限值—输出电流整定植）/输出电流整定植×100%	●		
			5. 稳压精度、纹波系数及浮充电电压调节范围试验	1. 对高频开关电源型充电装置要求：稳压精度≤±0.5%。 2. 对高频开关电源型充电装置要求：纹波系数≤0.5%。 3. 浮充电电压调节范围要求：90%～125%U（直流标称电压）。	●		

序号	项目	具体内容		质量控制要点	质量控制点		
					Ⅰ级	Ⅱ级	Ⅲ级
2	直流系统检查	1. 直流充电装置试验	5. 稳压精度、纹波系数及浮充电电压调节范围试验	4. 稳压精度＝（输出电压波动极限值－输出电压整定植）／输出电压整定植×100%	●		
			6. 高频开关电源模块并机均流试验	1. 不平衡度＝（模块输出电流极限值－模块输出电流平均值）／模块额定电流×100%。 2. 均流不平衡度应不大于±0.5%	●		
			7. 计算机监控装置试验	1. 充电程序检查：调整负荷，模拟充电装置由恒流充电状态自动转换至恒压充电状态（限流恒压充电），充电电流下降到最小值 [$0.1\,I_{10}$（I_{10} 指蓄电池在 10h 率放电电流下的电流值）] 时，能自动转换至浮充电状态。 2. 长期运行程序试验：装置在正常浮充电状态时，浮充倒计时时间达到整定值时，能自动转换为恒流充电状态。 3. 交流中断程序试验：装置在浮充电状态下运行时，交流突然中断，直流母线能连续供电，其母线电压波动瞬间的电压要求不低于直流标称电压的90%。 4. 限流及限压特性试验。 5. 装置显示功能试验。 6. 装置报警功能试验：直流电源装置在空载运行时，用 25kΩ 电阻，分别使直流母线正极或负极接地，装置能可靠发出母线接地报警信号。直流母线电压低于 198V 或高于 242V 整定值时，装置能发出低压或过压报警信号。模拟装置故障、交流电源失压（断相）、装置能发出故障报警信号	●	●	
		2. 直流馈线屏（直流分屏）试验	检查装置的铭牌参数	检查装置的型号、出厂厂家、出厂年月、出厂编号、交流电压、直流工作电压等参数是否与设计参数一致	●		
			装置一般检查	符合国家电网公司《直流电源系统技术标准》要求	●		
			绝缘电阻及交流耐压	1. 带电部位对地及带电部位之间绝缘电阻均大于 10MΩ。 2. 带电部位对地及带电部位之间进行 2kV 1min 工频耐压，无绝缘击穿和闪络现象	●		

续表

序号	项目	具体内容		质量控制要点	质量控制点		
					Ⅰ级	Ⅱ级	Ⅲ级
2	直流系统检查	2. 直流馈线屏（直流分屏）试验	馈线屏各支路开关检查	分别将各支路开关合上，按下各开关上的跳闸按钮，均能可靠跳闸	●		
		3. 直流馈线屏试验	1. 绝缘监测及信号报警试验	用25kΩ电阻，分别使各直流支路正极或负极接地，装置能显示其支路的绝缘状态，并能报警	●	●	
			2. 电流、电压表校验	满足表计校验要求	●	●	
		4. 蓄电池组试验	1. 蓄电池铭牌	检查蓄电池的型号、参数是否与设计参数一致	●	●	
			2. 蓄电池组内阻测试	蓄电池组中内阻相互误差不超过5%	●	●	
			3. 蓄电池组容量试验	由安装单位完成	●	●	

十三、综合自动化系统调试质量控制表

序号	项目	具体内容	质量控制要点	质量控制点		
				Ⅰ级	Ⅱ级	Ⅲ级
1	调试准备工作	1. 相关资料收集	应包括设计图纸、设计变更通知单、二次设备出厂说明书、出厂图纸、出厂报告	●		
		2. 试验仪器、工具准备	1. 使用试验设备应齐全，功能满足试验要求，且在有效期内。 2. 使用工具应齐全，且满足安全要求	●		
2	站控层设备检查	1. 主控室	1. 操作员/工作站（500kV站两台、220kV站及以下一台）。 2. "五防"工作站	●		

续表

序号	项目	具体内容		质量控制要点	质量控制点		
					Ⅰ级	Ⅱ级	Ⅲ级
2	站控层设备检查	2. 计算机室		1. 工程师工作站。 2. 信息子站	●		
		3. 远动屏		1. 1号远动工作站、2号远动工作站。 2. 网调 MODEN、省调 MODEN、地调 MODEN	●		
		4. 通信屏		1. 保护管理机。 2. 交换机。 3. 串口服务器	●		
3	间隔层设备检查	1. 通信屏		1. 保护管理机。 2. 交换机 1、2。 3. 光电转换器	●		
		2. 测控屏		测控模块	●		
		3. 故障信息采集装置屏		交换机、串口服务器	●		
4	IP 地址检查	全站网络设备 IP/网络装置地址		检查每台网络设备 IP 地址、网络装置地址，以太网中严禁有 IP 相同地址存在。检查每台设备装置地址，严禁有相同装置地址存在	●		
5	间隔层 I/O 测控单元面板功能检查	1. 交流采样精度测试	1. 试验准备	1. 校验时采用标准装置的输出标准值与被校验交流采样测量装置测量值直接比较的方法进行，交流采样测量装置测量值应读取上传数据口的厂站端读数，当不具备条件时可读取交流采样测量装置的显示值。 2. 校验时还应结合厂站端后台显示的测量数据，同步进行核对。 3. 基本误差满足技术协议、厂家说明书要求	●		
			2. 基本误差校验——电压	电压校验点选取：0.40%U_n、80%U_n、100%U_n、120%U_n（U_n——标称电压）	●		

续表

序号	项目	具体内容		质量控制要点	质量控制点		
					Ⅰ级	Ⅱ级	Ⅲ级
5	间隔层I/O测控单元面板功能检查	1. 交流采样精度测试	3. 基本误差校验——电流	电流校验点：$0.20\%I_n$、$40\%I_n$、$60\%I_n$、$80\%I_n$、$100\%I_n$、$120\%I_n$（I_n——标称电流值）	●		
			4. 基本误差校验——频率	频率校验点：标称频率值（50Hz）、标称频率值的±0.5Hz、标称频率值的±1Hz、标称频率值的±2Hz	●		
			5. 基本误差校验——功率因数	功率因数校验点选取：0.866（L）、0.5（L）、0.866（C）、0.5（C）	●		
			6. 基本误差校验——有功（无功）功率	1. $\cos\phi=1$（$\sin\phi=1$），电流变化点为$0.20\%I_n$、$40\%I_n$、$50\%I_n$、$60\%I_n$、$80\%I_n$、$100\%I_n$、$120\%I_n$。 2. $\cos\phi=0.5$（L）（$\sin\phi=0.5$（L）），电流变化点为$40\%I_n$、$100\%I_n$。 3. $\cos\phi=0.5$（C）（$\sin\phi=0.5$（C）），电流变化点为$40\%I_n$、$100\%I_n$	●		
			7. 对输入量频率变化引起的改变量进行测量及计算	满足技术协议、厂家说明书要求	●		
			8. 不平衡电流对三相有功和无功功率引起的改变量测量及计算	满足技术协议、厂家说明书要求	●		
		2. 遥控功能测试	1. 断路器或隔离开关就地控制功能检查	1. 断路器、隔离开关遥控功能正确，面板相应画面表现正确。 2. 遥控采用反送校核方式，其响应时间≤10s。 3. 对断路器、隔离开关控制采用脉冲输出，输出继电器触点闭合自保持时间为20ms～60s。（根据现场设备情况调整） 4. 试验原则：先合后分。 5. 测控柜上断路器控制把手分合闸控制正确，红绿灯指示正确。 6. 检查出口连接片的唯一性、正确性，检查连接片安装及色标正确。	●		

续表

序号	项目	具体内容	质量控制要点	质量控制点		
				Ⅰ级	Ⅱ级	Ⅲ级
5	间隔层 I/O 测控单元面板功能检查	2. 遥控功能测试 1. 断路器或隔离开关就地控制功能检查	7. 遥控操作时现场应有专人监护，特别注意合隔离开关时有机械联系的接地开关必须在分位	●		
		2. 断路器或隔离开关就地控制联闭锁功能检查	满足间隔"五防"功能要求	●		
		3. 监控面板断路器及隔离开关状态监视功能检查	断路器、隔离开关位置变化在面板相应画面表现正确	●		
		4. 其他遥控功能	其他遥控包括软连接片投退、定值区切换、保护复归、通道试验，要求相应装置动作正常	●		
		3. 同期功能测试 1. 精度测试	电压幅值测试、频率测试、角差测试	●		
		2. 压差闭锁	当测控装置 U_a（基准相电压）和 U_x（同期电压）的幅值差大于电压差闭锁定值 ΔU 时（以 U_a 电压为基准），装置应闭锁合闸，并发出压差异常事件	●		
		3. 低压闭锁	当测控装置输入 U_a 或 U_x 小于额定值的 80%或大于额定值的 120%时，装置应闭锁合闸，并发出电压太小或太大事件报告	●		
		4. 相角差闭锁	当装置输入 U_a 和 U_x 的相角差大于相角差闭锁定值 θ_s 时，装置应闭锁合闸，并发出压差异常事件	●		
		5. 频差闭锁	当装置输入 U_a 和 U_x 的频率差大于频差闭锁定值 Δf 时，装置应闭锁合闸，并发出频差异常事件	●		
		6. 同期复归时间检查	同期时间设置为整定值，当同期电压不满足条件时，不能进行同期合闸，在整定值同期条件满足时，不用再进行按钮合闸	●		

续表

序号	项目	具体内容		质量控制要点	质量控制点		
					Ⅰ级	Ⅱ级	Ⅲ级
5	间隔层 I/O 测控单元面板功能检查	4. 绝缘检查		用 500V 绝缘电阻表测量回路对地的绝缘电阻，其绝缘电阻应大于 10MΩ	●		
6	通信、切换、恢复功能检查	1. 操作控制权切换功能	1. 控制权切换到远方	控制权切换到远方，站控层的操作员工作站控制无效，并告警提示	●		
			2. 控制权切换到站控层	控制权切换到站控层，远方（调度）控制无效	●		
			3. 控制权切换到间隔层	控制权切换到间隔层，站控层的操作员工作站控制无效，并告警提示	●		
			4. 控制权切换到开关场	控制权切换到开关场，站控层、间隔层控制无效，并告警提示	●		
		2. 通信功能		1. 与保护、保护管理机数据交换功能检查工作正常。2. 与直流逆变、直流电源、电能表、通信等智能设备传送数据功能检查	●		
		3. 系统自诊断和自恢复功能	1. 操作员工作站故障	操作员工作站故障，备用的工作站自动诊断告警和切换功能检查正确	●		
			2. 冗余的通信网络或交换机故障	冗余的通信网络或交换机故障，监控系统自动诊断告警和切换功能检查正确	●		
			3. 站控层和间隔层通信中断	站控层和间隔层通信中断，监控系统自动诊断和告警功能检查正确	●		
			4. 远方诊断功能	远方诊断功能检查正确	●		

序号	项目	具体内容	质量控制要点	质量控制点		
				Ⅰ级	Ⅱ级	Ⅲ级
7	监控后台一般功能检查	1. 后台启动、双机切换功能	监控后台机启动和退出正常，双机切换功能正确	●		
		2. 画面及图元编辑功能	由监控厂家进行编辑，调试人员参与	●		
		3. 数据库编辑	由监控厂家进行编辑，调试人员参与，按设计要求进行	●		
		4. 窗口功能检查	1. 画面索引（主目录）的调用。 2. 主接线图的调用。 3. 500kV 分图的调用、220kV 分图的调用、110kV 分图的调用、35kV 分图的调用、10kV 分图的调用。 4. 实时报表的调用。 5. 通信状态图的调用。（所有保护、智能设备与监控系统的通信状态） 6. 智能电源熔断器、空气断路器状态图调用。 7. 站用蓄电池巡检图调用。 8. 电量实时数据调用。 9. 系统运行状况图的调用	●		
		5. 曲线功能检查	1. 实时曲线检查。 2. 历史曲线检查	●		
		6. 棒图功能检查	1. 显示 500kV 电压棒图。 2. 显示 220kV 电压棒图	●		
		7. 人员权限维护功能	增加用户、删除用户、修改用户权限、修改用户密码	●		
		8. 挂牌摘牌功能	挂牌、修改标牌、移动标牌、缩放标牌、摘牌	●		
		9. 运行记录功能检查	1. 遥测越限记录。 2. 遥信变位/SOE 记录。 3. 遥控记录。	●		

续表

序号	项目	具体内容	质量控制要点	质量控制点		
				Ⅰ级	Ⅱ级	Ⅲ级
7	监控后台一般功能检查	9. 运行记录功能检查	4. 记录的历史查询	●		
		10. 告警功能	1. 系统分为预告告警、事故告警。 2. 开关、保护动作，报警声、光报警和事故推画面功能检查。 3. 报警确认前和确认后，报警闪烁和闪烁停止功能检查。 4. 告警解除功能检查。 5. 检查在出现告警时，自动将所定义的画面推出	●		
		11. 报表打印功能检查	检查各种类型报表中数据显示的正确性、完整性和打印功能	●		
8	各间隔层双网冗余可靠性测试	1. 断开 A 网	1. 操作员/工作站是否有通信 A 网中断告警消息。 2. 通过操作员/工作站遥控操作开关是否成功	●		
		2. 恢复 A 网	操作员/工作站是否有通信 A 网恢复告警消息	●		
		3. 断开 B 网	1. 操作员/工作站是否有通信 B 网中断告警消息。 2. 通过操作员/工作站遥控操作开关是否成功	●		
		4. 恢复 B 网	操作员/工作站是否有通信 B 网恢复告警消息	●		
9	监控后台网双以太网冗余可靠性测试	1. 1 号操作员/工作站退出运行	1. 2 号操作员/工作站是否有 SCADA1 退出告警消息。 2. 2 号操作员/工作站是否运行正常。 3. 2 号操作员/工作站上的遥测遥信数据是否正常，遥控命令是否能正常执行	●		
		2. 1 号操作员/工作站恢复运行	1. 2 号操作员/工作站是否有 SCADA1 进入告警消息。 2. 2 号操作员/工作站是否运行正常。 3. 2 号操作员/工作站上的遥测遥信数据是否正常，遥控命令是否能正常执行	●		
		3. 2 号操作员/工作站退出运行	1. 1 号操作员/工作站是否有 SCADA2 退出告警消息。 2. 1 号操作员/工作站是否运行正常。 3. 1 号操作员/工作站上的遥测遥信数据是否正常，遥控命令是否能正常执行	●		

续表

序号	项目	具体内容		质量控制要点	质量控制点		
					I级	II级	III级
10	站控层监控后台功能检查	1. 遥测	1. 工频电量测量	1. 检查 TA/TV 变比与定值单及现场一次设备接线一致。 2. 检查数据越限告警。 3. 交流采样测量误差满足设计要求	●		
			2. 直流量测量	1. A/D 转换精度：≤0.2%。 2. 变送器精度：≤0.2%。 3. 数据越限报警。 4. 特别注意主变压器温度计、直流系统中电流电压应与现场设备进行比较，在不同天气，不同运行状态下多次观察	●		
		2. 遥信	1. 通过测控屏转接的硬触点遥信	1. 变电站断路器、隔离开关、接地开关位置状态。 2. 断路器压力异常等其他异常运行状态监视信号。 3. 保护及重合闸动作或异常信号。 4. 自动装置动作或异常信号。 5. 变压器本体信号及挡位信号。 6. 其他与设计有关的信号。 7. 对所有接入测控装置的硬触点信号作正确性测试，要求每路遥信分位/合位各两次，在监控后台的相应画面、弹出窗口、语音报警均表现正确。 8. 数据库定义正确、功能表述清楚	●		
			2. 通过以太网连接传输的保护信号	在保护装置上模拟故障，在监控后台上的相应画面、弹出窗口、语音报警均表现正确，内容与保护装置面板上显示一致	●		
		3. 遥控	1. 断路器	1. 对接入监控系统的所有断路器遥控功能作正确性测试。由监控后台进行操作。要求相应装置动作正常，且在监控后台的相应画面和弹出窗口均表现正确。 2. 在遥控操作中，除被遥控断路器外，其余断路器应在分闸位置，且具备合闸条件，以检查合闸命令正确性。 3. 进行遥控操作必须保证唯一对应性。 4. 遥控操作时现场应有专人监护	●		

续表

序号	项目	具体内容		质量控制要点	质量控制点		
					I 级	II 级	III 级
10	站控层监控后台功能检查	3. 遥控	2. 隔离开关（含可遥控接地开关）	1. 对接入监控系统的所有隔离开关含可遥控接地开关遥控功能作正确性测试。由监控后台进行操作。要求相应装置动作正常，且在监控后台的相应画面和弹出窗口均表现正确。 2. 注意检查所有隔离开关含可遥控接地开关的间隔"五防"功能正确。 3. 进行遥控操作必须保证唯一对应性。 4. 遥控操作时现场应有专人监护，特别注意合隔离开关时有机械联系的接地开关必须在分位。 5. 应模拟一次设备正常运行时的分合顺序进行试验	●		
			3. 其他遥控功能	其他遥控包括软连接片投退、定值区切换、保护复归、通道试验，要求相应装置动作正常，且在监控后台的相应画面和弹出窗口均表现正确	●		
		4. 遥调	主变压器抽头调节功能	1. 由监控后台进行操作。要求主变压器挡位动作正常，且在监控后台的相应画面和弹出窗口均表现正确。 2. 进行遥控操作必须保证唯一对应性。 3. 遥控操作时现场应有专人监护	●		
11	主站调度端监控功能检查	1. 遥测	1. 工频电量测量	1. 检查 TA、TV 变比与定值单及现场一次设备接线一致。 2. 检查数据越限告警。 3. 交流采样测量误差满足设计要求	●		
			2. 直流量测量	1. A/D 转换精度：≤0.2%。 2. 变送器精度：≤0.2%。 3. 数据越限报警。 4. 特别注意主变压器温度计、直流系统中电流电压应与现场设备进行比较，在不同天气，不同运行状态下多次观察	●		
		2. 遥信	1. 通过测控屏转接的硬触点遥信	1. 变电站断路器、隔离开关、接地开关位置状态。 2. 断路器压力异常等其他异常运行状态监视信号。 3. 保护及重合闸动作或异常信号。	●		

序号	项目	具体内容		质量控制要点	Ⅰ级	Ⅱ级	Ⅲ级
11	主站调度端监控功能检查	2. 遥信	1. 通过测控屏转接的硬触点遥信	4. 自动装置动作或异常信号。 5. 变压器本体信号及挡位信号。 6. 其他与设计有关的信号。 7. 对所有接入测控装置的硬触点信号作正确性测试,要求每路遥信分位/合位各两次,在监控后台和主站调度端后台的相应画面、弹出窗口、语音报警均表现正确。 8. 数据库定义正确、功能表述清楚	●		
			2. 通过以太网连接传输的保护信号	在保护装置上模拟故障,在监控后台和主站调度端后台上的相应画面、弹出窗口、语音报警均表现正确,内容与保护装置面板上显示一致	●		
		3. 遥控	1. 断路器	1. 对接入监控系统的所有断路器遥控功能作正确性测试。由监控后台进行操作。要求相应装置动作正常,且在监控后台和主站调度端后台的相应画面和弹出窗口均表现正确。 2. 在遥控操作中,除被遥控断路器外,其余断路器应在分闸位置,且具备合闸条件,以检查合闸命令正确性。 3. 进行遥控操作必须保证唯一一对应性。 4. 遥控操作时现场应有专人监护	●		
			2. 隔离开关(含可遥控接地开关)	1. 对接入监控系统的所有隔离开关含可遥控接地开关遥控功能作正确性测试。由监控后台进行操作。要求相应装置动作正常,且在监控后台和主站调度端后台的相应画面和弹出窗口均表现正确。 2. 注意检查所有隔离开关含可遥控接地开关的间隔"五防"功能正确。 3. 进行遥控操作必须保证唯一一对应性。 4. 进行遥控操作时现场应有专人监护,特别注意合隔离开关时有机械联系的接地开关必须在分位。 5. 应模拟一次设备正常运行时的分合顺序进行试验	●		
			3. 其他遥控功能	其他遥控包括软连接片投退、定值区切换、保护复归、通道试验,要求相应装置动作正常且在监控后台和主站调度端后台的相应画面和弹出窗口均表现正确	●		

续表

序号	项目	具体内容		质量控制要点	质量控制点		
					Ⅰ级	Ⅱ级	Ⅲ级
11	主站调度端监控功能检查	4. 遥调	主变压器抽头调节功能	1. 由监控后台进行操作。要求主变压器挡位动作正常，且在监控后台和主站调度端后台的相应画面和弹出窗口均表现正确。 2. 进行遥控操作必须保证唯一对应性。 3. 遥控操作时现场应有专人监护	●		

第三节　特殊试验案例分析

一、SF₆封闭式组合电器内 SF₆ 气体相关案例

［例 1-1］一起因设备内部绝缘材料扩散释放水分的案例

1. 情况介绍

××220kV 变电站的 ZF60-252 型 GIS 组合电器，于 2020 年 5 月投入运行。

2020 年 7 月 10 日，运检人员在对该变电站进行 SF₆ 气体例行检测时，发现 3 个 220kV 母线设备间隔的电压互感器过渡气室（6×14 TV 间隔 A 相、B 相、C 相连接气室；6×24ATV 间隔 A 相、B 相、C 相连接气室；6×24 BTV 间隔 A 相、B 相、C 相连接气室，见图 1-1，）水分超标，测试数据最大值为 385.5μL/L，见表 1-1。

图 1-1　水分超标电压互感器过渡气室

表 1-1　　　　　　　　　　　　　　　电压互感器过渡气室微水检测数据

间隔名称	气室名称	微水（μL/L）	压力（MPa）
6×14 TV 间隔	A 相连接气室	328.8	0.45
	B 相连接气室	385.5	0.46
6×14 TV 间隔	C 相连接气室	356.5	0.46
6×24ATV 间隔	A 相连接气室	290.6	0.46
	B 相连接气室	330.5	0.46
	C 相连接气室	310.8	0.47
6×24 BTV 间隔	A 相连接气室	343.2	0.46
	B 相连接气室	327.5	0.48
	C 相连接气室	330.1	0.46

2. 原因查找及分析

2020 年 7 月 11 日，试验人员对站内 220kV GIS 设备进行了复测，根据设备安装位置、气室表压数值及检漏分析，以上水分超标气室现场无漏气现象，密封性良好。

此次勘查的 GIS 气室为投运后两个月的运行设备，安装时无现场拼接面，且气室密封性良好，分析该气室湿度超标原因有以下可能：

（1）设备干燥不良，在制造厂装配过程中吸附了过量的水分，干燥不彻底会缓慢释放到 SF_6 气体中。

（2）新安装设备运行后零部件吸收的水分向 SF_6 气体扩散释放造成，该释放过程一般为运行后 2～3 个月。

3. 问题处理

电压互感器过渡气室 SF_6 气体已回收；更换电压互感器过渡气室吸附剂；抽真空至 70Pa 以下；充气，静止 24h 后，重新进行 SF_6 气体试验和交流耐压试验。

4. 结论及建议

设备内部固体绝缘件带入的水分，因设备内部使用有机绝缘材料制作的绝缘件，一般含水量为 0.1%～0.5%。在长期运行中，这些水分逐渐会扩散释放出来。

［例 1-2］一起因设备制造安装中混入水分的案例

1. 情况介绍

2021 年 3 月 7 日，检修人员在对某地 220kV××变电站的 252kV GIS 设备开展 GIS 带电检测普测工作时，测 220kV 02-6A 气室水分超标（698.5μL/L），大于规程要求≤250μL/L。

2. 原因查找及分析

3 月 11 日复检数据（702μL/L），经查阅之前交接试验数据都符合规程要求≤250μL/L，3 月 14 日对该气室所有密封面包扎检漏未发现漏点。

经分析判断，微水超标的可能原因如下：

（1）设备干燥不良，在制造厂装配过程中吸附了过量的水分，干燥不彻底会缓慢释放到 SF_6 气体中。

（2）吸附剂失效，GIS 气室中存在有吸附剂用来吸附气室中的水汽，当吸附剂饱和或者失效后，起不到除潮气的作用，使室内微水含量增加。

3. 问题处理

（1）更换单相隔离开关吸附剂。

（2）进行气体处理。

（3）更换处理完成后重新进行微水及耐压试验。

4. 结论及建议

SF_6 气体封闭式组合电器因其密封件不严或老化后不均，使外部水分渗入 SF_6 气体内部，使其水分含量增加。SF_6 气体水分超标将对设备造成严重危害，同时处理过程中因涉及停电操作也非常困难，建议：

（1）安装制作过程中，加强工序流程管理。

（2）出厂监造环节严格产品质量检查。

［例 1-3］一起因外部空气通过密封件渗透进入水分的案例

1. 情况介绍

×××500kV 输变电工程于 2020 年投运，其 220kV 设备为户外 HGIS 设备，投运后 2021 年 7 月运行巡检中发现 HGIS 设备有 4 个间隔的接地开关气室接地柄部位有漏气现象（第一处：220kV Ⅰ 线间隔 Ⅰ 母 GR 接地开关 B 相接地端子防雨罩处漏气；第二处：4 号主变压器接地开关接地柄 A、B、C 相漏气（6403-1 接地开关）；第三处：220kV Ⅱ 线（6143-1 接地开关）C 相接地端子漏气；第四处：220kV 望对 Ⅰ 线（6463-1 接地开关）C 相接地端子漏气，并降至报警值附近。漏气位置示意如图 1-2 所示。

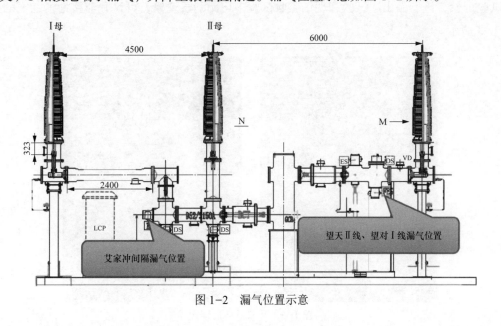

图 1-2　漏气位置示意

2. 原因查找及分析

经向调度部门申请停电，先对其中两间隔的所有接地柄进行了更换。更换后的原漏气接地柄部件返厂进行了相关试验分析：进行绝缘子探伤分析，未发现异常；对探伤完成后的接地柄部件进行渗透试验，24h 后将样件上部的品红溶液擦拭干净，并将接地端子外部的环氧破坏，发现嵌件及环氧凹槽处有品红溶液渗入，同时发现环氧接合部清洁度不佳。

3. 问题处理

经分析判断，漏气的可能原因如下：通过品红的渗透情况来看，环氧与嵌件的接触部分已经渗入，两者接合部清洁度不佳，判定该处为漏气点。经查阅出厂试验记录，该产品出厂试验和现场验收试验中均无漏气现象，可这并非接地柄漏气的根本原因。

环氧破坏后情况如图 1-3 所示。

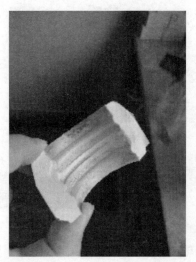

图 1-3　环氧破坏后情况

结合此接地柄装配使用情况，其装配后三相采用短接铜排相连接，此部位三相短接铜排安装孔为圆孔，开孔位置也与接地柄丝孔实际位置会有一定偏差，装配、运输和安装过程中三相相间距如果发生装配偏差变化，将导致该接地柄嵌件会受到三相短接铜排拉力作用（如图 1-4 所示），在此拉力作用下最终产生嵌件与环氧树脂局部间隙，形成漏气通道。

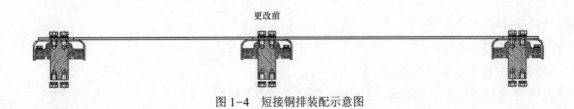

图 1-4　短接铜排装配示意图

综上，该站接地柄漏气主要原因为装配偏差和相间距的变化使接地柄嵌件受到短接铜排的拉力作用，导致与环氧树脂接合部产生间隙，最终造成接地开关气室漏气。

4. 处理方案

（1）更换全站 220kV 设备的所有接地柄部件。

（2）接地短接铜排更换为折弯结构，避免接地柄因装配原因或相间距变化而受力（如图 1-5 所示）。

（3）更换处理完成后重新进行检漏及耐压试验。

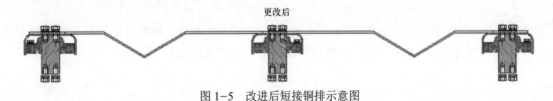

图 1-5　改进后短接铜排示意图

5. 结论及建议

（1）设备中 SF_6 气体中水分来源：

1）新气中含有水分。

2）设备制造安装中混入水分。

3）设备内部绝缘材料扩散释放水分。

4）外部空气通过密封件渗透进入水分。

（2）SF_6封闭式组合电器内气体中水分对设备的危害：

1）SF_6和H_2O高温时发生水解反应生成氢氟酸、亚硫酸，造成金属设备腐蚀。

2）SF_6和H_2O在电弧作用下，会加剧低氟化物水解，生成有毒气体SO_2、SOF_2和HF，生成的HF气体对含硅材料（如玻璃、电瓷等）有很强的腐蚀性。

3）SF_6和H_2O在温度降低时，造成设备内部结露，附着在零件表面，如电极、绝缘子表面等，容易产生沿面放电（闪络），从而引起事故。

建议：设计时需考虑设备在户外运行工况下连接部位结构是否满足要求，运行中加强SF_6气体压力值检测。

二、[例 1-4] SF_6 封闭式组合电器带电检测局部放电异常的相关案例

1. 情况介绍

××220kV 变电站采用 ZF60-252 型 GIS，于 2020 年 5 月投入运行。2021 年 3 月，运维检修人员开展 GIS 带电检测普测工作，通过 I 母间隔气室（编号 GA190085）606 附近内置传感器获取到特高频局部放电异常信号。

2. 原因查找及分析

2021 年 4 月 2 日，试验人员对变电站内 220kV GIS 局部放电异常部位进行复测。采用便携式局部放电带电检测仪器进行检测，发现 606 间隔与备用 610 间隔之间 I 母母线盆式绝缘子处存在特高频局部放电信号，附近壳体处超声波检测无异常。其余盆式绝缘子处特高频检测无异常，壳体处超声波检测无异常。分析后初步判断，局部放电异常信号源位于 606 间隔与备用 610 间隔之间 I 母盆式绝缘子处，可能是由于该处盆式绝缘子内部存在气隙，产生气隙放电。

2021 年 4 月 29 日，试验人员对 606 间隔与备用 610 间隔之间 I 母位置的母线盆式绝缘子位置再次进行复测，检测到特高频放电信号，信号幅值最大为−70dB（背景噪声为−75dB），异常信号幅值较小，放电次数少，周期重复性低。放电幅值也较分散，放电时间间隔不稳定，极性效应不明显。复测时盆式绝缘子处特高频检测图谱如图 1-6 所示。

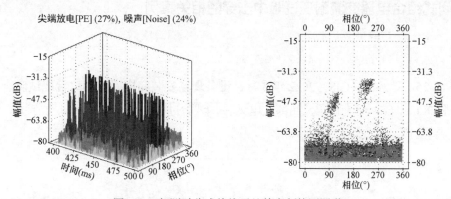

图 1-6　复测时盆式绝缘子处特高频检测图谱

3. 问题处理

根据 DL/T 1630—2016《气体绝缘金属封闭开关设备局部放电特高频检测技术规范》、Q/GDW 11059.2—2013《气体绝缘金属封闭开关设备局部放电带电测试技术现场应用导则　第 2 部分：特高频法》以及《国家电网公司变电检测管理规定　第 2 分册：特高频局部放电检测细则》中所列故障类型典型图谱，判断该特高频异常信号为绝缘件内部气隙放电或沿面放电导致。

为保证设备安全可靠运行，应公司设备部及运行单位要求，厂家编制了更换相关位置盆式绝缘子的处理方案。更换处理完成后，试验人员重新进行了相关 SF_6 气体试验及气室密封性试验，试验合格后进行了交流耐压试验。

4. 结论及建议

拆下的盆式绝缘子，可现场进行表面强光手电照射检查是否有损伤、裂痕、烧蚀痕迹等，有必要时可返厂进行超声波探伤检测。

三、[例1-5] SF_6 封闭式组合电器交流耐压试验中击穿的相关案例

1. 情况介绍

××220kV变电站采用ZF16-252型220kV GIS。2022年3月，设备现场安装完毕后，相关常规试验合格，现场具备交流耐压条件。2022年4月4日，试验人员开展220kV GIS交流耐压及局部放电试验，试验过程中220kV B相带所有间隔加压至380kV时发生击穿闪络放电，试验频率为100.4Hz。

2. 原因查找及分析

试验人员重新进行升压，并同步进行超声波局部放电检测。测点分布 B 相母线及所有出线间隔，在 D09 间隔可用耳机听到异常声响，其他部位无异常通过故障定位，初步确定故障部位为 D09 间隔。试验人员对故障部位相关气室进行 SF_6 分解产物检测。在 D09 Ⅱ间隔Ⅱ母隔离开关气室检测 SF_6 分解产物，数据见表 1-2，间隔内其他气室检测无异常。分析后初步判断，D09 间隔Ⅱ段母线隔离开关气室存在局部放电，造成耐压过程发生闪络故障。

表 1-2   **D09 间隔Ⅱ段母线隔离开关气室 SF_6 气体分解产物**

检测位置	$SO_2(\mu L/L)$	$H_2S(\mu L/L)$	$CO(\mu L/L)$
Ⅱ段母线隔离开关气室	1.3	0	0

3. 问题处理

4月15日下午，技术人员对D09Ⅱ间隔Ⅱ段母线隔离开关气室进行更换，打开Ⅱ段母线隔离开关气室连接部位可闻到刺激性的气味，

说明气室内部发生过局部放电；打开套管屏蔽筒发现其筒壁内有大量放电残留物，同时在盆式绝缘子上发现树状发电痕迹，如图 1-7 所示。

4. 结论及建议

（1）结合带电检测结果及现场解体情况，分析缺陷原因为异物附着在盆式绝缘子与屏蔽罩的连接部位或屏蔽罩上，造成局部电场畸变，在试验电压的电场作用下产生明显的悬浮电位放电。

（2）生产厂家应按照设计图纸和生产工艺要求，加强设备生产的过程控制，杜绝不良产品出厂。

（3）现场安装过程中，技术人员应加强对设备组装工艺控制文件和作业指导卡的检查验收，彻底清洁绝缘筒体内的金属物，保证产品的组装工艺质量。

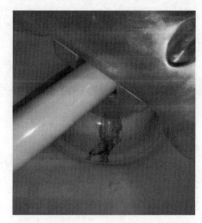

图 1-7　发电痕迹

四、[例 1-6] 变压器绝缘油乙炔超标的相关案例

1. 情况介绍

××220kV 变电站采用型号 SSZ11-180000/220 变压器。2020 年 7 月 1 日投运，7 月 4 日运检人员取主变压器本体两组油样进行分析，两组油样分析后发现均含 0.15ppm 乙炔。

2. 原因查找及分析

发现异常后试验人员加大检测频次：于 7 月 5 日取了 5 组，7 月 7 日取了 2 组，7 月 7 日后每天一次，检测结果为油中乙炔含量在 0.19～0.21ppm 之间；同时检查主变压器油色谱在线监测装置实时数据，未发现油中含乙炔。根据变压器结构特点，结合油色谱跟踪数据分析认为：

（1）变压器安装完成后现场经外施交流耐压、长时感应局部放电测量等试验，结果均无异常。

（2）运行后经多次油样检测，油中均出现微量乙炔含量，应为变压器内部油承受了异常高温导致油的裂解。根据产品现场试验、安装、投运等信息，油中微量乙炔产生的原因大概率为冲击合闸过程产生：内部载流回路存在接触不好，励磁涌流通过接触不良处发生电流型的放电（接触不良打火），导致油裂解。

3. 问题处理

项目部制定相应处理方案，对变压器进行放油钻箱检查。

（1）技术人员于 2022 年 7 月 30 日进行了钻箱检查，具体情况如下。

1）检查变压器高、中压套管尾部均压球表面及周边相关部位未见异常。

2）检查变压器上夹件拉板固定螺栓未见异常。

3）检查分接引线与分接开关的连接未见异常。

4）检查分接开关等位电阻状态未见异常。

5）检查人孔位置处上下铁芯、夹件固定状态未见异常。

6）检查内部可视部位及磁屏蔽位置未见异常。

7）检查低压引线铜排连接处发现有异常，具体如下。

进一步检查发现：c 相低压软连接处有发黑碳化痕迹，包裹的绝缘层有破损，其余未发现有任何异常。c 相低压软连接的异常情况具体见图 1-8。

（2）根据本体检查现象及油中微量乙炔情况初步分析原因如下。

1）低压接线片绝缘碳化原因分析。

a. 检查发现铜皮边缘处有明显碳化痕迹，但是无炸开状态，无放电爬痕。分析认为非绝缘放电导致的碳化；

b. 软连接铜排多片之间包扎不紧实有松散，在运行中振动产生微量放电导致；

c. 该处碳化的原因推断为软连接中残留有搪锡过程中残留的微量酸液，该酸液腐蚀了绝缘件形成了，碳化痕迹。

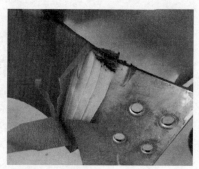

图1-8　c相低压软连接的异常情况

2）油中微量乙炔原因分析。

本产品投运后油中产生微量乙炔，稳定无增长。经了解，投运后变压器低压侧带少量负荷。分析认为低压接线片形成碳化痕迹后导致接触不良，大概率为送电初期冲击合闸过程产生，造成边缘间隙性接触形成微小放电，在油中产生了微量乙炔。微小放电后接触不良消失，乙炔含量稳定，未发生激增。

4. 结论及建议

（1）调整施工工艺，重新制作新的软连接进行更换处理。

（2）恢复产品整体装配，变压器油经过滤油后真空注油。

（3）根据处理方案，处理恢复完成后的按交接试验标准进行相关试验。

该变压器后续按处理方案验收合格后顺利投运，并对油色谱数据进行跟踪监测，数据符合相关规程要求。

第四节　通信设备调试

操作说明:

（1）为了规定 500kV 及以下电压等级变电工程的通信设备工程质量特编制本表。本表主要包含了通信设备工程实施作业的作业前准备、标准作业程序、作业程序的质量要求及风险预控、报告与记录、绩效指标、作业指导卡的要求。

本表格适用于通信设备工程实施作业。

（2）表中"●"表示质量控制点,采用三级质量检查方式进行控制。

Ⅰ级质量控制点由工作面负责人完成: 主要方式是带领工作面的其他试验人员在施工过程中对所有通信设备按照质量控制表进行试验;负责检查原始记录和编写整理试验报告;按质量控制点对完成的试验项目进行检查确认,并在原始记录和试验报告上签字。

Ⅱ级质量控制点由工地负责人或工地技术负责人完成: 采用旁站或查看原始记录的方式,在施工过程中根据工程进度和通信设备试验完成情况,按表中的质量控制点进行检查确认,并在原始记录上签字。

Ⅲ级质量控制点由工程部专责完成: 采用旁站或查看原始记录或询问的方式,在施工高峰期、竣工验收前和送电前各阶段,对工程通信设备的试验质量,按表中的质量控制点进行检查确认,并将检查方式和检查情况做好书面记录（见质量控制专检表）。

一、通信设备质量自检表

序号	主要通信设备	质量自检关键点
1	SDH 设备	1. 屏柜及板件按设计图纸要求安装位置正确，屏柜及板件无缺陷，且安装工艺优良。 2. 屏内按设计图纸要求正确完成电源接线，电源正极保护地可靠接地。 3. 电源线缆、2M 线缆等各种线缆布放整齐、美观，无交叉。 4. 屏内清洁整齐，无杂物。 5. 设备线缆孔洞封堵规范、完善。 6. 所有线缆、子框及板件按省公司命名标准粘贴标签，线缆两端需吊牌。 7. 设备子框、屏柜及屏柜门可靠接入地网铜排
2	PCM 设备	1. 屏柜及板件按设计图纸要求安装位置正确，屏柜及板件无缺陷且安装工艺优良。 2. 屏内按设计图纸要求正确完成电源接线，电源正极保护地可靠接地。 3. 音频线缆、电源线缆、2M 线缆等各种线缆布放整齐、美观，无交叉。 4. 屏内清洁整齐，无杂物。 5. 设备线缆孔洞封堵规范、完善。 6. 所有线缆、子框及板件按省公司命名标准粘贴标签，线缆两端需吊牌。 7. 设备子框、屏柜及屏柜门可靠接入地网铜排
3	交换机录音系统及终端	1. 屏柜及板件按设计图纸要求安装位置正确，屏柜及板件无缺陷且安装工艺优良。 2. 屏内按设计图纸要求正确完成电源接线，电源正极保护地可靠接地。 3. 音频线缆、电源线缆、2M 线缆等各种线缆布放整齐、美观，无交叉。 4. 屏内清洁整齐，无杂物。 5. 设备线缆孔洞封堵规范、完善。 6. 所有线缆、子框及板件按省公司命名标准粘贴标签，线缆两端需吊牌。 7. 设备子框、屏柜及屏柜门可靠接入地网铜排
4	配线系统	1. 屏柜按设计图纸要求安装位置正确，屏柜无缺陷且安装工艺优良。 2. 线缆布放整齐、美观，无交叉。 3. 音频模块、保安模块内配线正确并做好记录，音频线缆与模块接触良好。 4. 所有线缆、模块按省公司命名标准粘贴标签。

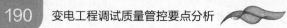

序号	主要通信设备	质量自检关键点
4	配线系统	5. 屏内清洁整齐、无杂物。 6. 设备线缆孔洞封堵规范、完善。 7. 屏柜、模块接地可靠，通信电路工作地、屏柜门接地可靠接入地网铜排。 8. 屏内尾纤盘绕整齐、美观。 9. 尾纤连接牢固。 10. 光纤托盘标示清楚、正确。 11. 2M 线缆布放整齐、美观，且连接位置正确、牢靠。 12. 用户端标示清楚、正确
5	电源系统	1. 屏柜按设计图纸要求安装位置正确，屏柜无缺陷且安装工艺优良。 2. 电源线缆布放整齐、美观且连接正确、牢靠。 3. 不同极性电源线使用不同颜色。 4. 正极可靠接地。 5. 所有线缆按省公司命名标准粘贴标签并吊牌。 6. 380V 进线空气断路器标示清楚（2 路）。 7. 屏内清洁整齐，无杂物。 8. 设备线缆孔洞封堵规范、完善。 9. 电源正极、工作地、屏柜及柜门接地可靠接入地网铜排。 10. 整流模块安装、接线正确。 11. 监控系统接线正确，且均充电流等参数设置正确。 12. 空气断路器使用标示明确，且容量满足设备要求。 13. 蓄电池外壳需接地。 14. 正确标示蓄电池组别及序号。 15. 测量初始电压及进行容量核对性放电试验

二、通信设备工程实施质量控制表

（一）机架安装质量控制表

序号	项目	具体内容		质量控制要点	质量控制点		
					Ⅰ级	Ⅱ级	Ⅲ级
1	准备工作安排	1. 确定工作负责人及工作班成员		1. 根据工作需要和人员精神状态确定工作负责人和工作班成员。 2. 工作负责人应由具备工作负责人资格的人员担任，并挑选有一定工作经验、熟悉通信安装的人员作为工作班成员。工作班成员应掌握通信设备、通信线路技术原理、基本参数、主要运行指标。 3. 全体人员应熟悉所验收工程的相关资料	●		
		2. 准备好施工所需仪器仪表、施工工器具、备品备件、技术资料及劳动防护用品		1. 仪器仪表、工器具、劳动防护用品应试验合格，满足本次作业的要求。 2. 备品备件应齐全，技术资料应符合现场实际情况			
		3. 组织学习相关规程、标准，并制定验收工作计划		要求全体作业人员熟悉作业内容、进度要求、作业标准、安全注意事项，熟悉相关规程、标准，制定验收工作计划			
2	机架安装质量检查	现场观察、测量	1. 机架安装位置	符合施工设计要求	●	●	●
			2. 机架安装倾斜度	<0.15%架高			
			3. 机架排列间隙	≤3mm			
			4. 机架全列偏差度	≤10mm			
			5. 机架安装固定方式	符合施工设计要求			

续表

序号	项目	具体内容		质量控制要点	质量控制点		
					Ⅰ级	Ⅱ级	Ⅲ级
2	机架安装质量检查	现场观察、测量	6. 机架防振措施	符合施工设计要求	●	●	●
			7. 缆线槽道（或走线架）安装	符合施工设计要求			
			8. 子架（或模块）安装位置	符合设备安装规范			
			9. 子架（或模块）安装质量	符合设备安装规范			
			10. 机架外连电源线型号规格	符合施工设计要求			
			11. 机架外连电源线颜色	正负极性分开			
			12. 机架外连电源线完整性	整根布放、中间不开断			
			13. 机架外连接地线颜色	区别于电源线、信号线			
			14. 外连地线规格、连接方式	符合施工设计要求			
			15. 各种缆线焊接质量	牢固、圆润			
			16. 同种缆线预留长度	一致			

续表

序号	项目	具体内容		质量控制要点	质量控制点		
					Ⅰ级	Ⅱ级	Ⅲ级
2	机架安装质量检查	现场观察、测量	17. 光缆尾纤弯曲半径	>40mm	●	●	●
			18. 缆线布放、排列、捆扎	电源线与信号线分开布放、排列平直、捆扎均匀、无扭绞			
			19. 2M 接线端子配置数量	依据 2M 接口板容量满配			
			20. 机架及缆线的各种标示	清晰、准确、固定牢靠			
			21. 机房外缆接入音频配线架	需采取过流、过压保护措施			

（二）软交换设备安装质量控制表

序号	项目	具体内容	质量控制要点	质量控制点		
				Ⅰ级	Ⅱ级	Ⅲ级
1	准备工作安排	1. 确定工作负责人及工作班成员	1. 根据工作需要和人员精神状态确定工作负责人和工作班成员。 2. 工作负责人应由具备工作负责人资格的人员担任，并挑选有一定工作经验、熟悉通信安装的人员作为工作班成员。工作班成员应掌握通信设备、通信线路技术原理、基本参数、主要运行指标。 3. 全体人员应熟悉所验收工程的相关资料	●		
		2. 准备好施工所需仪器仪表、施工工器具、备品备件、技术资料及劳动防护用品	1. 仪器仪表、工器具、劳动防护用品应试验合格，满足本次作业的要求。 2. 备品备件应齐全，技术资料应符合现场实际情况			

序号	项目	具体内容		质量控制要点	质量控制点		
					I级	II级	III级
1	准备工作安排	3. 组织学习本指导书及相关规程、标准，并制定验收工作计划		要求全体作业人员熟悉作业内容、进度要求、作业标准、安全注意事项，熟悉相关规程、标准，制定验收工作计划	●		
2	软交换设备安装质量检查	1. 验证 IP 电话用户语音呼叫功能	1. 用户 A 摘机，拨用户 B 进行呼叫；用户 B 振铃，用户 A 听回铃音	正常	●	●	●
			2. 用户 B 显示变电站名字，摘机应答	正常			
			3. 通话结束后，呼叫正常释放	正常			
		2. 网配单元安装		牢固、美观			
		3. 线缆敷设	1. 数字配线架布线	整齐，绑扎松紧适度、美观			
			2. 音频配线架布线				
			3. 光配单元布线				
			4. 网配单元布线				
		4. 标示	1. 子架标示。2. 线缆标示。3. 机架外连电源线完整性	符合规范要求，清晰正确、完整，传输保护信号用红色表示			

续表

序号	项目	具体内容		质量控制要点	质量控制点		
					Ⅰ级	Ⅱ级	Ⅲ级
2	软交换设备安装质量检查	5. 封堵	设备封堵	封堵美观，符合消防规范	●	●	●
		6. 防雷接地		参照防雷接地施工验收规范表			

（三）通信光端机、接入设备安装质量控制表

序号	项目	具体内容		质量控制要点	质量控制点		
					Ⅰ级	Ⅱ级	Ⅲ级
1	准备工作安排	1. 确定工作负责人及工作班成员		1. 根据工作需要和人员精神状态确定工作负责人和工作班成员。 2. 工作负责人应由具备工作负责人资格的人员担任，并挑选有一定工作经验、熟悉通信安装的人员作为工作班成员。工作班成员应掌握通信设备、通信线路技术原理、基本参数、主要运行指标。 3. 全体人员应熟悉所验收工程的相关资料	●		
		2. 准备好施工所需仪器仪表、施工工器具、备品备件、技术资料及劳动防护用品		1. 仪器仪表、工器具、劳动防护用品应试验合格，满足本次作业的要求。 2. 备品备件应齐全，技术资料应符合现场实际情况			
		3. 组织学习本指导书及相关规程、标准，并制定验收工作计划		要求全体作业人员熟悉作业内容、进度要求、作业标准、安全注意事项，熟悉相关规程、标准，制定验收工作计划			
2	通信光端机、接入设备安装质量检查	1. 子架安装	1. 子架面板布置	符合设计要求	●	●	●
			2. 机框安装	位置正确、排列整齐			
			3. 插接件安装	接触良好			
			4. 空面板安装	美观			

续表

序号	项目	具体内容		质量控制要点	质量控制点		
					Ⅰ级	Ⅱ级	Ⅲ级
2	通信光端机、接入设备安装质量检查	2. 布线	1. 光纤连接线弯曲半径	≥40mm	●	●	●
			2. 尾纤（缆）布线	无扭绞，尾纤穿越电缆沟、架或地板下时穿塑料管保护，扎带不宜扎得过紧			
			3. 数字配线架布线	整齐，绑扎松紧适度			
			4. 音频配线架布线	整齐、美观			
			5. 电源电缆布线	电源电缆与用户或通道电缆分侧布置			
			6. 芯线焊接	端正、牢固、无虚焊			
			7. 同轴电缆插头组装	配件齐全，装配牢固			
			8. 屏蔽线端头处理	剖头长度一致，接触良好			
			9. 剖头热缩处理	热缩套管长度适中，热缩均匀			
		3. 光端机	1. 网管功能	符合设计要求			
			2. 2M 误码测试	符合设计要求			
			3. 保护倒换测试	正常倒换			
			4. 设备工作电压（双路）	符合设计要求			

续表

序号	项目	具体内容		质量控制要点	质量控制点		
					Ⅰ级	Ⅱ级	Ⅲ级
2	通信光端机、接入设备安装质量检查	3. 光端机	5. 收发信功率	符合设计要求	●	●	●
			6. 光通道储备电平测试	符合设计要求			
			7. 机柜散热情况检查	使用金属网孔门，风扇滤网清洁			
		4. PCM	业务通道测试	通话及收发电平满足规范要求			
		5. 标签	1. 机架标签	清晰规范、内容完整正确，传输保护信号用红色表示			
			2. 线缆标签	规范、内容完整正确，传输保护信号用红色表示			
			3. 配线端子标签	规范、内容完整正确。保护配线端子标签颜色与通信业务标签有明显区别（红色）			
		6. 封堵	设备封堵	封堵美观，符合消防规范			
		7. 防雷接地		参照防雷接地施工验收规范表			

（四）通信监控系统安装质量控制表

序号	项目	具体内容	质量控制要点	质量控制点		
				Ⅰ级	Ⅱ级	Ⅲ级
1	准备工作安排	1. 确定工作负责人及工作班成员	1. 根据工作需要和人员精神状态确定工作负责人和工作班成员。 2. 工作负责人应由具备工作负责人资格的人员担任，并挑选有一定工作经验、熟悉通信安装的人员作为工作班成员。工作班成员应掌握通信设备、通信线路技术原理、基本参数、主要运行指标。 3. 全体人员应熟悉所验收工程的相关资料	●		

续表

序号	项目	具体内容		质量控制要点	质量控制点		
					Ⅰ级	Ⅱ级	Ⅲ级
1	准备工作安排	2. 准备好施工所需仪器仪表、施工工器具、备品备件、技术资料及劳动防护用品		1. 仪器仪表、工器具、劳动防护用品应试验合格,满足本次作业的要求。 2. 备品备件应齐全,技术资料应符合现场实际情况	●		
		3. 组织学习本指导书及相关规程、标准,并制定验收工作计划		要求全体作业人员熟悉作业内容、进度要求、作业标准、安全注意事项,熟悉相关规程、标准,制定验收工作计划			
2	通信监控系统安装质量检查	1. 电缆布放	1. 机架间电缆布放	布放正确、工艺美观、标示清晰	●	●	●
			2. 电源线	布放正确、工艺美观、标示清晰			
			3. 电缆槽道	横平竖直、固定牢固			
			4. 数据电缆等	布放正确、工艺美观			
		2. 板卡	1. 板卡安装	位置符合设计要求			
			2. 设备出线区	标示清晰,符合设计要求			
		3. 功能试验	1. 遥信功能	满足设计要求			
			2. 遥测功能				
			3. 遥控功能				
			4. 规约转换功能				
		4. 标示	1. 子架标示	符合规范要求,清晰正确、完整			

续表

序号	项目	具体内容		质量控制要点	质量控制点		
					I级	II级	III级
2	通信监控系统安装质量检查	4. 标示	2. 线缆标示	符合规范要求，清晰正确、完整	●		
		5. 封堵	设备封堵	封堵美观，符合消防规范			
		6. 防雷接地		参照防雷接地施工验收规范表			

（五）通信配线架安装质量控制表

序号	项目	具体内容		质量控制要点	质量控制点		
					I级	II级	III级
1	准备工作安排	1. 确定工作负责人及工作班成员		1. 根据工作需要和人员精神状态确定工作负责人和工作班成员。 2. 工作负责人应由具备工作负责人资格的人员担任，并挑选一定工作经验、熟悉通信安装的人员作为工作班成员。工作班成员应掌握通信设备、通信线路技术原理、基本参数、主要运行指标。 3. 全体人员应熟悉所验收工程的相关资料	●		
		2. 准备好施工所需仪器仪表、施工工器具、备品备件、技术资料及劳动防护用品		1. 仪器仪表、工器具、劳动防护用品应试验合格，满足本次作业的要求。 2. 备品备件应齐全，技术资料应符合现场实际情况			
		3. 组织学习本指导书及相关规程、标准，并制定验收工作计划		要求全体作业人员熟悉作业内容、进度要求、作业标准、安全注意事项，熟悉相关规程、标准，制定验收工作计划			
2	通信配线架安装质量检查	1. 配线架安装	1. 光配单元安装	牢固、美观	●	●	●
			2. 数配单元安装				
			3. 音配单元安装				

续表

序号	项目	具体内容		质量控制要点	质量控制点		
					Ⅰ级	Ⅱ级	Ⅲ级
2	通信配线架安装质量检查	1. 配线架安装	4. 网配单元安装	牢固、美观	●	●	●
		2. 线缆敷设	1. 数字配线架布线	整齐，绑扎松紧适度、美观			
			2. 音频配线架布线				
			3. 光配单元布线				
			4. 网配单元布线				
		3. 标示	1. 子架标示	符合规范要求，清晰正确、完整，传输保护信号用红色表示			
			2. 线缆标示				
		4. 封堵	设备封堵	封堵美观，符合消防规范			
		5. 防雷接地		参照防雷接地施工验收规范表			

（六）通信防雷接地施工质量控制表

序号	项目	具体内容	质量控制要点	质量控制点		
				Ⅰ级	Ⅱ级	Ⅲ级
1	准备工作安排	1. 确定工作负责人及工作班成员	1. 根据工作需要和人员精神状态确定工作负责人和工作班成员。 2. 工作负责人应由具备工作负责人资格的人员担任，并挑选有一定工作经验、熟悉通信安装的人员作为工作班成员。工作班成员应掌握通信设备、通信线路技术原理、基本参数、主要运行指标。 3. 全体人员应熟悉所验收工程的相关资料	●		

续表

序号	项目	具体内容		质量控制要点	质量控制点		
					I 级	II 级	III 级
1	准备工作安排	2. 准备好施工所需仪器仪表、施工工器具、备品备件、技术资料及劳动防护用品		1. 仪器仪表、工器具、劳动防护用品应试验合格，满足本次作业的要求。 2. 备品备件应齐全，技术资料应符合现场实际情况	●		
		3. 组织学习本指导书及相关规程、标准，并制定验收工作计划		要求全体作业人员熟悉作业内容、进度要求、作业标准、安全注意事项，熟悉相关规程、标准，制定验收工作计划			
2	通信防雷接地施工质量检查	1. 防雷接地	1. 直流电源负极电源侧、设备侧安装防雷模块	安装防雷模块	●	●	●
			2. 通信站接地母线规格	≥90mm² (铜排)、120mm² (镀锌扁钢)			
			3. 接地电阻值	<0.5Ω			
			4. 接地母线防腐措施	镀锌，焊后防腐处理			
		2. 工作及保护接地	1. 直流电源正极电源侧、设备侧正极接地	直接接地			
			2. 电缆屏蔽层	两端接地			
			3. 铠装电缆进入机房前。铠装与屏蔽层	同时接地			
			4. 金属机架	接地良好			

续表

序号	项目	具体内容		质量控制要点	质量控制点		
					Ⅰ级	Ⅱ级	Ⅲ级
2	通信防雷接地施工质量检查	2. 工作及保护接地	5. 配线架（箱）及保安排	接地良好	●	●	●
			6. 设备外壳与接地母线	接地良好			
			7. 设备柜门接地	接地良好			
			8. 通信站接地母线与接地网	母排与接地网四点对称连接			
			9. 正极汇流排接地、颜色、规格	接地良好，黄绿线、$\geq 35mm^2$			
			10. 子架保护接地、颜色、规格	接地良好，黄绿线、$\geq 6mm^2$			
			11. 音频配线架电缆外线侧保安器	齐全（备用线对加保安器或接地）			
			12. 数字配线单元	接地良好			
			13. 机房地网与变电站间隔地网相连（载波保护通道）	符合反措要求			
		3. 电源分配模块安装		布线整齐、外壳接地良好、标签整齐、配置相应的直流防雷模块			
		4. 其他	1. 金属门窗	接地			
			2. 金属电缆进机房	进机房前穿钢管地埋长度≥10m、深度≥0.6m			

（七）配电通信接入网主站设备施工调试质量控制表

序号	项目	具体内容		质量控制要点	质量控制点		
					Ⅰ级	Ⅱ级	Ⅲ级
1	准备工作安排	1. 确定工作负责人及工作班成员		1. 根据工作需要和人员精神状态确定工作负责人和工作班成员。 2. 工作负责人应由具备工作负责人资格的人员担任，并挑选一定工作经验、熟悉通信安装的人员作为工作班成员。工作班成员应掌握通信设备、通信线路技术原理、基本参数、主要运行指标。 3. 全体人员应熟悉所验收工程的相关资料	●		
		2. 准备好施工所需仪器仪表、施工工器具、备品备件、技术资料及劳动防护用品		1. 仪器仪表、工器具、劳动防护用品应试验合格，满足本次作业的要求。 2. 备品备件应齐全，技术资料应符合现场实际情况			
		3. 组织学习本指导书及相关规程、标准，并制定验收工作计划		要求全体作业人员熟悉作业内容、进度要求、作业标准、安全注意事项，熟悉相关规程、标准，制定验收工作计划			
2	配电通信接入网主站设备施工调试质量检查	1. 子架安装	1. 子架面板布置	符合设计要求	●	●	●
			2. 机框安装	位置正确、排列整齐			
			3. 插接件安装	接触良好			
		2. 布线	1. 尾纤（缆）布线	无扭绞，尾纤穿塑料管保护，扎带不宜扎得过紧			
			2. 电源电缆布线	电源电缆与信号电缆分开布线			
		3. 核心交换机	1. 网管功能	符合设计要求			
			2. 带宽及时延测试	符合设计要求			
			3. 保护倒换测试	正常倒换			

续表

序号	项目	具体内容		质量控制要点	质量控制点		
					Ⅰ级	Ⅱ级	Ⅲ级
2	配电通信接入网主站设备施工调试质量检查	3. 核心交换机	4. 设备工作电源	满足双路电源接入要求且倒换正常	●	●	●
			5. 机柜散热情况检查	使用金属网孔门、风扇滤网清洁			
		4. 网管服务器	1. 设备工作电源	满足双路电源接入要求且倒换正常			
			2. 机柜散热情况检查	使用金属网孔门、风扇滤网清洁			
		5. 标签检查	1. 机架标签	清晰规范，内容完整、正确			
			2. 线缆标签				
			3. 配线端子标签				
		6. 封堵	设备封堵	封堵美观，符合消防规范			
		7. 防雷接地		参照防雷接地施工验收规范表			

（八）配电通信接入网（OLT）施工调试质量检查控制表

序号	项目	具体内容	质量控制要点	质量控制点		
				Ⅰ级	Ⅱ级	Ⅲ级
1	准备工作安排	1. 确定工作负责人及工作班成员	1. 根据工作需要和人员精神状态确定工作负责人和工作班成员。 2. 工作负责人应由具备工作负责人资格的人员担任，并挑选有一定工作经验、熟悉通信安装的人员作为工作班成员。工作班成员应掌握通信设备、通信线路技术原理、基本参数、主要运行指标。 3. 全体人员应熟悉所验收工程的相关资料	●		

序号	项目	具体内容		质量控制要点	质量控制点		
					Ⅰ级	Ⅱ级	Ⅲ级
1	准备工作安排	2. 准备好施工所需仪器仪表、施工工器具、备品备件、技术资料及劳动防护用品		1. 仪器仪表、工器具、劳动防护用品应试验合格，满足本次作业的要求。 2. 备品备件应齐全，技术资料应符合现场实际情况	●		
		3. 组织学习相关规程、标准，并制定验收工作计划		要求全体作业人员熟悉作业内容、进度要求、作业标准、安全注意事项，熟悉相关规程、标准，制定验收工作计划			
2	配电通信接入网主站设备施工调试质量检查	1. 子架安装	1. 子架面板布置	符合设计要求	●	●	●
			2. 机框安装	位置正确、排列整齐			
			3. 插接件安装	接触良好			
		2. 布线	1. 尾纤（缆）布线	无扭绞，尾纤穿塑料管保护，扎带不宜扎得过紧			
			2. 电源电缆布线	电源电缆与信号电缆分开布线			
		3. 核心交换机	1. 网管功能	符合设计要求			
			2. 带宽及时延测试	符合设计要求			
			3. 保护倒换测试	正常倒换			
			4. 设备工作电源	满足双路电源接入要求且倒换正常			
			5. 机柜散热情况检查	使用金属网孔门、风扇滤网清洁			
		4. 网管服务器	1. 设备工作电源	满足双路电源接入要求且倒换正常			

序号	项目	具体内容		质量控制要点	质量控制点		
					Ⅰ级	Ⅱ级	Ⅲ级
2	配电通信接入网主站设备施工调试质量检查	4. 网管服务器	2. 机柜散热情况检查	使用金属网孔门、风扇滤网清洁			
		5. 标签检查	1. 机架标签	清晰规范，内容完整、正确	●	●	●
			2. 线缆标签				
			3. 配线端子标签				
		6. 封堵	设备封堵	封堵美观，符合消防规范			
		7. 防雷接地		参照防雷接地施工验收规范表			

（九）配电通信接入网 OLT 施工调试质量检查控制表

序号	项目	具体内容	质量控制要点	质量控制点		
				Ⅰ级	Ⅱ级	Ⅲ级
1	准备工作安排	1. 确定工作负责人及工作班成员	1. 根据工作需要和人员精神状态确定工作负责人和工作班成员。 2. 工作负责人应由具备工作负责人资格的人员担任，并挑选有一定工作经验、熟悉通信安装的人员作为工作班成员。工作班成员应掌握通信设备、通信线路技术原理、基本参数、主要运行指标。 3. 全体人员应熟悉所验收工程的相关资料	●		
		2. 准备好施工所需仪器仪表、施工工器具、备品备件、技术资料及劳动防护用品	1. 仪器仪表、工器具、劳动防护用品应试验合格，满足本次作业的要求。 2. 备品备件应齐全，技术资料应符合现场实际情况			
		3. 组织学习相关规程、标准，并制定验收工作计划	要求全体作业人员熟悉作业内容、进度要求、作业标准、安全注意事项，熟悉相关规程、标准，制定验收工作计划			

右上角：续表

序号	项目	具体内容		质量控制要点	质量控制点		
					Ⅰ级	Ⅱ级	Ⅲ级
2	配电通信接入网主站设备施工调试质量检查	1. 子架安装	1. 子架面板布置	符合设计要求	●	●	●
			2. 机框安装	位置正确、排列整齐			
			3. 插接件安装	接触良好			
		2. 布线	1. 尾纤（缆）布线	无扭绞，尾纤穿塑料管保护，扎带不宜扎得过紧			
			2. 电源电缆布线	电源电缆与信号电缆分开布线			
		3. 核心交换机	1. 网管功能	符合设计要求			
			2. 带宽及时延测试	符合设计要求			
			3. 保护倒换测试	正常倒换			
			4. 设备工作电源	满足双路电源接入要求且倒换正常			
			5. 机柜散热情况检查	使用金属网孔门、风扇滤网清洁			
		4. 网管服务器	1. 设备工作电源	满足双路电源接入要求且倒换正常			
			2. 机柜散热情况检查	使用金属网孔门、风扇滤网清洁			
		5. 标签检查	1. 机架标签	清晰规范，内容完整、正确			
			2. 线缆标签				
			3. 配线端子标签				

续表

序号	项目	具体内容		质量控制要点	质量控制点		
					Ⅰ级	Ⅱ级	Ⅲ级
2	配电通信接入网主站设备施工调试质量检查	6. 封堵	设备封堵	封堵美观，符合消防规范	●	●	●
		7. 防雷接地		参照防雷接地施工验收规范表			

（十）通信设备安装质量控制表

序号	项目	具体内容	质量控制要点	质量控制点		
				Ⅰ级	Ⅱ级	Ⅲ级
1	准备工作安排	1. 确定工作负责人及工作班成员	1. 根据工作需要和人员精神状态确定工作负责人和工作班成员。 2. 工作负责人应由具备工作负责人资格的人员担任，并挑选有一定工作经验、熟悉通信安装的人员作为工作班成员。工作班成员应掌握通信设备、通信线路技术原理、基本参数、主要运行指标。 3. 全体人员应熟悉所验收工程的相关资料	●		
		2. 准备好施工所需仪器仪表、施工工器具、备品备件、技术资料及劳动防护用品	1. 仪器仪表、工器具、劳动防护用品应试验合格，满足本次作业的要求。 2. 备品备件应齐全，技术资料应符合现场实际情况			
		3. 组织学习相关规程、标准，并制定验收工作计划	要求全体作业人员熟悉作业内容、进度要求、作业标准、安全注意事项，熟悉相关规程、标准，制定验收工作计划			
2	通信设备施工安装质量检查	1. 通信主设备	符合设计要求	●	●	●
		2. 固定牢靠（机架、设备）	符合设计要求			
		3. 接地可靠，接地线符合规程要求（>10mm²）				

续表

序号	项目	具体内容	质量控制要点	质量控制点		
				I 级	II 级	III 级
2	通信设备施工安装质量检查	4. 设备使用独立电源控制开关	符合设计要求	●	●	●
		5. 电源电缆符合规程要求				
		6. 设备接线美观，符合设备要求				
		7. 防雷措施完善				
		8. 电缆标示明确				
		9. 设备经可靠调试，并对主要指标按设计要求进行测试				
		10. 对 PCM 话路进行抽测				
		11. 按各省信通公司"工作任务通知单"及地市电力公司要求，开通所需话路、通道				
		12. 电源设备				
		13. 固定牢靠（机架、设备）				
		14. 接地可靠，接地线符合规程要求（>10mm²），电源正极接地可靠（−48V DC 型）				
		15. 接线美观，电缆标示明确				
		16. 控制开关标示明确				
		17. 蓄电池接地符合规程要求，接线美观				

续表

序号	项目	具体内容	质量控制要点	质量控制点		
				I 级	II 级	III 级
2	通信设备施工安装质量检查	18. 蓄电池初始电压测量 19. 电源模块经可靠调试 20. 蓄电池初始充电电压测量 21. 配线架 22. 固定牢靠 23. 接地可靠 24. 接线美观，电缆标示明确 25. 使用情况表述清楚	符合设计要求	●	●	●

第二章 交流特高压变电站调试质量管控要点

第一节 电 气 试 验

操作说明：

（1）为控制 500kV 及以下电压等级变电工程的电气一次设备试验质量特编制本表。本表按电气一次设备的种类进行编写，涵盖了所有电气一次设备及相关的试验项目和质量控制要点。对电压等级和容量不同的同类型设备，现场应按 GB/T 50832—2013《1000kV 系统电气装置安装工程电气设备交接试验标准》对其不同要求采用同一质量控制表，选择相应的质量控制点分别进行检查。

（2）表中"●"表示质量控制点，采用三级质量检查方式进行控制。

Ⅰ级质量控制点由工作面负责人完成：主要方式是带领工作面的其他试验人员在施工过程中对所有一次设备按照质量控制表进行试验；负责检查原始记录和编写整理试验报告；按质量控制点对完成的试验项目进行检查确认，并在原始记录和试验报告上签字。

Ⅱ级质量控制点由调试技术负责人或调试负责人完成：采用旁站或查看原始记录的方式，在施工过程中根据工程进度和一次设备试验完成情况，按表中的质量控制点进行检查确认，并在原始记录上签字。

Ⅲ级质量控制点由质量检验专责完成：采用旁站或查看原始记录或询问的方式，在施工高峰期、竣工验收前和送电前各阶段，对工程一次设备的试验质量，按表中的质量控制点进行检查确认，并将检查方式和检查情况做好书面记录。

一、电力变压器（电抗器）试验质量控制表

序号	项目	具体内容		质量控制要点	质量控制点 I级	质量控制点 II级	质量控制点 III级
1	调试准备工作	1. 试验依据及相关资料收集		1. GB/T 50832—2013《1000kV 系统电气装置安装工程电气设备交接试验标准》。 2. DL/T 417—2019《电力设备局部放电现场测量导则》。 3. DL/T 1275—2013《1000kV 变压器局部放电现场测量技术导则》。 4. 国家电网设备〔2018〕979 号《国家电网公司十八项电网重大反事故措施（修订版）》。 5. 工程技术合同。 6. 变压器（油浸电抗器）及其附件的产品说明书，出厂试验报告。 7. 应将出厂试验数据复印或摘录	●		
		2. 试验仪器、工具、试验记录准备		1. 使用试验设备应齐全，功能满足试验要求，且在有效期内。 2. 使用工具应齐全，且满足安全要求。 3. 原始试验记录格式的编写	●		
2	附件试验	1. 套管电流互感器试验	1. 绝缘电阻测量	测量各二次绕组间及其对外壳的绝缘电阻；绝缘电阻不宜低于 1000MΩ	●		
			2. 直流电阻测量	采用电工电桥测量各二次绕组的直流电阻。同型号、同规格、同批次电流互感器二次绕组的直流电阻和平均值的差异不宜大于 10%；实测结果与换算至同温下的出厂试验值比较，无明显变化	●		
			3. 极性检查	极性与铭牌和标志相符，且必须在原始记录上做好记录	●	●	●
			4. 变比检查	变比实测值与铭牌值、设计值相符	●	●	●
			5. 测量励磁特性曲线	现场实测励磁特性数据与出厂试验数据相符，并核对是否满足互感器 10%误差要求	●		
			6. 绕组交流耐压	二次绕组之间及其对外壳耐压值为方均根值 3kV、历时 1min	●		
		2. 非纯瓷套管试验	1. 试验前准备	1. 试验前检查套管表面和末屏端子应清洁、干燥、无开裂或修补。 2. 准确测量和记录环境温度和湿度	●		

序号	项目	具体内容		质量控制要点	质量控制点		
					Ⅰ级	Ⅱ级	Ⅲ级
2	附件试验	2. 非纯瓷套管试验	2. 绝缘电阻测量	1. 使用 5000V 或 2500V 绝缘电阻表测量套管主绝缘的绝缘电阻。	●		
				2. 使用 2500V 绝缘电阻表测量末屏小套管的绝缘电阻；绝缘电阻值不应低于 1000MΩ	●		
			3. 介质损耗角正切值 tanδ 和电容值测量	1. 采用正接法测量主绝缘的 tanδ 和电容值；采用反接法测量末屏小套管的 tanδ 和电容值。	●		
				2. tanδ 实测值与出厂试验值比较无明显差别。	●		
				3. 测量 tanδ 和电容值时，尽量不将套管水平放置或用绝缘绳索吊起在任意角度进行测量，在测试数据有疑问时更应引起注意。	●		
				4. 出厂试验值必须摘录在原始记录和试验报告中			
		3. 纯瓷套管试验	1. 绝缘电阻测量	使用 2500V 绝缘电阻表测量套管的绝缘电阻	●		
			2. 交流耐压	按出厂试验电压值进行交流耐压	●		
		4. 冷却器试验	1. 直流电阻测量	使用电工电桥测量油泵和风扇电动机绕组的直流电阻	●		
			2. 绝缘电阻测量	使用 1000kV 绝缘电阻表测量油泵和风扇电动机绕组的绝缘电阻	●		
			3. 交流耐压	使用 2500V 绝缘电阻表测量 1min，代替 1000V 交流耐压	●		
			4. 电动机通电检查	检查电动机运转正常，并记录电动机的运行电流	●		
3	本体试验	1. 测量绕组连同套管的直流电阻		1. 应在油温稳定后进行测量。 2. 准确测量和记录环境温度；当测试数据有疑问时，应分析是否受环境或油温的影响；避免在早晚温差变化较大时进行测量。 3. 试验结果与出厂试验值比较符合 GB/T 50832—2013《1000kV 系统电气装置安装工程电气设备交接试验标准》要求，出厂试验值必须摘录在原始记录和试验报告中	●	●	●

续表

序号	项目	具体内容	质量控制要点	质量控制点		
				Ⅰ级	Ⅱ级	Ⅲ级
3	本体试验	2. 测量绕组连同套管的绝缘电阻、吸收比和极化指数	1. 对变压器电压等级为 35kV 及以上且容量在 4000kVA 及以上的变压器应测量吸收比。 2. 对变压器电压等级为 220kV 及以上且容量在 120MVA 及以上的变压器应测量极化指数。 3. 检查套管表面应清洁、干燥。 4. 检查铁芯、夹件、外壳及套管末屏是否可靠接地。 5. 准确测量和记录环境温度和湿度；当测试数据有疑问时，应分析是否受环境或油温的影响；避免在早晚温差变化较大时进行测量。 6. 实测绝缘电阻值与出厂试验值在同温下比较不低于 70%。出厂试验值必须摘录在原始记录和试验报告中。 7. 当试验结果与出厂试验值比较超过 GB/T 50832—2013《1000kV 系统电气装置安装工程电气设备交接试验标准》时，必须检查试验接线是否正确；被试品放电是否充分；试验场地周边是否有电磁场干扰；绝缘电阻表的短路电流是否足够大	●	●	●
		3. 测量绕组连同套管的介质损耗角正切值 tanδ 和电容量	1. 对变压器电压等级为 35kV 及以上且容量在 8000kVA 及以上的变压器必须进行该项试验。 2. 检查套管表面应清洁、干燥。 3. 检查铁芯、夹件、外壳及套管末屏是否可靠接地。 4. 准确测量和记录环境温度和湿度。 5. 被测绕组的介质损耗角正切值 tanδ 与出厂试验值在同温下比较不大于 130%。出厂试验值必须摘录在原始记录和试验报告中。 6. 当现场试验结果进行较大的温度换算且超过 GB/T 50832—2013《1000kV 系统电气装置安装工程电气设备交接试验标准》要求时，应进行综合分析判断。 7. 套管安装后，在 10kV 下测量变压器、电抗器用套管主绝缘的介质损耗角正切值 tanδ 和电容量；测量时应采用"正接法"	●	●	●
		4. 测量绕组连同套管的直流泄漏电流	1. 对变压器电压等级为 35kV 及以上且容量在 8000kVA 及以上的变压器必须进行该项试验。 2. 检查套管表面应清洁、干燥。	●		

续表

序号	项目	具体内容		质量控制要点	质量控制点		
					Ⅰ级	Ⅱ级	Ⅲ级
3	本体试验	4. 测量绕组连同套管的直流泄漏电流		3. 检查铁芯、夹件、外壳及套管末屏是否可靠接地。 4. 当施加试验电压 1min 后，在高压端读取泄漏电流。 5. 泄漏电流值与绝缘电阻值基本相关	●		
		5. 测量与铁芯绝缘的各紧固件及铁芯绝缘电阻		1. 变压器（油浸电抗器）芯检时必须检查铁芯与夹件对外壳及之间的绝缘电阻。 2. 变压器（油浸电抗器）热油循环后必须检查铁芯与夹件对外壳及之间的绝缘电阻。 3. 采用 2500V 绝缘电阻表测量 1min，无闪络击穿现象	●		
		6. 变压器所有分接头的电压比测量		试验结果与出厂试验值比较，符合 GB/T 50832—2013《1000kV 系统电气装置安装工程电气设备交接试验标准》要求	●		
		7. 变压器引出线的极性或组别检查		1. 必须采用直流感应法进行试验。 2. 按变压器出线端子的实际标示做好原始记录	●		
		8. 绕组连同套管的交流耐压		1. 容量为 8000kVA 以下、绕组额定电压在 110kV 以下的变压器，线端试验应按 GB/T 50832—2013《1000kV 系统电气装置安装工程电气设备交接试验标准》要求进行交流耐压。 2. 容量为 8000kVA 及以上、绕组额定电压在 110kV 以下的变压器，在有试验设备时，可按 GB/T 50832—2013《1000kV 系统电气装置安装工程电气设备交接试验标准》要求进行线端交流耐压试验。 3. 必须正确选用试验设备的电压等级和容量。 4. 耐压前后应测量绝缘电阻	●	●	
4	特殊试验	1. 绝缘油试验	1. 绝缘油试验	按产品说明书要求对 TA 升高座内的绝缘油进行电气强度试验和含水量测量	●	●	
			2. 调压切换装置油	绝缘油注入切换开关油箱前，其击穿电压应符合 GB/T 50832—2013《1000kV 系统电气装置安装工程电气设备交接试验标准》要求	●	●	

续表

序号	项目	具体内容		质量控制要点	质量控制点		
					Ⅰ级	Ⅱ级	Ⅲ级
4	特殊试验	1. 绝缘油试验	3. 新绝缘油	1. 每批到达现场的绝缘油均应有出厂试验记录。 2. 按有关规定取样进行简化分析，必要时进行全分析。 3. 每罐油或抽样的每桶油均应有试验记录和试验报告	●	●	
			4. 残油试验	1. 电气强度试验：500kV 变压器的残油≥40kV、330kV 及以下变压器的残油≥30kV。 2. 介质损耗试验。 3. 微量水测量：含水量≤30mg/L。 4. 对新到的变压器取本体中的残油做气相色谱分析	●	●	
			5. 油务处理	1. 油务处理过程中，跟踪进行油的击穿强度试验。 2. 油务处理结束注油前，到现场取样按 GB/T 50832—2013 要求进行简化分析。 3. 注入变压器的绝缘油试验结果必须满足 GB/T 50832—2013 和《湖南省电力公司化学技术监督实施细则》的要求	●	●	
			6. 热油循环	热油循环后的绝缘油试验结果必须满足 GB/T 50832—2013 的要求	●	●	
			7. 投运前	1. 对绝缘油作一次全分析，作为交接试验数据。 2. 在高压试验前后各进行一次气相色谱分析，作为交接试验数据	●	●	
			8. 投运后	对 66kV 及以上变压器在投运 24h 后取样进行色谱分析	●	●	
			9. 击穿电压试验要求	1. 击穿电压试验应采用间隙为 2.5mm 的平板电极油杯。 2. 应将五次试验值和平均值记录在原始记录本上	●	●	
		2. 绕组连同套管的交流耐压		1. 变压器中性点及 110kV 绕组应进行外施交流耐压试验，并检测局部放电。 2. 试验电压应为出厂试验电压值的 80%，耐压时间为 1min。 3. 试验电压应尽可能接近正弦波形，试验电压值为测量电压的峰值除以 $\sqrt{2}$。 4. 试验过程中变压器应无异常现象	●	●	●
		3 绕组连同套管的长时感应电压试验带局部放电测量		1. 应对主体变压器、调压补偿变压器分别进行绕组连同套管的长时感应电压试验带局部放电测量，试验前应考虑剩磁的影响。	●	●	●

续表

序号	项目	具体内容	质量控制要点	质量控制点		
				I 级	II 级	III 级
4	特殊试验	3 绕组连同套管的长时感应电压试验带局部放电测量	2. 试验方法和判断方法应按 GB/T 1094.3—2017《电力变压器 第 3 部分：绝缘水平、绝缘试验和外绝缘空气间隙》有关规定执行。 3. 按规定的程序施加试验电压，并在不同阶段观察和记录局部放电水平。 4. 在规定的试验电压和程序条件下，主体变压器 1000kV 端子局部放电量的连续水平不应大于 100pC，500kV 端子的局部放电量的连续水平不应大于 200pC，110kV 端子的局部放电量的连续水平不应大于 300pC；调压补偿变压器 110kV 端子局部放电量的连续水平不应大于 300pC	●	●	●
		4. 绕组频率响应特性试验	1. 应对变压器各绕组分别进行频率响应特性试验。 2. 同一组变压器中各台变压器对应绕组的频率响应特性曲线应基本相同	●	●	●
		5. 小电流下的短路阻抗测量	1. 应测量变压器在 5A 电流下的短路阻抗。 2. 变压器在 5A 电流下测量的短路阻抗与出厂试验时在相同电流下的测试值相比无明显变化	●	●	●
		6. 电抗器油箱表面的温度分布及引线接头的温度测量	1. 在运行中，使用红外测温仪进行油箱温度分布及引线接头温度测量。 2. 电抗器油箱表面局部热点的温升不应超过 80K。 3. 引线接头不应有过热现象			
5	变压器（油浸电抗器）投运	1. 投运前检查	1. 检查 1000kV 单相变压器低压侧连接方式符合设计要求。 2. 检查变压器（电抗器）套管的屏蔽小套管及铁芯、夹件可靠接地。 3. 提醒安装人员对变压器（电抗器）本体、升高座和气体继电器等处进行放气和按要求打开或关闭各管道的闸阀。 4. 检查变压器调压开关挡位指示在正常位置，且开关场和后台显示一致。 5. 对无载调压变压器测量绕组直流电阻。 6. 检查变压器冷却系统正常，潜油泵、风扇能正常运转	●	●	●

续表

序号	项目	具体内容	质量控制要点	质量控制点		
				Ⅰ级	Ⅱ级	Ⅲ级
5	变压器（油浸电抗器）投运	2. 冲击合闸试验	1. 在额定电压下对变压器（油浸电抗器）的冲击合闸试验，分接位置应置于额定挡位。 2. 变压器冲击合闸宜在变压器高压侧进行。 3. 对中性点接地的电力系统，试验时变压器中性点必须接地。 4. 无电流差动保护的干式变压器可冲击 3 次	●	●	
		3. 检查变压器相位	必须与电网相位一致	●	●	

二、互感器试验质量控制表

序号	项目	具体内容	质量控制要点	质量控制点		
				Ⅰ级	Ⅱ级	Ⅲ级
1	调试准备工作	1. 试验依据及相关资料收集	1. GB/T 50832—2013《1000kV 系统电气装置安装工程电气设备交接试验标准》。 2. 国家电网设备〔2018〕979 号《国家电网公司十八项电网重大反事故措施（修订版）》。 3. 产品说明书，出厂试验报告。 4. 应将出厂试验数据复印或摘录	●		
		2. 试验仪器、工具、试验记录准备	1. 使用试验设备应齐全，功能满足试验要求且在有效期内。 2. 使用工具应齐全，且满足安全要求。 3. 原始试验记录格式的编写	●		
2	电容式电压互感器试验	1. 测量绕组的绝缘电阻	1. 测量电容分压器低压端对地的绝缘电阻应使用 2500V 绝缘电阻表。 2. 常温下的绝缘电阻不应低于 1000MΩ。 3. 测量时准确测量和记录环境温度和湿度	●		
		2. 测量分压电容器的 $\tan\delta$ 和 C_X	1. 对每一节分压电容器应测量 $\tan\delta$ 和 C_X。	●		

续表

序号	项目	具体内容		质量控制要点	质量控制点		
					Ⅰ级	Ⅱ级	Ⅲ级
2	电容式电压互感器试验	2. 测量分压电容器的 $\tan\delta$ 和 C_X		2. 测量电压为 10kV。 3. 每节电容器的电容值及中压臂电容允许偏差应为额定值的−5%~+10%。 4. 当 $\tan\delta$ 值不符合要求时,可测量额定电压下的 $\tan\delta$ 值,若额定电压下的 $\tan\delta$ 满足上述要求,则可投运。 5. 测量时准确测量和记录环境温度和湿度	●		
		3. 电磁单元各部件绝缘电阻测量		1. 应使用 2500V 绝缘电阻表。 2. 中间变压器各二次绕组间及对地的绝缘电阻、中间变压器一次绕组和补偿电抗器绕组对地的绝缘电阻及阻尼器对地的绝缘电阻不应低于 1000MΩ	●		
		4. 电磁单元线圈部件的绕组直流电阻测量		1. 中间变压器各绕组、补偿电抗器及阻尼器的直流电阻均应进行测量,其中中间变压器一次绕组和补偿电抗器绕组直流电阻可一并测量。 2. 绕组直流电阻值与换算到同一温度下的例行试验值比较,中间变压器及补偿电抗器绕组直流电阻偏差不宜大于 10%,阻尼器直流电阻偏差不应大于 15%	●	●	●
		5. 准确度(误差)测量		1. 检查互感器准确度,应与制造厂铭牌值相符。 2. 不应用变比测试仪测量变比的方法替代误差测量。 3. 极性检查宜与误差试验同时进行,同时核对各接线端子标示是否正确。 4. 当测量 0.2 级、0.5 级绕组时,应分别在 80%、100%和 105%的额定电压下进行。 5. 保护级绕组误差特性测量应分别在 2%、5%和 100%的额定电压下进行	●	●	●
		6. 阻尼器检查		1. 阻尼器的励磁特性和检测方法可按制造厂的规定进行。 2. 电容式电压互感器在投入前应检查阻尼器是否已接入规定的二次绕组端子	●		
		7. 特殊试验	油色谱分析	电压等级在 66kV 以上的油浸式互感器,应进行油中溶解气体的色谱分析。油中溶解气体组分含量(μL/L)应满足下列要求:330kV 及以上,总烃<10μL/L,H_2<50μL/L,C_2H_2<0.1μL/L;220kV 及以下,总烃<10μL/L,H_2<100μL/L,C_2H_2<0.1μL/L	●		
		8. 投运前检查		1. 检查电容式电压互感器的中间变压器一次绕组 N 端已可靠接地。	●	●	●

续表

序号	项目	具体内容	质量控制要点	质量控制点		
				Ⅰ级	Ⅱ级	Ⅲ级
2	电容式电压互感器试验	8. 投运前检查	2. 检查未经结合滤波器的电容分压器低压端（通信端子）已可靠接地。 3. 检查 TV、放电线圈的二次备用绕组的尾端已可靠接地，且绕组无短路。 4. 检查电容分压器低压端（通信端子）引致结合滤波器的连接线绝缘良好。 5. 检查电容分压器低压端（通信端子）对地保护间隙已按产品要求调整好。 6. 检查电磁式 TV 一次绕组 N 端已可靠接地。 7. 检查 10～35kV 电压互感器的高压熔断器已完善，三相电阻基本平衡。 8. 检查电容器组放电线圈一次绕组首端与母线连接可靠，并没有压接在热缩管上。 9. 检查电容式电压互感器的中间变压器一次绕组 N 端已可靠接地	●	●	●
3	气体绝缘金属封闭电磁式电压互感器试验	1. 测量绕组的绝缘电阻	1. 测量电磁式 TV 一次绕组对二次绕组及外壳、各二次绕组间及其对外壳的绝缘电阻；绝缘电阻不宜低于 1000MΩ。 2. 绝缘电阻测量应使用 2500V 绝缘电阻表。 3. 测量时准确测量和记录环境温度和湿度	●		
		2. 绕组直流电阻测量	1. 一次绕组直流电阻值与换算到同一温度下的例行试验值比较，相差不宜大于 10%。 2. 一次绕组直流电阻测量值，与换算到同一温度下的出厂值比较，相差不宜大于 10%；二次绕组直流电阻测量值，与换算到同一温度下的出厂值比较，相差不宜大于 15%。 3. 测量直流电阻应采用电工式电桥（单双臂电桥），直流电桥准确级不应低于 0.5 级	●		
		3. 极性检查	1. 采用直流感应法检查单相 TV 的极性和三相 TV 的组别。 2. 检查结果应与铭牌和标志相符，且必须在原始记录上做好记录	●	●	●
		4. 电压比试验	1. 检查 TV 变比，应与制造厂铭牌值相符。 2. 应在原始记录上记录所加一次试验电压和二次测量电压值	●	●	●
		5. 测量电磁式 TV 励磁曲线	1. 励磁特性曲线测量点为额定电压的 20%、50%、80%、100%。 2. 对于额定电压测量点（100%），励磁电流不宜大于其出厂试验报告和型式试验报告的测量值的 30%，同批同型号、同规格电压互感器此点的励磁电流不宜相差 30%	●	●	

三、开关设备试验质量控制表

序号	项目	具体内容	质量控制要点	Ⅰ级	Ⅱ级	Ⅲ级
1	调试准备工作	1. 试验依据及相关资料收集	1. GB/T 50832—2013《1000kV 系统电气装置安装工程电气设备交接试验标准》。 2. 国家电网设备〔2018〕979 号《国家电网公司十八项电网重大反事故措施（修订版）》。 3. 产品说明书，出厂试验报告。 4. 应将出厂试验数据复印或摘录	●		
		2. 试验仪器、工具、试验记录准备	1. 使用试验设备应齐全，功能满足试验要求，且在有效期内。 2. 使用工具应齐全，且满足安全要求。 3. 原始试验记录格式的编写	●		
		3. 断路器试验要求	1. 应检查气体绝缘金属封闭开关设备整体外观，包括油漆是否完好、有无锈蚀损伤、出线套管有无损伤等，所有安装应符合制造厂的图纸要求。 2. 应检查各种充气、充油管路，阀门及各连接部件的密封是否良好；阀门的开闭位置是否正确；管道的绝缘法兰与绝缘支架是否良好。 3. 应检查断路器、隔离开关及接地开关分、合闸指示器的指示是否正确，抄录动作计数器的数值。 4. 应检查和记录各种压力表数值，检查油位计的指示值是否正确。 5. 应检查所有接地是否可靠	●		
2	气体绝缘金属封闭开关设备试验	1. 测量断路器的绝缘电阻值	1. 气体绝缘金属封闭开关设备安装完毕并通过其他交接试验后，应在充入额定气压的 SF_6 气体下，进行现场绝缘试验。对要求较高的充电电流元件、有限压元件，试验时可进行隔离。 2. 气体绝缘金属封闭开关设备进出线应断开，并保持足够的绝缘距离。应断开罐式避雷器与主回路的连接。对电磁式电压互感器应与制造厂沟通，确定是否参加主回路绝缘试验。 3. 气体绝缘金属封闭开关设备上所有电流互感器的二次绕组应短接并接地。 4. 应将气体绝缘金属封闭开关设备被试段内的所有隔离开关合闸、接地开关分闸，应将非被试段内的接地开关合闸。 5. 耐压试验前，应用不低于 2500V 绝缘电阻表测量每相导体对地绝缘电阻	●		

续表

序号	项目	具体内容	质量控制要点	质量控制点		
				Ⅰ级	Ⅱ级	Ⅲ级
2	气体绝缘金属封闭开关设备试验	2. 测量每相导电回路的电阻	1. 宜采用电流不小于 300A 的直流压降法测量每相导电回路电阻值。 2. 测试结果应符合产品技术条件的规定。 3. 所测电阻值应符合技术条件规定并与例行试验值相比无明显变化，且不应超过型式试验中温升试验时所测电阻值的 1.2 倍	●		
		3. 测量分、合闸线圈动作电压	1. 当操作电压在（85%～110%）Un、液压在规定的最低及最高值时，合闸操动机构应可靠动作。 2. 对电磁机构，当断路器关合电流峰值小于 50kA 时，直流操作电压范围在（80%～110%）Un 时，合闸操动机构应可靠动作。 3. 直流或交流的分闸电磁铁，在其线圈端钮处测得的电压大于额定值的 65%时，应可靠地分闸；当此电压小于额定值的 30%时，不应分闸	●		
		4. 测量分、合闸时间	1. 应在断路器的额定操作电压、气压或液压下进行。 2. 实测数值应符合产品技术条件的规定	●		
		5. 测量断路器的分、合闸速度	1. 应在断路器的额定操作电压、气压或液压下进行。 2. 实测数值应符合产品技术条件的规定。 3. 现场无条件安装采样装置的断路器，可不进行本试验。 4. 断路器在新装和大修后必须测量机械行程特性曲线、合—分时间、辅助开关的切换与主断口动作时间的配合、合闸电阻预投入时间等机械特性，并符合有关技术要求。制造厂必须提供机械行程特性曲线的测量方法和出厂试验数据，并提供现场测试的连接装置。在现场无法进行的机械行程特性试验，由厂家提供出厂试验数据和测试方法。原则上不得以出厂试验代替交接试验	●		
		6. 测量主、辅触头分、合闸的同期性及配合时间	测量断路器主、辅触头三相及同相各断口分、合闸的同期性及配合时间，应符合产品技术条件的规定	●		
		7. 测量合闸电阻的投入时间及电阻值	测量断路器合闸电阻的投入时间及电阻值，应符合产品技术条件的规定	●		

续表

序号	项目	具体内容		质量控制要点	质量控制点		
					Ⅰ级	Ⅱ级	Ⅲ级
2	气体绝缘金属封闭开关设备试验	8. 测量合—分时间		1. 应校核断路器产品承诺的合分时间与产品型式试验的合分时间是否一致。 2. 对于合分时间较短、不具备"自卫"能力，而安装地点的短路电流已接近设备额定短路开断电流的断路器，应该考虑进行技术改造，但不宜采用延长继电保护装置动作时间的方法来解决断路器合—分时间不够的问题，而应由断路器自身采取可靠措施和其他措施来保证。	●		
		9. 测量分、合闸线圈的绝缘电阻值		测量断路器分、合闸线圈的绝缘电阻值，不应低于 $10M\Omega$	●		
		10. 测量分、合闸线圈的直流电阻值		测量断路器分、合闸线圈的直流电阻值与产品出厂试验值相比应无明显差别	●		
		11. 操动机构的试验		模拟操动试验： （1）当具有可调电源时，可在不同电压、液压条件下，对断路器进行就地或远控操作，每次操作断路器均应正确、可靠地动作，其联锁及闭锁装置回路的动作应符合产品及设计要求；当无可调电源时，只在额定电压下进行试验。 （2）直流电磁或弹簧机构的操动试验，应按 GB 50150—2006《电气装置安装工程 电气设备交接试验标准》中表 10.0.12-4 的规定进行。 （3）液压机构的操动试验，应按 GB 50150—2006《电气装置安装工程 电气设备交接试验标准》中表 10.0.12-5 的规定进行。 （4）对于具有双分闸线圈的回路，应分别进行模拟操动试验	●	●	●
		12. 交流耐压		1. 试验电源可采用工频串联谐振装置和变频串联谐振装置，交流电压频率应在 10～300Hz 范围内。 2. 现场交流耐受电压值 U_1 应为例行试验电压的 80%，时间为 1min。 3. 规定的试验电压应施加到每相导体和外壳之间，每次一相，其他的导体应与接地的外壳相连	●	●	
		13. 特殊试验	1. SF_6 气体密度继电器	含有 SF_6 密度继电器的新设备和大修后设备，投运前必须对密度继电器进行校验并合格	●	●	

序号	项目	具体内容		质量控制要点	质量控制点		
					Ⅰ级	Ⅱ级	Ⅲ级
2	气体绝缘金属封闭开关设备试验	13. 特殊试验	2. 新SF₆瓶气检验	目前常用的新气钢瓶抽检率按 GB/T 12022—2014《工业六氟化硫》中规定的抽检率执行，由 SF₆ 气体质量监督管理中心进行抽检，检测合格方可使用，抽检率为 1/10，其他每瓶只测定含水量	●		
			3. SF₆ 气体密封试验	1. 设备安装完毕，冲入 SF₆ 气体至额定压力 4h 后，采用局部包扎法对所有连接部位进行泄漏值的测量，测量设备灵敏度不应低于 $1 \times 10^{-2}\mathrm{Pa.cm^3/s}$。 2. 包扎 24h 后应进行泄漏值的测量，每个气室年漏气率应小于 0.5%	●	●	
			4. SF₆ 气体含水量、纯度测量	1. SF₆ 气体含水量的测定应在设备充气至额定压力 120h 后进行。 2. 有灭弧气室含水量应小于 150μL/L（20℃的体积分数）。 3. 无灭弧气室含水量应小于 250μL/L（20℃的体积分数）。 4. 纯度应大于 97%	●	●	
			5. 交流耐压	1. 交流耐压试验电压值为出厂值的 80%，时间为 1min。 2. 耐压试验前应先进行老练试验，老练试验加压程序为从零电压升压至 $U_\mathrm{m}/\sqrt{3}$，持续 10min；再升压至 $1.2U_\mathrm{m}/\sqrt{3}$，持续 5min；老练试验结束，最后升至耐压值，时间为 1min 3. 规定的试验电压应施加到每相导体和外壳之间，每次一相，其他的导体应与接地的外壳相连。 4. 每个部件都至少加一次试验电压。 5. 对装有合闸电阻的断路器，新装和大修后，应进行断口交流耐压试验（省公司）	●	●	●
		14. 投运前的检查		1. 检查断路器操作压力、SF₆ 压力在正常范围内。 2. 检查断路器油泵启停正常。 3. 检查断路器电磁型操动机构的合闸熔断器完善。 4. 检查断路器液压触点已按产品技术要求调整定好。 5. 检查断路器分、合闸指示正确	●	●	●

四、GIS 设备试验质量控制表

序号	项目	具体内容		质量控制要点	质量控制点		
					Ⅰ级	Ⅱ级	Ⅲ级
1	调试准备工作	1. 试验依据及相关资料收集		1. GB/T 50832—2013《1000kV 系统电气装置安装工程电气设备交接试验标准》。 2. 国家电网设备〔2018〕979 号《国家电网公司十八项电网重大反事故措施（修订版）》。 3. 产品说明书，出厂试验报告。 4. 应将出厂试验数据复印或摘录	●		
		2. 试验仪器、工具、试验记录准备		1. 使用试验设备应齐全，功能满足试验要求，且在有效期内。 2. 使用工具应齐全，且满足安全要求。 3. 原始试验记录格式的编写	●		
2	GIS 设备试验	1. 测量主回路的导电电阻值		1. 根据施工需要和产品技术要求，在 GIS 对接过程中测量各对接面的导电电阻值。 2. GIS 对接完毕后测量主回路的导电电阻值。 3. 宜采用电流不小于 300A 的直流压降法。 4. 测试结果，不应超过产品技术条件规定值的 1.2 倍	●	●	●
		2. GIS 内各元件的试验	1. 断路器试验	应按 GB/T 50832—2013《1000kV 系统电气装置安装工程电气设备交接试验标准》相应章节的有关规定进行试验。但对无法分开的设备可不单独进行	●		
			2. 隔离开关试验				
			3. 接地开关试验				
			4. 电流互感器试验				
			5. 电压互感器试验				
			6. 避雷器试验				
			7. 套管试验				

序号	项目	具体内容		质量控制要点	质量控制点		
					I 级	II 级	III 级
2	GIS 设备试验	3. GIS 的操动试验		1. 当进行组合电器的操动试验时，联锁与闭锁装置动作应准确可靠。 2. 电动、气动或液压装置的操动试验，应按产品技术条件的规定进行	●	●	●
		4. 特殊试验	1. SF₆ 气体密度继电器	含有 SF₆ 密度继电器的新设备和大修后设备，投运前必须对密度继电器进行校验并合格	●		
			2. 新 SF₆ 瓶气检验	目前常用的新气钢瓶抽检率按 GB 12022—2014《工业六氟化硫》中规定的抽检率执行，由 SF₆ 气体质量监督管理中心进行抽检，检测合格方可使用，抽检率为 1/10，其他每瓶只测定含水量	●		
			3. SF₆ 气体密封试验	1. 设备安装完毕，冲入 SF₆ 气体至额定压力 4h 后，采用局部包扎法对所有连接部位进行泄漏值的测量，测量设备灵敏度不应低于 1×10^{-2} Pa.cm³/s。 2. 包扎 24h 后应进行泄漏值的测量，每个气室年漏气率应小于 0.5%	●	●	
			4. SF₆ 气体含水量测量	1. SF₆ 气体含水量的测定应在设备充气至额定压力 120h 后进行。 2. 有灭弧气室含水量应小于 150μL/L（20℃的体积分数）。 3. 无灭弧气室含水量应小于 250μL/L（20℃的体积分数）。 4. 纯度应大于 97%	●	●	
			5. 主回路交流耐压	1. 交流耐压试验电压值为出厂值的 100%，时间为 1min。 2. 耐压试验前应先进行老练试验，老练试验加压程序为：从零电压升压至 $U_{\mathrm{m}}/\sqrt{3}$，持续 10min；再升压至 $1.2U_{\mathrm{m}}/\sqrt{3}$，持续 5min；老练试验结束，最后升至耐压值，时间为 1min；耐压试验结束后电压降至 $1.2U_{\mathrm{m}}/\sqrt{3}$，直接进行局部放电测试。 3. 规定的试验电压应施加到每相导体和外壳之间，每次一相，其他的导体应与接地的外壳相连。 4. 每个部件都至少加一次试验电压。 5. 对装有合闸电阻的断路器，新装和大修后，应进行断口交流耐压试验（省公司）	●	●	●

续表

序号	项目	具体内容	质量控制要点	质量控制点		
				I 级	II 级	III 级
2	GIS 设备试验	5. 投运前检查	1. 检查 GIS 内断路器操作压力、SF_6 压力在正常范围内。 2. 检查 GIS 内断路器油泵启停正常。 3. 检查 GIS 内断路器电磁型操动机构的合闸熔断器完善。 4. 检查 GIS 内断路器液压触点已按产品技术要求调整定好。 5. 检查 GIS 内断路器分、合闸指示正确	●	●	●

第二节 分 系 统 调 试

操作说明：

（1）为控制交流特高压变电工程的二次设备试验质量特编制本表。本表按二次设备的种类进行编写，涵盖了交流特高压二次设备及相关的试验项目和质量控制要点。本表格适用于交流特高压变电工程二次设备调试作业。

（2）表中"●"表示质量控制点，采用三级质量检查方式进行控制。

I 级质量控制由工作面负责人完成：主要方式是带领工作面的其他试验人员在施工过程中对所有二次设备按照质量控制表进行试验；负责检查原始记录和编写整理试验报告；按质量控制点对完成的试验项目进行检查确认，并在原始记录和试验报告上签字。

II 级质量控制由调试负责人或调试技术负责人完成：采用旁站或查看原始记录的方式，在施工过程中根据工程进度和二次设备试验完成情况，按表中的质量控制点进行检查确认，并在原始记录上签字。

III 级质量控制点由质量检验专责完成：采用旁站或查看原始记录或询问的方式，在施工高峰期、竣工验收前和送电前各阶段，对工程二设备的试验质量，按表中的质量控制点进行检查确认，并将检查方式和检查情况做好书面记录（见质量控制专检表）。

一、1000kV 线路及断路器间隔（一个半断路器接线）调试质量控制表

序号	项目	具体内容	质量控制要点	I 级	II 级	III 级
1	调试准备工作	1. 相关资料收集	应包括设计图纸、设计变更通知单、二次设备出厂说明书、出厂图纸、出厂报告、调试大纲	●		
		2. 试验仪器、工具、试验记录准备	1. 使用试验设备应齐全，功能满足试验要求，且在有效期内。 2. 使用工具应齐全，且满足安全要求。 3. 原始试验记录	●		
2	屏柜现场检查	1. 检验设备的完好性	设备外形应端正，无明显损坏及变形现象，接线应无机械损伤，端子压接应紧固	●		
		2. 检查、记录装置的铭牌参数	检查保护装置的型号、出厂厂家、出厂年月、出厂编号、交流电流、交流电压、直流工作电压等参数与设计参数一致，并记录	●		
		3. 检查连接片、按钮、把手安装正确性	1. 保护跳、合闸出口连接片及与失灵回路相关连接片采用红色，功能连接片采用黄色，连接片底座及其他连接片采用浅驼色。 2. 检查跳闸连接片的开口端应装在上方，接至断路器的跳闸线圈回路。 3. 跳闸连接片在落下过程中必须和相邻跳闸连接片有足够的距离，以保证在操作跳闸连接片时不会碰到相邻的跳闸连接片。 4. 检查并确证跳闸连接片在拧紧螺栓后能可靠地接通回路，且不会接地。 5. 穿过保护屏的跳闸连接片导电杆必须有绝缘套，并距屏孔有明显距离。 6. 连接片、按钮、把手应采用双重编号，内容标示明确规范，并应与图纸标示内容相符，满足运行部门要求	●		
		4. 屏柜及装置接地检查	1. 在主控室、保护室柜屏下层的电缆沟内，按柜屏布置的方向敷设 $100mm^2$ 的专用铜排（缆），将该专用铜排（缆）首末端连接，形成保护室内的等电位接地网。保护室内的等电位接地网必须用至少 4 根以上截面不小于 $50mm^2$ 的铜排（缆）与厂、站的主接地网在电缆竖井处可靠连接。	●		

续表

序号	项目	具体内容		质量控制要点	质量控制点		
					Ⅰ级	Ⅱ级	Ⅲ级
2	屏柜现场检查	4. 屏柜及装置接地检查		2. 静态保护和控制装置的屏柜下部应设有截面不小于 100mm² 的接地铜排。屏柜上装置的接地端子应用截面不小于 4mm² 的多股铜线和接地铜排相连。屏柜内的接地铜排应用截面不小于 50mm² 的铜缆与保护室内的等电位接地网相连。 3. 屏柜内接地铜排可不与屏体绝缘	●		
		5. 装置绝缘检查		用 500V 绝缘电阻表测量回路对地的绝缘电阻，其绝缘电阻应大于 10MΩ	●		
3	线路保护单机调试	1. 保护电源的检查	1. 检查电源的自启动性能	电源电压缓慢上升至 80%额定值应正常自启动；在 80%额定电压下拉合空气断路器应正常自启动	●		
			2. 检查输出电压及其稳定性	输出电压幅值应在装置技术参数正常范围以内	●		
		2. 保护装置的模数转换	1. 装置零漂检查	零漂应在装置技术参数允许范围以内	●		
			2. 电压测量采样	误差应在装置技术参数允许范围以内	●		
			3. 电流测量采样	1. 误差应在装置技术参数允许范围以内。 2. 在线性度检查时，加入 20 I_n 电流检查装置过载能力。试验时应特别注意：在试验设备输出允许范围内；试验时间应在说明书要求时间内；加大电流严禁超过允许时间，防止损坏保护装置；试验时应有厂家人员参与	●		
			4. 相位角度测量采样	误差应在装置技术参数允许范围以内	●		
		3. 开关量的输入	1. 检查软连接片和硬连接片的逻辑关系	应与装置技术规范及逻辑要求一致	●		
			2. 保护连接片投退的开入	按厂家调试大纲及设计要求调试	●		

序号	项目	具体内容		质量控制要点	质量控制点		
					Ⅰ级	Ⅱ级	Ⅲ级
3	线路保护单机调试	3. 开关量的输入	3. 开关位置的开入	变位情况应与装置及设计要求一致，特别注意检查两台断路器跳闸位置开入情况及与面板检修切换配合情况	●		
			4. 其他开入量	变位情况应与装置及设计要求一致	●		
		4. 定值校验	1. 1.05 倍及 0.95 倍定值校验	装置动作行为应正确	●		
			2. 操作输入和固化定值	应能正常输入和固化	●		
			3. 定值组的切换	应校验切换前后运行定值区的定值正确无误	●		
		5. 保护功能检验	1. 主保护	正、反向故障和区内、外故障	●		
			2. 相间距离Ⅰ、Ⅱ、Ⅲ段保护	正、反向故障以及动作时间，TV 断线闭锁距离保护	●		
			3. 接地距离Ⅰ、Ⅱ、Ⅲ段保护	正、反向故障以及动作时间，电压互感器断线闭锁距离保护	●		
			4. 零序Ⅱ、Ⅲ段保护，零序反时限	正、反向故障以及动作时间	●		
			5. 电压互感器断线过流保护	动作逻辑应与装置技术说明书提供的原理及逻辑框图一致	●		
			6. 过压保护	过电压三取一方式、过电压三取三方式以及动作时间	●		
			7. 远跳经就地判据	1.05 倍及 0.95 倍定值均正确动作	●		

续表

序号	项目	具体内容		质量控制要点	质量控制点		
					Ⅰ级	Ⅱ级	Ⅲ级
3	线路保护单机调试	5. 保护功能检验	8. 弱馈功能	动作逻辑应与装置技术说明书提供的原理及逻辑框图一致	●		
			9. 电压互感器断线闭锁功能	动作逻辑应与装置技术说明书提供的原理及逻辑框图一致	●		
			10. 重合闸后加速功能	动作逻辑应与装置技术说明书提供的原理及逻辑框图一致	●		
			11. 振荡闭锁功能	动作逻辑应与装置技术说明书提供的原理及逻辑框图一致	●		
			12.其他保护功能	动作逻辑应与装置技术说明书提供的原理及逻辑框图一致	●		
4	断路器保护单机调试	1. 保护电源的检查	1. 检查电源的自启动性能	电源电压缓慢上升至 80%额定值应正常自启动；在 80%额定电压下拉合空气断路器应正常自启动	●		
			2. 检查输出电压及其稳定性	输出电压幅值应在装置技术参数正常范围以内	●		
		2. 保护装置的模数转换	1. 装置零漂检查	零漂应在装置技术参数允许范围以内	●		
			2. 电压测量采样	误差应在装置技术参数允许范围以内	●		
			3. 电流测量采样	1. 误差应在装置技术参数允许范围以内。 2. 在线性度检查时，加入 $20 I_n$ 电流检查装置过载能力。试验时应特别注意：在试验设备输出允许范围内；试验时间应在说明书要求时间内；加大电流严禁超过允许时间，防止损坏保护装置；试验时应有厂家人员参与	●		
			4. 相位角度测量采样	误差应在装置技术参数允许范围以内	●		

续表

序号	项目	具体内容		质量控制要点	质量控制点		
					I级	II级	III级
4	断路器保护单机调试	3. 开关量的输入	1. 检查软连接片和硬连接片的逻辑关系	应与装置技术规范及逻辑要求一致	●		
			2. 保护连接片投退的开入	按厂家调试大纲及设计要求调试	●		
			3. 开关位置的开入	变位情况应与装置及设计要求一致	●		
			4. 其他开入量	变位情况应与装置及设计要求一致	●		
		4. 定值校验	1. 1.05 倍及 0.95 倍定值校验	装置动作行为应正确	●		
			2. 操作输入和固化定值	应能正常输入和固化	●		
			3. 定值组的切换	应校验切换前后运行定值区的定值正确无误	●		
		5. 保护功能检验	1. 充电保护	动作逻辑应与装置技术说明书提供的原理及逻辑框图一致	●		
			2. 三相不一致保护	动作逻辑应与装置技术说明书提供的原理及逻辑框图一致	●		
			3. 重合闸	同期、无压功能检查	●		
				先合、后合逻辑检查	●		
				重合闸方式功能检查	●		
			4. 失灵保护	动作逻辑应与装置技术说明书提供的原理及逻辑框图一致	●		

续表

序号	项目	具体内容		质量控制要点	质量控制点		
					Ⅰ级	Ⅱ级	Ⅲ级
4	断路器保护单机调试	5. 保护功能检验	5. 死区保护	动作逻辑应与装置技术说明书提供的原理及逻辑框图一致	●		
			6. 过流保护Ⅰ、Ⅱ及零序过流	动作逻辑应与装置技术说明书提供的原理及逻辑框图一致	●		
5	电抗器保护单机调试	1. 保护电源的检查	1. 检查电源的自启动性能	电源电压缓慢上升至 80%额定值应正常自启动；在 80%额定电压下拉合空断路器关应正常自启动	●		
			2. 检查输出电压及稳定性	输出电压幅值应在装置技术参数正常范围以内	●		
		2. 保护装置的模数转换	1. 装置零漂检查	零漂应在装置技术参数允许范围以内	●		
			2. 电压测量采样	误差应在装置技术参数允许范围以内	●		
			3. 电流测量采样	1. 误差应在装置技术参数允许范围以内。 2. 在线性度检查时，加入 20 I_n 电流检查装置过载能力。试验时应特别注意：在试验设备输出允许范围内；试验时间应在说明书要求时间内；加大电流严禁超过允许时间，防止损坏保护装置；试验时应有厂家人员参与	●		
			4. 相位角度测量采样	误差应在装置技术参数允许范围以内	●		
		3. 开关量的输入	1. 检查软连接片和硬连接片的逻辑关系	应与装置技术规范及逻辑要求一致	●		
			2. 保护连接片投退的开入	按厂家调试大纲及设计要求调试	●		

序号	项目	具体内容		质量控制要点	质量控制点		
					I级	II级	III级
5	电抗器保护单机调试	3. 开关量的输入	3. 开关位置的开入	变位情况应与装置及设计要求一致,特别注意检查高压侧两台断路器跳闸位置开入情况及与面板检修切换配合情况	●		
			4. 其他开入量	变位情况应与装置及设计要求一致	●		
		4. 定值校验	1. 1.05 倍及 0.95 倍定值校验	装置动作行为应正确	●		
			2. 操作输入和固化定值	应能正常输入和固化	●		
			3. 定值组的切换	应校验切换前后运行定值区的定值正确无误	●		
		5. 电量保护功能检验	1. 差动保护	注意比率制动特性、差动速断、差动高低定值、零序差动校验	●	●	
			2. 主电抗器匝间保护	动作逻辑应与装置技术说明书提供的原理及逻辑框图一致	●		
			3. 主电抗器过流保护	动作逻辑应与装置技术说明书提供的原理及逻辑框图一致	●		
			4. 主电抗器零序过流保护	动作逻辑应与装置技术说明书提供的原理及逻辑框图一致	●		
			5. 主电抗器过负荷保护	动作逻辑应与装置技术说明书提供的原理及逻辑框图一致	●		
			6. 中性点电抗器过流保护	动作逻辑应与装置技术说明书提供的原理及逻辑框图一致	●		
			7. 中性点电抗器过负荷保护	动作逻辑应与装置技术说明书提供的原理及逻辑框图一致	●		

序号	项目	具体内容		质量控制要点	质量控制点		
					Ⅰ级	Ⅱ级	Ⅲ级
5	电抗器保护单机调试	6. 非电量保护功能检验	1. 主电抗器重瓦斯	继电器动作正确，面板指示灯正确	●		
			2. 主电抗器压力释放		●		
			3. 主电抗器轻瓦斯		●		
			4. 主电抗器油位异常		●		
			5. 主电抗器油面温度1		●		
			6. 主电抗器油面温度2		●		
			7. 主电抗器绕组温度1		●		
			8. 主电抗器绕组温度2		●		
			9. 中性点电抗器重瓦斯		●		
			10. 中性点电抗器压力释放		●		

序号	项目	具体内容		质量控制要点	质量控制点		
					Ⅰ级	Ⅱ级	Ⅲ级
5	电抗器保护单机调试	6. 非电量保护功能检验	11. 中性点电抗器轻瓦斯	继电器动作正确，面板指示灯正确	●		
			12. 中性点电抗器油位异常		●		
			13. 中性点电抗器油面温度 1		●		
			14. 中性点电抗器油面温度 2		●		
6	二次回路检查及核对	1. 电流回路检查	1. 电流回路的接线	1. 进行二次回路的接线检查时应保持接线整齐美观、牢固可靠，电缆吊牌及号码简应完整，且标示清晰、正确。 2. 二次回路接线符合有关规定，与设计要求一致，满足反措要求，端子接入位置与设计图纸一致，多股软线必须经压接线头接入端子。 3. 计量电流二次回路连接导线截面积应不小于 4mm²，计量接线盒接线方式正确；保护及测量二次回路连接导线截面积应不小于 2.5mm²。 4. 检查从开关本体电流互感器端子到保护及其他装置整个二次回路接线的正确性、完整性	●		
			2. 电流互感器配置原则检查	保护采用的电流互感器绕组级别符合有关要求，不存在保护死区，并与设计要求一致	●	●	
			3. 电流互感器极性、变比	1. 电流互感器极性应满足设计或现场实际情况要求，特别是中间断路器 TA 的极性，核对铭牌上的极性标志是否正确。 2. 核对铭牌上的变比标示，应正确，与设计要求一致，投运前变比整定应与最新定值单要求一致	●	●	●
			4. 回路绝缘	用 1000V 绝缘电阻表测量绝缘电阻，其阻值均应大于 10MΩ	●	●	

续表

序号	项目	具体内容		质量控制要点	质量控制点		
					Ⅰ级	Ⅱ级	Ⅲ级
6	二次回路检查及核对	1. 电流回路检查	5. 检查电流回路的接地情况	1. 电流互感器的二次回路应有且只有一个接地点。 2. 对于有几组电流互感器连接在一起（有直接电气连接）的电流回路（保护、测量、计量），应在和电流处接地。 3. 独立的、与其他电流互感器没有电的联系的电流回路，宜在配电装置端子箱接地，特别注意备用绕组接地情况。 4. 专用接地线截面不小于 2.5mm²	●	●	
			6. 检查电流回路的二次负担	1. 测量二次回路每相直阻，三相直阻应平衡。 2. 在电流互感器端子箱接线端子处分别通入二次电流，并在端子处测量电压，计算二次负担、三相负担应平衡，二次负担在电流互感器许可范围内。 3. 核对电流互感器 10%误差满足要求	●		
			7. 一次升流	1. 试验在验收后投运前进行。 2. 一次升流前必须检查电流互感器极性正确。 3. 检查电流互感器变比（一次串并联、二次出线端子接法），特别注意一次改串并联方式时无异常情况。 4. 检查电流互感器的变比、电流回路接线的完整性和正确性，电流回路相别标示的正确性（测量三相及 N 线，包括保护、测量、计量、录波、母差等）。 5. 核对电流互感器的变比与最新定值通知单是否一致。 6. 各电流监测点均应检查，不得遗漏	●	●	●
		2. 电压回路检查	1. 电压回路的接线	1. 二次回路的接线应该整齐美观、牢固可靠。电缆固定应牢固可靠，接线端子排不受电缆牌及回路拉扯。 2. 二次回路接线是否符合有关规定，与设计要求一致，满足反措要求，端子接入位置与设计图纸一致，多股软线必须经压线头接入端子。 3. 计量电压二次回路连接导线截面积应不小于 2.5mm²，计量接线盒接线方式正确；保护及测量二次回路连接导线截面积应不小于 1.5mm²。 4. 检查从电压互感器端子到保护及其他装置整个二次回路接线的正确性、完整性。	●		

续表

序号	项目	具体内容		质量控制要点	质量控制点		
					Ⅰ级	Ⅱ级	Ⅲ级
6	二次回路检查及核对	2. 电压回路检查	1. 电压回路的接线	5. 电压空气断路器型号与设计要求一致，用途编号应整齐，且标示清晰、正确。 6. 电压互感器的中性线不得接有可能断开的开关和接触器。 7. 来自电压互感器二次的 4 根开关场引入线和电压互感器开口三角回路的 2 根开关场引入线必须分开，不得共用。 8. TV 二次绕组的中性点避雷器应进行试验。（按规程要求进行） 9. 电压回路中的消谐装置、接地继电器、有压监视继电器均应按厂家技术要求、规程规定进行试验	●		
			2. 电压互感器配置原则检查	保护采用的电压互感器绕组级别符合有关要求，与设计要求一致	●		
			3. 电压互感器极性、变比	1. 电压互感器极性应满足设计要求，核对铭牌上的极性标志正确。 2. 核对铭牌上的变比标示是否正确、是否与设计要求一致	●	●	
			4. 回路绝缘	用1000V 绝缘电阻表测量绝缘电阻，其阻值均应大于 $10M\Omega$ 。（应特别注意 TV 端子箱中过压保护器或避雷器对绝缘的影响）	●	●	
			5. 检查电压回路的接地情况	1. 电压互感器的二次回路应有且只有一个接地点。 2. 有电气连接的二次绕组必须在保护室一点接地。 3. 无电气连接的各二次绕组宜在配电装置端子箱分别接地。 4. 电压互感器开口三角回路的 N600 必须在保护室接地。 专用接地线截面不小于 $2.5mm^2$	●	●	
			6. 同期系统回路检查	检查同期系统回路接线正确，模拟断路器同期合闸正确	●	●	
			7. 电压回路的二次负担	1. 在电压互感器端子箱接线端子处分别通入二次电压，测量电流，并计算二次负担、三相负担应平衡，二次负担在电压互感器许可范围内。 2. 采取可靠措施防止电压反送。 3. 电压互感器二次回路中使用的重动、并列、切换继电器接线正确、触点动作正常	●	●	●

续表

序号	项目	具体内容		质量控制要点	质量控制点		
					Ⅰ级	Ⅱ级	Ⅲ级
6	二次回路检查及核对	2. 电压回路检查	8. 电压继电器检查	1. 继电器经试验检查合格。 2. 继电器按定值通知单整定；若未下定值通知单，则应满足运行要求。 3. 继电器接线正确	●		
		3. 直流电源配置及接线检查	1. 双跳操作电源配置情况、保护电源配置情况	断路器操作电源与保护电源分开且独立：第一路操作电源与第二路操作电源分别引自不同直流小母线，第一套主保护与第二套主保护直流电源分别取自不同直流小母线，其他辅助保护电源、不同断路器的操作电源应由专用直流电源空气断路器供电	●		
			2. 检查操作电源之间、操作电源与保护、测控电源之间寄生回路	试验前所有保护、操作、测控电源均投入，断开某路电源，分别测试其直流端子对地电压，其结果均为0V，且不含交流成分	●	●	
			3. 直流空气断路器、熔丝配置原则及梯级配合情况	上、下级熔断器之间的容量配合必须有选择性，应保证逐级配合，符合设计要求	●		
		4. 直流回路绝缘检查		1. 用1000V绝缘电阻表测量回路对地的绝缘电阻，其绝缘电阻应大于1MΩ。 2. 特别注意检查跳、合闸回路之间及对地绝缘。 3. 特别注意检查跳、合闸回路对所有正电源之间的绝缘	●		
		5. 隔离开关及接地开关回路检查	1. 操作回路检查	1. 检查二次回路接线正确，与设计相符。 2. 第一次操作应有安装专业人员配合。 3. 电源相序正确，远方及就地操作正常，分相及三相联动操作正确。 4. 辅助触点切换正确。 5. 与保护、测控配合，隔离开关切换正常	●		
			2. 电气闭锁检查	电气闭锁逻辑满足运行要求	●		

续表

序号	项目	具体内容		质量控制要点	质量控制点		
					I 级	II 级	III 级
6	二次回路检查及核对	6. 断路器回路检查	1. 三相不一致回路检查	1. 检查三相不一致保护回路正确。（采用断路器本体三相不一致保护，保护装置中三相不一致功能应退出） 2. 断路器模拟三相不一致情况，检查保护动作行为及动作时间正确	●	●	
			2. 断路器防跳跃检查	1. 检查防跳回路正确。（采用操作箱内防跳继电器，断路器本体防跳回路应正确、可靠拆除） 2. 防跳功能可靠	●	●	
			3. 操作回路闭锁情况检查	1. 应检查断路器 SF_6 压力、空气压力（或油压）和弹簧未储能闭锁功能，其中闭锁重合闸回路可与保护装置开入量检查同步进行。 2. 由开关专业人员配合，实际模拟空气压力（或油压）降低，当压力降低至闭锁重合闸时，保护显示"禁止重合闸"开入量变位；当压力降低至闭锁合闸时，实际模拟断路器合闸（此前断路器处分闸状态），此时无法操作；当压力降低至闭锁分闸时，实际模拟断路器分闸（此前断路器处合闸状态），此时无法操作。上述几种情况信号系统应发相应声光信号	●		
			4. 断路器双操双跳检查	断路器机构内及操作箱内需配置两套完整的操作回路，且由不同的直流电源供电。该项目可与整组传动试验同步进行	●		
			5. 其他功能检查	启、停泵，打压超时，弹簧储能，SF_6 压力低告警，空气压力（或油压）低告警，照明，加热，驱潮	●		
		7. 电抗器本体回路检查	1. 绝缘检查	特别注意检查非电量跳闸回路对地及触点之间绝缘电阻	●		
			2. 本体跳闸回路	各相本体重瓦斯动作跳三侧	●	●	
			3. 本体信号回路	本体轻瓦斯、油温高告警，绕组温度高告警，压力释放，油位异常等告警信号正确	●		
7	线路保护重点回路	1. 失灵启动回路		1. 检查失灵回路中每个触点、连接片接线的正确性。 2. 检查保护启动失灵回路是否正确，与断路器保护配合	●		

续表

序号	项目	具体内容	质量控制要点	质量控制点		
				Ⅰ级	Ⅱ级	Ⅲ级
7	线路保护重点回路	2. 重合闸启动回路	检查保护启动重合闸回路是否正确，与断路器保护配合	●		
		3. 闭锁重合闸回路	检查保护闭锁重合闸回路是否正确	●		
		4. 两套保护联系的回路	按施工设计具体回路接线进行检查	●		
		5. 保护和复用载波机联系回路	按施工设计具体回路接线进行检查，检查保护发信、收信回路是否正确	●		
		6. 断路器 TWJ 开入保护	1. 中、边断路器分相跳位 TWJ 触点按设计要求开入保护，应分相进行检查。 2. 检修开关切换回路正确、标示正确	●		
		7. GPS 对时	检查对时功能正确	●		
		8. 失灵保护、过压保护及外部回路启动远跳	与设计图纸一致，并满足运行要求	●		
8	断路器保护重点回路	1. 失灵启动及出口回路	1. 检查线路保护启动失灵回路、失灵出口回路（包括跳相邻开关、启动母差直跳、启动远跳等），要求检验失灵回路中每个触点、连接片接线的正确性。 2. 若与主变压器共用中断路器，则该断路器的失灵保护还应启动主变压器保护跳主变压器三侧	●		
		2. 三相不一致启动回路	检查开关本体或保护三相不一致保护是否按定值单要求整定	●		
		3. 重合闸启动、出口回路	检查不对应启动、保护启动回路是否正确	●		
		4. 闭锁重合闸回路	手分、手合、永跳和单重方式时三跳闭锁重合闸等回路的正确性	●		
		5. 先合、后合相互闭锁回路	与设计图纸一致，并满足运行要求	●		
		6. GPS 对时	检查对时功能正确	●		

续表

序号	项目	具体内容	质量控制要点	质量控制点		
				Ⅰ级	Ⅱ级	Ⅲ级
9	电抗器保护重点回路	1. 本体非电量保护的回路	检查本体保护发信回路、跳闸回路的正确性	●		
		2. 出口跳、合闸回路	主保护、后备保护出口跳各侧断路器和母联断路器回路的正确性	●		
		3. 保护动作启动发信跳线路对侧回路（线路电抗器）	保护动作后除跳开本侧线路断路器外，还应发远跳命令至对侧，跳开线路对侧断路器	●		
		4. 温控回路	油面、绕组温度计本体及监控系统指示正确一致，温度触点动作正确	●		
		5. GPS 对时	检查对时功能正确	●		
10	信号回路	1. 开关本体告警信号	包括气体压力、液压、弹簧未储能、三相不一致、电动机运转、就地操作电源消失等，检查监控后台机遥信定义是否正确	●		
		2. 保护异常告警信号	包括保护动作、重合闸动作、保护装置告警信号等，检查监控后台机遥信定义是否正确	●		
		3. 回路异常告警信号	包括控制回路断线、电流互感器回路断线、电压互感器回路断线、切换同时动、直流电源消失和操作电源消失等，检查监控后台机遥信定义是否正确	●		
		4. 跳、合闸监视回路	检查回路是否正确，控制回路断线信号是否正确	●		
		5. 通道告警信号	检查监控后台机遥信定义是否正确	●		
		6. 本体保护检查	包括轻瓦斯、油温高、压力释放、绕组温度高、油位异常信号，检查监控后台机遥信定义是否正确	●		
		7. 其他信号	检查监控后台机遥信定义是否正确	●		
		8. 计算机保护软信号	检查保护动作报文、定值清单、告警信息与监控后台机遥信定义是否正确	●		
11	录波信号	1. 线路保护跳闸	作为启动录波量	●		
		2. 重合闸	作为启动录波量	●		

续表

序号	项目	具体内容		质量控制要点	质量控制点		
					I级	II级	III级
11	录波信号	3. 远方跳闸输入		允许式纵联保护要求发信也录波，不要求作为启动量			
		4. 电抗器保护跳闸		作为启动录波量	●		
12	重合闸功能	1. 综合重合闸方式校验		单相故障保护单跳单重。分别按检同期和检无压方式，相间故障保护三跳三重	●		
		2. 三相重合闸方式校验		分别按检同期和检无压方式，单相故障、相间故障保护均三跳三重	●		
		3. 单相重合闸方式校验		单相故障保护单跳单重，相间故障保护三跳不重	●		
		4. 停用重合闸方式校验		单相故障、相间故障保护均三跳不重	●		
		5. 重合闸后加速		手合后加速，保护重合于故障线路后加速	●		
		6. 重合闸相互闭锁		对先重闭锁后重功能进行检查	●		
13	与稳控系统联系回路	1. 交流电压回路		作为稳控装置重要判别依据	●		
		2. 交流电流回路			●		
		3. 线路保护跳闸信号			●		
		4. 跳闸位置信号			●		
14	整组传动试验（线路保护屏与断路器保护屏联调）	1. 线路保护	1. 保护出口动作时间	保护动作时间与说明书一致	●	●	
			2. 单相瞬时接地故障、重合	分别模拟 A、B、C 相单相故障，检查跳闸回路和重合闸回路的正确性，要求保护与开关动作一致	●	●	
			3. 单相永久性接地故障	模拟一次单相故障，检查保护后加速功能正确	●	●	

序号	项目	具体内容		质量控制要点	质量控制点		
					Ⅰ级	Ⅱ级	Ⅲ级
14	整组传动试验（线路保护屏与断路器保护屏联调）	1. 线路保护	4. 两相接地瞬时故障	两套保护分别模拟一次两相故障，检查保护三跳回路正确	●	●	
		2. 过压及远跳保护	1. 保护出口动作时间	保护动作时间与说明书一致	●	●	
			2. 过压故障	两套保护分别模拟一次故障，检查保护三跳回路正确	●	●	
			3. 对侧故障启动远方跳闸	模拟收到对侧远方跳闸信号，本侧加入就地判据动作跳闸正确	●	●	
		3. 电抗器保护	1. 保护出口动作时间	保护动作时间与说明书一致	●	●	
			2. 差动保护	检查差动保护动作正确，满足设计和最新定值单要求	●	●	
			3. 后备保护	检查后备保护动作正确，满足设计要求	●	●	
			4. 本体保护	在电抗器本体模拟故障，非电量保护动作正确	●	●	
		4. 断路器保护	1. 保护出口动作时间	保护动作时间与说明书一致	●	●	
			2. 充电、死区、失灵、三相不一致保护动作跳本断路器	检查保护三跳回路正确	●	●	
			3. 失灵保护跳其他断路器	检查失灵保护跳相邻断路器、启动母差直跳、启动发信跳对侧断路器、跳有关主变压器三侧	●	●	
15	通道测试	1. 复用通道	1. 回路检查	检查两侧保护装置的发光功率和接收功率，校验收信裕度	●		

续表

序号	项目	具体内容		质量控制要点	质量控制点		
					I级	II级	III级
15	通道测试	1. 复用通道	2. 收发信功率检查	1. 两侧正常连接保护装置和 MUX 之间的光缆，检查 MUX 装置的光发送功率、光接收功率。 2. MUX 的收信光功率应在-20dBm 以上，保护装置的收信功率应在-15dBm 以上。站内光缆的衰耗应不超过 1～2dB	●		
		2. 光纤通道	1. 通道的完好性	对于光纤通道可以采用自环的方式检查光纤通道是否完好	●		
			2. 附属设备	1. 对于与复用 PCM 相连的保护用附属接口设备对其继电器输出触点和其逆变电源进行检查。 2. 直接影响电网安全稳定运行的同一条线路的两套继电保护和同一系统的两套安全自动装置应配置两套独立的通信设备，并分别由两套独立的通信电源供电，两套通信设备和通信电源在物理上应完全隔离	●		
			3. 传输时间及误码率	应对光纤通道的误码率和传输时间进行检查，误码率小于 10^{-6}，传输时间小于 12ms	●		
16	保护对调	光纤通道的线路保护对调	1. 电流采样传输	两侧分别分相加入电流，并在两侧保护装置上检查电流正确性	●	●	
			2. 差动保护	模拟区内故障时，加入故障电流，保护正确动作	●	●	
			3. 本侧过压启动远跳	本侧模拟过压故障，向对侧发远跳信号，跳对侧断路器	●	●	
			4. 对侧过压启动远跳	对侧模拟过压故障，向本侧发远跳信号，跳本侧断路器	●	●	
			5. 本侧失灵启动远跳	模拟本侧断路器失灵，向对侧发远跳信号，跳对侧断路器	●	●	
			6. 对侧失灵启动远跳	模拟对侧断路器失灵，向本侧发远跳信号，跳本侧断路器	●	●	

续表

序号	项目	具体内容		质量控制要点	质量控制点		
					I级	II级	III级
16	保护对调	光纤通道的线路保护对调	7. 通道告警	两侧先后模拟通道故障，保护能正确告警	●	●	
17	二次核相与带负荷检查	1. 二次核相		检查二次回路电压相序、幅值正确（应检查 TV 端子箱、TV 并列柜、保护柜、安全自动装置、自动化监控系统、计量等相关回路）	●	●	●
		2. 带负荷检查		1. 测量电压、电流的幅值及相位关系，必须测量流过中性线的不平衡电流，要求与当时系统潮流大小及方向核对，并与装置面板显示一致。 2. 对本间隔所有电流回路（含备用绕组）都必须检查，包括保护、测量、计量等，并做好试验记录。 3. 记录应包括以下内容：线路名称、试验日期、设备运行情况、TA、TV 变比、电流回路编号及用途、一次负荷潮流分布、二次电流幅值、电流电压的相位、零序电流幅值、差动保护差流大小	●	●	●
		3. 线路光纤差动保护差流的检查		检查其大小是否正常，并记录存档	●	●	●
		4. 填写运行检修记录		检修记录应准确、详细说明带负荷检查试验结果，并做出正确的试验结论；若有特殊情况也应在检修记录上说明	●	●	●

二、1000kV 主变压器及断路器间隔（一个半断路器接线）调试质量控制表

序号	项目	具体内容	质量控制要点	质量控制点		
				I级	II级	III级
1	调试准备工作	1. 相关资料收集	应包括设计图纸、设计变更通知单、二次设备出厂说明书、出厂图纸、出厂报告、调试大纲	●		

续表

序号	项目	具体内容	质量控制要点	质量控制点		
				Ⅰ级	Ⅱ级	Ⅲ级
1	调试准备工作	2. 试验仪器、工具、试验记录准备	1. 使用试验设备应齐全，功能满足试验要求，且在有效期内。 2. 使用工具应齐全，且满足安全要求。 3. 原始试验记录	●		
2	屏柜现场检查	1. 检验设备的完好性	设备外形应端正，无明显损坏及变形现象，接线应无机械损伤，端子压接应紧固	●		
		2. 检查、记录装置的铭牌参数	检查保护装置的型号、出厂厂家、出厂年月、出厂编号、交流电流、交流电压、直流工作电压等参数与设计参数一致，并记录	●		
		3. 检查连接片、按钮、把手安装正确性	1. 保护跳、合闸出口连接片及与失灵回路相关连接片采用红色，功能连接片采用黄色，连接片底座及其他连接片采用浅驼色。 2. 检查跳闸连接片的开口端应装在上方，接至断路器的跳闸线圈回路。 3. 跳闸连接片在落下过程中必须和相邻跳闸连接片有足够的距离，以保证在操作跳闸连接片时不会碰到相邻的跳闸连接片。 4. 检查并确证跳闸连接片在拧紧螺栓后能可靠地接通回路，且不会接地。 5. 穿过保护屏的跳闸连接片导电杆必须有绝缘套，并距屏孔有明显距离。 6. 连接片、按钮、把手应采用双重编号，内容标示明确、规范，并应与图纸标示内容相符，满足运行部门要求	●		
		4. 屏柜及装置接地检查	1. 在主控室、保护室柜屏下层的电缆沟内，按柜屏布置的方向敷设 100mm² 的专用铜排（缆），将该专用铜排（缆）首末端连接，形成保护室内的等电位接地网。保护室内的等电位接地网必须用至少 4 根以上截面不小于 50mm² 的铜排（缆）与厂、站的主接地网在电缆竖井处可靠连接。 2. 静态保护和控制装置的屏柜下部应设有截面不小于 100mm² 的接地铜排。屏柜上装置的接地端子应用截面不小于 4mm² 的多股铜线和接地铜排相连。屏柜内的接地铜排应用截面不小于 50mm² 的铜缆与保护室内的等电位接地网相连。 3. 屏柜内接地铜排可不与屏体绝缘	●		
		5. 装置绝缘检查	用 500V 绝缘电阻表测量回路对地的绝缘电阻，其绝缘电阻应大于 10MΩ	●		

续表

序号	项目	具体内容		质量控制要点	质量控制点		
					Ⅰ级	Ⅱ级	Ⅲ级
3	主变压器保护单机调试	1. 保护电源的检查	1. 检查电源的自启动性能	电源电压缓慢上升至 80%额定值应正常自启动，在 80%额定电压下拉合空气断路器应正常自启动	●		
			2. 检查输出电压及其稳定性	输出电压幅值应在装置技术参数正常范围以内	●		
		2. 保护装置的模数转换	1. 装置零漂检查	零漂应在装置技术参数允许范围以内	●		
			2. 电压测量采样	误差应在装置技术参数允许范围以内	●		
			3. 电流测量采样	1. 误差应在装置技术参数允许范围以内。 2. 在线性度检查时，加入 20 I_n 电流检查装置过载能力。试验时应特别注意：在试验设备输出允许范围内；试验时间应在说明书要求时间内；加大电流严禁超过允许时间，防止损坏保护装置；试验时应有厂家人员参与	●		
			4. 相位角度测量采样	误差应在装置技术参数允许范围以内	●		
		3. 开关量的输入	1. 检查软连接片和硬连接片的逻辑关系	应与装置技术规范及逻辑要求一致	●		
			2. 保护连接片投退的开入	按厂家调试大纲及设计要求调试	●		
			3. 开关位置的开入	变位情况应与装置及设计要求一致，特别注意检查高压侧两台断路器跳闸位置开入情况及与面板检修切换配合情况	●		
			4. 其他开入量	变位情况应与装置及设计要求一致	●		

续表

序号	项目	具体内容		质量控制要点	质量控制点		
					Ⅰ级	Ⅱ级	Ⅲ级
3	主变压器保护单机调试	4. 定值校验	1. 1.05 倍及 0.95 倍定值校验	装置动作行为应正确	●		
			2. 操作输入和固化定值	应能正常输入和固化	●		
			3. 定值组的切换	应校验切换前后运行定值区的定值正确无误	●		
		5. 电量保护功能检验	1. 差动保护	1. 注意比率制动特性、谐波闭锁、差动速断、差动高低定值校验。 2. 应根据主变压器的实际容量、变比等参数计算保护各侧平衡系数并校验	●	●	
			2. 过励磁保护及反时限过励磁保护	动作逻辑应与装置技术说明书提供的原理及逻辑框图一致	●		
			3. 高压侧相间阻抗保护		●		
			4. 高压侧复合电压闭锁过流保护		●		
			5. 高压侧过负荷保护		●		
			6. 中压侧相间阻抗保护		●		
			7. 中压侧复合电压闭锁过流保护		●		
			8. 中压侧零序方向过流保护		●		

序号	项目	具体内容		质量控制要点	质量控制点		
					Ⅰ级	Ⅱ级	Ⅲ级
3	主变压器保护单机调试	5. 电量保护功能检验	8. 中压侧过负荷保护	动作逻辑应与装置技术说明书提供的原理及逻辑框图一致	●		
			9. 公共绕组零序过流保护		●		
			10. 公共绕组过负荷保护		●		
			11. 低压侧复合电压闭锁过流保护		●		
			12. 低压侧过流保护		●		
		6. 非电量保护功能检验	1. 本体重瓦斯	继电器动作正确，面板指示灯正确	●		
			2. 本体压力释放		●		
			3. 冷却器全停		●		
			4. 本体轻瓦斯		●		
			5. 本体油位异常		●		
			6. 本体油面温度1		●		
			7. 本体油面温度2		●		

续表

序号	项目	具体内容		质量控制要点	质量控制点		
					Ⅰ级	Ⅱ级	Ⅲ级
3	主变压器保护单机调试	6. 非电量保护功能检验	8. 本体绕组温度 1	继电器动作正确，面板指示灯正确	●		
			9. 本体绕组温度 2		●		
			10. 本体油位异常		●		
			11. 高压侧中、边开关失灵跳闸		●		
4	调压补偿变压器保护单机调试	1. 保护电源的检查	1. 检查电源的自启动性能	电源电压缓慢上升至 80%额定值应正常自启动，在 80%额定电压下拉合空气断路器应正常自启动	●		
			2. 检查输出电压及其稳定性	输出电压幅值应在装置技术参数正常范围以内	●		
		2. 保护装置的模数转换	1. 装置零漂检查	零漂应在装置技术参数允许范围以内	●		
			2. 电压测量采样	误差应在装置技术参数允许范围以内	●		
			3. 电流测量采样	1. 误差应在装置技术参数允许范围以内。	●		
				2. 在线性度检查时，加入 $20 I_n$ 电流检查装置过载能力。试验时应特别注意：在试验设备输出允许范围内；试验时间应在说明书要求时间内；加大电流严禁超过允许时间，防止损坏保护装置；试验时应有厂家人员参与	●		
			4. 相位角度测量采样	误差应在装置技术参数允许范围以内	●		

续表

序号	项目	具体内容		质量控制要点	质量控制点		
					Ⅰ级	Ⅱ级	Ⅲ级
4	调压补偿变压器保护单机调试	3. 开关量的输入	1. 检查软连接片和硬连接片的逻辑关系	应与装置技术规范及逻辑要求一致	●		
			2. 保护连接片投退的开入	按厂家调试大纲及设计要求调试	●		
			3. 其他开入量	变位情况应与装置及设计要求一致	●		
		4. 定值校验	1. 1.05倍及0.95倍定值校验	装置动作行为应正确	●		
			2. 操作输入和固化定值	应能正常输入和固化	●		
			3. 定值组的切换	应校验切换前后运行定值区的定值正确无误	●		
		5. 电量保护功能检验	分相差动保护	1. 注意调压变压器、补偿变压器比率制动特性、谐波闭锁定值校验。 2. 应根据变压器的实际容量、变比等参数计算保护各侧平衡系数并校验	●	●	
5	1000kV断路器保护单机调试	1. 保护电源的检查	1. 检查电源的自启动性能	电源电压缓慢上升至80%额定值应正常自启动，在80%额定电压下拉合空气断路器应正常自启动	●		
			2. 检查输出电压及稳定性	输出电压幅值应在装置技术参数正常范围以内	●		
		2. 保护装置的模数转换	1. 装置零漂检查	零漂应在装置技术参数允许范围以内	●		
			2. 电压测量采样	误差应在装置技术参数允许范围以内	●		

续表

序号	项目	具体内容		质量控制要点	质量控制点		
					Ⅰ级	Ⅱ级	Ⅲ级
5	1000kV 断路器保护单机调试	2. 保护装置的模数转换	3. 电流测量采样	1. 误差应在装置技术参数允许范围以内 2. 在线性度检查时，加入 20 I_n 电流检查装置过载能力。试验时应特别注意：在试验设备输出允许范围内；试验时间应在说明书要求时间内；加大电流严禁超过允许时间，防止损坏保护装置；试验时应有厂家人员参与	●		
			4. 相位角度测量采样	误差应在装置技术参数允许范围以内	●		
		3. 开关量的输入	1. 检查软连接片和硬连接片的逻辑关系	应与装置技术规范及逻辑要求一致	●		
			2. 保护连接片投退的开入	按厂家调试大纲及设计要求调试	●		
			3. 开关位置的开入	变位情况应与装置及设计要求一致	●		
			4. 其他开入量	变位情况应与装置及设计要求一致	●		
		4. 定值校验	1. 1.05 倍、0.95 倍定值校验	装置动作行为应正确	●		
			2. 操作输入和固化定值	应能正常输入和固化	●		
			3. 定值组的切换	应校验切换前后运行定值区的定值正确无误	●		
		5. 保护功能检验	1. 充电保护	动作逻辑应与装置技术说明书提供的原理及逻辑框图一致	●		

续表

序号	项目	具体内容		质量控制要点	质量控制点		
					Ⅰ级	Ⅱ级	Ⅲ级
5	1000kV 断路器保护单机调试	5. 保护功能检验	2. 三相不一致保护	动作逻辑应与装置技术说明书提供的原理及逻辑框图一致	●		
			3. 断路器失灵保护	动作逻辑应与装置技术说明书提供的原理及逻辑框图一致	●		
			4. 死区保护	动作逻辑应与装置技术说明书提供的原理及逻辑框图一致	●		
			5. 过流保护	动作逻辑应与装置技术说明书提供的原理及逻辑框图一致	●		
6	二次回路检查及核对	1. 电流回路检查	1. 电流回路的接线	1. 进行二次回路的接线检查时应保持接线整齐美观、牢固可靠，电缆吊牌及号码筒应完整，且标示清晰、正确。 2. 二次回路接线符合有关规定，与设计要求一致，满足反措要求，端子接入位置与设计图纸一致，多股软线必须经压接线头接入端子。 3. 计量电流二次回路连接导线截面积应不小于 4mm²，计量接线盒接线方式正确；保护及测量二次回路连接导线截面积应不小于 2.5mm²。 4. 检查从开关本体电流互感器端子到保护及其他装置整个二次回路接线的正确性、完整性。 5. 升高座电流互感器极性应与一次试验负责人核对正确	●		
			2. 电流互感器配置原则检查	保护采用的电流互感器绕组级别符合有关要求，不存在保护死区，并与设计要求一致	●	●	
			3. 电流互感器极性、变比	1. 电流互感器极性应满足设计或现场实际情况要求，特别是中间断路器 TA 的极性，核对铭牌上的极性标志是否正确。 2. 核对铭牌上的变比标示，应正确，与设计要求一致，投运前变比整定应与最新定值单要求一致	●	●	●
			4. 回路绝缘	用 1000V 绝缘电阻表测量绝缘电阻，其阻值均应大于 10MΩ	●	●	

续表

序号	项目	具体内容		质量控制要点	质量控制点		
					Ⅰ级	Ⅱ级	Ⅲ级
6	二次回路检查及核对	1. 电流回路检查	5. 检查电流回路的接地情况	1. 电流互感器的二次回路应有且只有一个接地点。 2. 对于有几组电流互感器连接在一起（有直接电气连接）的电流回路（保护、测量、计量），应在和电流处接地。 3. 独立的、与其他电流互感器没有电的联系的电流回路，宜在配电装置端子箱接地，特别注意备用绕组接地情况。 4. 专用接地线截面不小于 2.5mm²	●	●	
			6. 检查电流回路的二次负担	1. 测量二次回路每相直阻，三相直阻应平衡。 2. 在电流互感器端子箱接线端子处分别通入二次电流，并在端子处测量电压，计算二次负担、三相负担应平衡，二次负担在电流互感器许可范围内。 3. 核对电流互感器 10%误差满足要求	●		
			7. 一次升流	1. 试验在验收后投运前进行。 2. 一次升流前必须检查电流互感器极性正确。 3. 检查电流互感器变比（一次串并联、二次出线端子接法），特别注意一次改串并联方式时无异常情况。 4. 检查电流互感器的变比、电流回路接线的完整性和正确性、电流回路相别标示的正确性（测量三相及 N 线，包括保护、测量、计量、录波、母差等）。 5. 核对电流互感器的变比与最新定值通知单是否一致。 6. 各电流监测点均应检查，不得遗漏	●	●	●
		2. 电压回路检查	1. 电压回路的接线	1. 二次回路的接线应该整齐美观、牢固可靠。电缆固定应牢固可靠，接线端予不受电缆牌及回路拉扯。 2. 二次回路接线是否符合有关规定，与设计要求一致，满足反措要求，端子接入位置与设计图纸一致，多股软线必须经压接接头接入端子。 3. 计量电压二次回路连接导线截面积应不小于 2.5mm²，计量接线盒接线方式正确；保护及测量二次回路连接导线截面积应不小于 1.5mm²。 4. 检查从电压互感器端子到保护及其他装置整个二次回路接线的正确性、完整性。	●		

序号	项目	具体内容		质量控制要点	质量控制点		
					Ⅰ级	Ⅱ级	Ⅲ级
6	二次回路检查及核对	2. 电压回路检查	1. 电压回路的接线	5. 电压空气断路器型号与设计要求一致，用途、编号应整齐，且标示清晰、正确。 6. 电压互感器的中性线不得接有可能断开的开关和接触器。 7. 来自电压互感器二次的 4 根开关场引入线和电压互感器开口三角回路的 2 根开关场引入线必须分开，不得共用。 8. TV 二次绕组的中性点避雷器应进行试验。（按规程要求进行） 9. 电压回路中的消谐装置、接地继电器、有压监视继电器均应按厂家技术要求、规程规定进行试验	●		
			2. 电压互感器配置原则检查	保护采用的电压互感器绕组级别符合有关要求，与设计要求一致	●		
			3. 电压互感器极性、变比	1. 电压互感器极性应满足设计要求，核对铭牌上的极性标志正确。 2. 核对铭牌上的变比标示是否正确、是否与设计要求一致	●	●	
			4. 回路绝缘	用 1000V 绝缘电阻表测量绝缘电阻，其阻值均应大于 10MΩ（应特别注意 TV 端子箱中过压保护器或避雷器对绝缘的影响）	●	●	
			5. 检查电压回路的接地情况	1. 电压互感器的二次回路应有且只有一个接地点。 2. 有电气连接的二次绕组必须在保护室一点接地。 3. 无电气连接的各二次绕组宜在配电装置端子箱分别接地。 4. 电压互感器开口三角回路的 N600 必须在保护室接地。 5. 专用接地线截面不小于 2.5mm²	●	●	
			6. 同期系统回路检查	检查同期系统回路接线正确，模拟断路器同期合闸正确	●	●	
			7. 电压回路的二次负担	1. 在电压互感器端子箱接线端子处分别通入二次电压，并测量电流，计算二次负担、三相负担应平衡，二次负担在电压互感器许可范围内。 2. 采取可靠措施防止电压反送。 3. 电压互感器二次回路中使用的重动、并列、切换继电器接线正确、触点动作正常	●	●	●

续表

序号	项目	具体内容		质量控制要点	质量控制点		
					Ⅰ级	Ⅱ级	Ⅲ级
6	二次回路检查及核对	2. 电压回路检查	8. 电压继电器检查	1. 继电器经试验检查合格。 2. 继电器按定值通知单整定；若未下定值通知单，则应满足运行要求。 3. 继电器接线正确	●		
		3. 直流电源配置及接线检查	1. 双跳操作电源配置情况、保护电源配置情况	断路器操作电源与保护电源分开且独立：第一路操作电源与第二路操作电源分别引自不同直流小母线，第一套主保护与第二套主保护直流电源分别取自不同直流小母线，其他辅助保护电源、不同断路器的操作电源应由专用直流电源空气断路器供电	●		
			2. 检查操作电源之间、操作电源与保护、测控电源之间寄生回路	试验前所有保护、操作、测控电源均投入，断开某路电源，分别测试其直流端子对地电压，其结果均为0V，且不含交流成分	●	●	
			3. 直流空气断路器、熔丝配置原则及梯级配合情况	上、下级熔断器之间的容量配合必须有选择性，应保证逐级配合，按照设计要求验收	●		
		4. 直流回路绝缘检查		1. 用1000V绝缘电阻表测量回路对地的绝缘电阻，其绝缘电阻应大于1MΩ。 2. 特别注意检查跳、合闸回路之间及对地绝缘。 3. 特别注意检查跳、合闸回路对所有正电源之间的绝缘	●		
		5. 隔离开关及接地开关回路检查	1. 操作回路检查	1. 检查二次回路接线正确，与设计相符。 2. 第一次操作应有安装专业人员配合。 3. 电源相序正确，远方及就地操作正常，分相及三相联动操作正确。 4. 辅助触点切换正确。 5. 与保护、测控配合，隔离开关切换正常	●		
			2. 电气闭锁检查	1. 电气闭锁逻辑满足运行要求。 2. 与计算机"五防"系统配合正确	●		

续表

序号	项目	具体内容		质量控制要点	质量控制点		
					Ⅰ级	Ⅱ级	Ⅲ级
6	二次回路检查及核对	6. 断路器回路检查	1. 三相不一致回路检查	1 检查三相不一致保护回路正确。(采用断路器本体三相不一致保护,保护装置中三相不一致功能应退出) 2 断路器模拟三相不一致情况,检查保护动作行为及动作时间正确	●	●	
			2. 断路器防跳跃检查	1. 检查防跳回路正确。(采用操作箱内防跳继电器,断路器本体防跳回路应正确、可靠拆除) 2. 防跳功能可靠	●	●	
			3. 操作回路闭锁情况检查	1. 应检查断路器 SF_6 压力、空气压力(或油压)和弹簧未储能闭锁功能,其中闭锁重合闸回路可与保护装置开入量检查同步进行。 2. 由开关专业人员配合,实际模拟空气压力(或油压)降低,当压力降低至闭锁重合闸时,保护显示"禁止重合闸"开入量变位;当压力降低至闭锁合闸时,实际模拟断路器合闸(此前断路器处分闸状态),此时无法操作;当压力降低至闭锁分闸时,实际模拟断路器分闸(此前断路器处合闸状态),此时无法操作。上述几种情况信号系统应发相应声光信号	●		
			4. 断路器双操双跳检查	断路器机构内及操作箱内需配置两套完整的操作回路,且由不同的直流电源供电。该项目可与整组传动试验同步进行	●		
		7. 主变压器本体回路检查	1. 本体冷控箱回路检查	风冷系统动作正确,箱内继电器、交流接触器、空气断路器型号满足设计要求,工作中无异常信号或声响,风扇转向正确	●		
			2. 绝缘检查	特别注意检查非电量跳闸回路对地及触点之间绝缘电阻	●		
			3. 本体跳闸回路	各相本体重瓦斯动作跳三侧	●	●	
			4. 本体信号回路	本体轻瓦斯、油温高告警,绕组温度高告警,压力释放,冷控失电,油位异常等告警信号正确	●		

续表

序号	项目	具体内容	质量控制要点	质量控制点		
				Ⅰ级	Ⅱ级	Ⅲ级
7	主变压器保护重点回路	1. 本体非电量保护的回路	检查本体保护发信回路、跳闸回路的正确性	●		
		2. 与母线失灵保护配合回路	1. 主变压器保护动作启动失灵回路正确。 2. 主变压器保护动作解除失灵电压闭锁。 3. 母线保护动作，主变压器断路器拒动，母线保护启动主变压器保护失灵功能跳主变压器三侧	●		
		3. 三相不一致启动回路	检验启动回路，防止在控制回路断线时误启动。检查开关本体保护是否按定值单整定	●		
		4. 出口跳、合闸回路	主保护、后备保护出口跳各侧断路器和母联断路器回路的正确性	●		
		5. 各侧电压闭锁回路	应与定值单要求一致	●		
		6. 温控回路	油面、绕组温度计本体及监控系统指示正确一致，温度触点动作正确	●		
		7. GPS 对时	检查对时功能正确	●		
8	断路器保护重点回路	1. 失灵启动及出口回路	1. 检查保护启动失灵回路、失灵出口回路（包括跳相邻开关、启动母差直跳、启动远跳等），要求检验失灵回路中每个触点、连接片接线的正确性。 2. 若与主变压器共用中断路器，则该断路器的失灵保护还应启动主变压器保护跳主变压器三侧	●		
		2. 三相不一致启动回路	检查开关本体三相不一致保护是否按定值单要求整定	●		
		3. GPS 对时	检查对时功能正确	●		
9	信号回路	1. 开关本体告警信号	包括气体压力、液压、弹簧未储能、三相不一致、电动机运转、就地操作电源消失等，检查监控后台机遥信定义是否正确	●		
		2. 保护异常告警信号	包括保护动作、重合闸动作、保护装置告警信号等，检查监控后台机遥信定义是否正确	●		

续表

序号	项目	具体内容		质量控制要点	质量控制点		
					Ⅰ级	Ⅱ级	Ⅲ级
9	信号回路	3. 回路异常告警信号		包括控制回路断线、电流互感器、电压互感器回路断线、切换同时动、直流电源消失和操作电源消失等，检查监控后台机遥信定义是否正确	●		
		4. 本体保护检查		包括三相轻瓦斯、油温高、风冷全停、压力释放、绕组温度高、油位异常信号，检查监控后台机遥信定义是否正确	●		
		5. 跳、合闸监视回路		检查回路是否正确，控制回路断线信号是否正确	●		
		6. 其他信号		检查监控后台机遥信定义是否正确	●		
		7. 计算机保护软信号		检查保护动作报文、定值清单、告警信息与监控后台机遥信定义是否正确	●		
10	录波信号	1. 保护跳闸		作为启动录波量	●		
		2. 断路器位置		作为启动录波量	●		
11	与稳控系统联系回路	1. 交流电压回路		作为稳控装置重要判别依据	●		
		2. 交流电流回路		作为稳控装置重要判别依据	●		
		3. 保护跳闸信号		作为稳控装置重要判别依据	●		
		4. 跳闸位置信号		作为稳控装置重要判别依据	●		
12	整组传动试验	1. 主变压器保护	1. 保护出口动作时间	保护动作时间与说明书一致	●	●	
			2. 差动保护	检查差动保护出口逻辑与出口矩阵一致，满足设计和最新定值单要求	●	●	
			3. 各侧后备保护	检查后备保护出口逻辑与出口矩阵一致，满足设计要求	●	●	
			4. 本体保护	在主变压器本体模拟故障，非电量保护动作正确，出口逻辑与出口矩阵一致	●	●	
			5. 出口矩阵检查	1. 要求定值单必须提供出口矩阵表。	●	●	

续表

序号	项目	具体内容		质量控制要点	质量控制点		
					Ⅰ级	Ⅱ级	Ⅲ级
12	整组传动试验	1. 主变压器保护	5. 出口矩阵检查	2. 认真按出口矩阵图进行仔细核对，核对各保护出口矩阵的唯一正确性。 3. 出口矩阵一经设定并检查正确，严禁随意修改。 4. 若最新定值单对出口矩阵有变更，与整定计算人员确认后再设定，矩阵更改后必须重新检查出口正确性	●	●	
		2. 调压补偿变压器保护	1. 保护出口动作时间	保护动作时间与说明书一致	●	●	
			2. 差动保护	检查差动保护出口逻辑与出口矩阵一致，满足设计和最新定值单要求	●	●	
		3. 断路器保护	1. 保护出口动作时间	保护动作时间与说明书一致	●	●	
			2. 充电、死区、失灵、三相不一致保护动作跳本断路器	检查保护三跳回路正确	●	●	
			3. 失灵保护跳其他断路器	检查失灵保护跳相邻断路器、启动母差直跳、启动发信跳对侧断路器、跳有关主变压器三侧	●	●	
13	二次核相与带负荷检查	1. 二次核相		检查二次回路电压相序、幅值正确（应检查 TV 端子箱、TV 并列柜、保护柜、安全自动装置、自动化监控系统、计量等相关回路）	●	●	●
		2. 带负荷检查		1. 测量电压、电流的幅值及相位关系，必须测量流过中性线的不平衡电流，要求与当时系统潮流大小及方向核对，并与装置面板显示一致。 2. 对本间隔所有电流回路都必须检查（含备用绕组），包括保护、测量、计量、本体测温回路电流，并做好试验记录。	●	●	●

序号	项目	具体内容	质量控制要点	质量控制点		
				Ⅰ级	Ⅱ级	Ⅲ级
13	二次核相与带负荷检查	2. 带负荷检查	3. 记录应包括以下内容：主变压器名称、试验日期、设备运行方式、TA/TV 变比、电流回路编号及用途、一次负荷潮流分布、二次电流幅值、电流电压的相位、零序电流幅值、差动保护差流大小	●	●	●
		3. 差动保护差流的检查	检查其大小是否正常，并记录存档	●	●	●
		4. 填写运行检修记录	检修记录应准确、详细说明带负荷检查试验结果，并做出正确的试验结论；若有特殊情况也应在检修记录上说明	●	●	●

三、1000kV 母线保护调试质量控制表

序号	项目	具体内容	质量控制要点	质量控制点		
				Ⅰ级	Ⅱ级	Ⅲ级
1	调试准备工作	1. 相关资料收集	应包括设计图纸、设计变更通知单、二次设备出厂说明书、出厂图纸、出厂报告、调试大纲	●		
		2. 试验仪器、工具、试验记录准备	1. 使用试验设备应齐全，功能满足试验要求，且在有效期内。 2. 使用工具应齐全，且满足安全要求。 3. 原始试验记录	●		
2	屏柜现场检查	1. 检验设备的完好性	设备外形应端正，无明显损坏及变形现象，接线应无机械损伤，端子压接应紧固	●		
		2. 检查、记录装置的铭牌参数	检查保护装置的型号、出厂厂家、出厂年月、出厂编号、交流电流、交流电压、直流工作电压等参数与设计参数一致，并记录	●		
		3. 检查连接片、按钮、把手安装正确性	1. 保护跳、合闸出口连接片及与失灵回路相关连接片采用红色，功能连接片采用黄色，连接片底座及其他连接片采用浅驼色。	●		

续表

序号	项目	具体内容		质量控制要点	质量控制点		
					Ⅰ级	Ⅱ级	Ⅲ级
2	屏柜现场检查	3. 检查连接片、按钮、把手安装正确性		2. 检查跳闸连接片的开口端应装在上方，接至断路器的跳闸线圈回路。 3. 跳闸连接片在落下过程中必须和相邻跳闸连接片有足够的距离，以保证在操作跳闸连接片时不会碰到相邻的跳闸连接片。 4. 检查并确证跳闸连接片在拧紧螺栓后能可靠地接通回路，且不会接地。 5. 穿过保护屏的跳闸连接片导电杆必须有绝缘套，并距屏孔有明显距离。 6. 连接片、按钮、把手应采用双重编号，内容标示明确、规范，并应与图纸标示内容相符，满足运行部门要求	●		
		4. 屏柜及装置接地检查		1. 在主控室、保护室柜屏下层的电缆沟内，按柜屏布置的方向敷设 100mm² 的专用铜排（缆），将该专用铜排（缆）首末端连接，形成保护室内的等电位接地网。保护室内的等电位接地网必须用至少 4 根以上截面不小于 50mm² 的铜排（缆）与厂、站的主接地网在电缆竖井处可靠连接。 2. 静态保护和控制装置的屏柜下部应设有截面不小于 100mm² 的接地铜排。屏柜上装置的接地端子应用截面不小于 4mm² 的多股铜线和接地铜排相连。屏柜内的接地铜排应用截面不小于 50mm² 的铜缆与保护室内的等电位接地网相连。 3. 屏柜内接地铜排可不与屏体绝缘	●		
		5. 装置绝缘检查		用 500V 绝缘电阻表测量回路对地的绝缘电阻，其绝缘电阻应大于 10MΩ	●		
3	母线保护单机调试	1. 保护电源的检查	1. 检查电源的自启动性能	电源电压缓慢上升至 80%额定值应正常自启动，在 80%额定电压下拉合空气断路器应正常自启动	●		
			2. 检查输出电压及其稳定性	输出电压幅值应在装置技术参数正常范围以内	●		
		2. 保护装置的模数转换	1. 装置零漂检查	零漂应在装置技术参数允许范围以内	●		
			2. 电压测量采样	误差应在装置技术参数允许范围以内	●		
			3. 电流测量采样	1. 误差应在装置技术参数允许范围以内。	●		

序号	项目	具体内容		质量控制要点	质量控制点		
					I 级	II 级	III 级
3	母线保护单机调试	2. 保护装置的模数转换	3. 电流测量采样	2. 在线性度检查时，加入 20 I_n 电流检查装置过载能力。试验时应特别注意：在试验设备输出允许范围内；试验时间应在说明书要求时间内；加大电流严禁超过允许时间，防止损坏保护装置；试验时应有厂家人员参与	●		
			4. 相位角度测量采样	误差应在装置技术参数允许范围以内	●		
		3. 开关量的输入	1. 检查软连接片和硬连接片的逻辑关系	应与装置技术规范及逻辑要求一致	●		
			2. 保护连接片投退的开入	按厂家调试大纲及设计要求调试	●		
			3. 开关位置的开入	变位情况应与装置及设计要求一致	●		
			4. 其他开入量	变位情况应与装置及设计要求一致	●		
		4. 定值校验	1. 1.05 倍及 0.95 倍定值校验	装置动作行为应正确	●		
			2. 操作输入和固化定值	应能正常输入和固化	●		
			3. 定值组的切换	应校验切换前后运行定值区的定值正确无误	●		
		5. 保护功能检验	1. 差动保护	1. 分别模拟母线区内、外故障，检查母差保护的动作行为及测量保护动作时间。保护动作后应同时跳开与于故障母线上的各断路器。 2. 校验差动保护制动特性	●	●	

续表

序号	项目	具体内容		质量控制要点	质量控制点		
					Ⅰ级	Ⅱ级	Ⅲ级
3	母线保护单机调试	5. 保护功能检验	2. TA 断线判别功能	动作逻辑应与装置技术说明书提供的原理及逻辑框图一致	●		
			3. 直跳功能		●		
			4. 其他保护功能		●		
4	二次回路检查及核对	1. 直流空气断路器、熔丝配置原则及梯级配合情况		上、下级熔断器之间的容量配合必须有选择性，应保证逐级配合，按照设计要求验收	●		
		2. 直流回路绝缘检查		1. 用 1000V 绝缘电阻表测量回路对地的绝缘电阻，其绝缘电阻应大于 1MΩ。 2. 特别注意检查跳、合闸回路之间及对地绝缘。 3. 特别注意检查跳、合闸回路对所有正电源之间的绝缘	●		
5	母线保护重点回路	1. 出口跳闸回路		1. 检查出口跳闸回路是否正确，与直流正电端子应相隔一个以上端子。 2. 检查出口连接片标示正确	●		
		2. 失灵直跳回路		检查启动回路是否正确，连接片标示与实际一致	●		
		3. 各支路电流回路		1. 电流回路变比、极性正确。 2. 电流回路接地正确。 3. 各支路用于母线保护的二次绕组特性应一致	●		
		4. GPS 对时		检查对时功能正确	●		
6	信号回路	1. 保护异常告警信号		检查监控后台机遥信定义是否正确	●		
		2. 回路异常告警信号			●		
		3. 电流互感器断线告警信号			●		
		4. 其他信号			●		

续表

序号	项目	具体内容	质量控制要点	质量控制点		
				Ⅰ级	Ⅱ级	Ⅲ级
6	信号回路	5. 计算机保护软信号	检查保护动作报文、定值清单、告警信息与监控后台机遥信定义是否正确	●		
7	录波信号	母差动作信号	要求作为启动量	●		
8	整组传动试验（带开关进行）	1. 差动保护整组出口试验	检查保护动作的正确性	●	●	
		2. 直跳功能整组出口试验	检查保护动作的正确性	●	●	
9	带负荷检查	1. 带负荷检查	1. 测量电压、电流的幅值及相位关系，必须测量流过中性线的不平衡电流，要求与当时系统潮流大小及方向核对，并与装置面板显示一致。 2. 对各支路电流回路都必须检查。 3. 记录应包括以下内容：各间隔名称、试验日期、设备运行方式、TA/TV 变比、电流回路编号及用途、一次负荷潮流分布、二次电流幅值、电流电压的相位、零序电流幅值、差动保护差流大小	●	●	●
		2. 保护差流的检查	检查装置无差流（包括大差、小差），并记录存档	●	●	●
		3. 填写运行检修记录	检修记录应准确、详细说明每次带负荷检查试验的间隔名称、结果，并做出正确的试验结论；若有特殊情况也应在检修记录上说明	●	●	●

四、1000kV 母线电压部分调试质量控制表

序号	项目	具体内容	质量控制要点	I级	II级	III级
1	调试准备工作	1. 相关资料收集	应包括设计图纸、设计变更通知单、二次设备出厂说明书、出厂图纸、出厂报告、调试大纲	●		
		2. 试验仪器、工具准备	1. 使用试验设备应齐全，功能满足试验要求，且在有效期内。 2. 使用工具应齐全，且满足安全要求。 3. 原始试验记录	●		
2	母线 TV 柜	1. 检验设备的完好性	设备外形应端正，无明显损坏及变形现象，接线应无机械损伤，端子压接应紧固	●		
		2. 检查、记录装置的铭牌参数	检查保护装置的型号、出厂厂家、出厂年月、出厂编号、交流电压、直流工作电压等参数与设计参数一致，并记录	●		
		3. 检查连接片、按钮、把手安装正确性	连接片、按钮、把手应采用双重编号，内容标示明确、规范，并应与图纸标示内容相符，满足运行部门要求	●		
		4. 屏柜及装置接地检查	1. 在主控室、保护室柜屏下层的电缆沟内，按柜屏布置的方向敷设 100mm² 的专用铜排（缆），将该专用铜排（缆）首末端连接，形成保护室内的等电位接地网。保护室内的等电位接地网必须用至少 4 根以上截面不小于 50mm² 的铜排（缆）与厂、站的主接地网在电缆竖井处可靠连接。 2. 静态保护和控制装置的屏柜下部应设有截面不小于 100mm² 的接地铜排。屏柜上装置的接地端子应用截面不小于4mm² 的多股铜线和接地铜排相连。屏柜内的接地铜排应用截面不小于 50mm² 的铜缆与保护室内的等电位接地网相连。 3. 屏柜内接地铜排可不与屏体绝缘	●		
3	电压二次回路检查及核对	1. 电压回路的接线	1. 二次回路的接线应该整齐美观、牢固可靠。电缆固定应牢固、可靠，接线端子排不受电缆牌及回路拉扯。 2. 二次回路接线符合有关规定，与设计要求一致，满足反措要求，端子接入位置与设计图纸一致，多股软线必须经压接线头接入端子	●		

序号	项目	具体内容	质量控制要点	质量控制点		
				Ⅰ级	Ⅱ级	Ⅲ级
3	电压二次回路检查及核对	1. 电压回路的接线	3. 计量电压二次回路，连接导线截面积应不小于 2.5mm²，计量接线盒接线方式正确；保护及测量二次回路，连接导线截面积应不小于 1.5mm²。 4. 检查从电压互感器端子到保护及其他装置整个二次回路接线的正确性、完整性。 5. 电压空气断路器型号与设计要求一致，用途编号应整齐，且标示清晰、正确。6. 电压互感器的中性线不得接有可能断开的开关和接触器。 7. 来自电压互感器二次的 4 根开关场引入线和电压互感器开口三角回路的 2 根开关场引入线必须分开，不得共用。 8. TV 二次绕组的中性点避雷器应进行试验。（按规程要求进行） 9. 电压回路中的消谐装置、接地继电器、有压监视继电器均应按厂家技术要求、规程规定进行试验	●		
		2. 电压互感器配置原则检查	保护采用的电压互感器绕组级别符合有关要求，与设计要求一致	●	●	
		3. 电压互感器极性、变比	1. 电压互感器极性应满足设计要求，核对铭牌上的极性标志正确。 2. 核对铭牌上的变比标示是否正确、是否与设计要求一致	●	●	
		4. 回路绝缘	用 1000V 绝缘电阻表测量绝缘电阻，其阻值均应大于 10MΩ（应特别注意 TV 端子箱中过压保护器或避雷器对绝缘的影响）	●	●	
		5. 检查电压回路的接地情况	1. 电压互感器的二次回路应有且只有一个接地点。 2. 有电气连接的二次绕组必须在保护室一点接地。 3. 无电气连接的各二次绕组宜在配电装置端子箱分别接地。 4. 电压互感器开口三角回路的 N600 必须在保护室接地。 5. 专用接地线截面不小于 2.5mm²	●	●	
		6. 同期系统回路检查	检查同期系统回路接线正确，模拟断路器同期合闸正确	●	●	
		7. 电压回路的二次负担	1. 在电压互感器端子箱接线端子处分别通入二次电压，测量电流，并计算二次负担、三相负担应平衡，二次负担在电压互感器许可范围内。	●	●	●

续表

序号	项目	具体内容	质量控制要点	质量控制点		
				Ⅰ级	Ⅱ级	Ⅲ级
3	电压二次回路检查及核对	7. 电压回路的二次负担	2. 采取可靠措施防止电压反送。 3. 电压互感器二次回路中使用的重动、并列、切换继电器接线正确、触点动作正常	●	●	●
		8. 电压继电器检查	1、继电器经试验检查合格。 2、继电器按定值通知单整定；若未下定值通知单，则应满足运行要求。 3、继电器接线正确	●		
4	投运检查	带电检查	1. 核对Ⅰ、Ⅱ母母线电压相位正确。 2. 检查二次回路电压相序、幅值正确。（应检查 TV 端子箱、TV 并列柜、保护柜、安全自动装置、自动化监控系统、计量等相关回路） 3. 填写运行检修记录：检修记录应准确、详细说明带负荷检查试验结果，并做出正确的试验结论；若有特殊情况也应在检修记录上说明	●	●	●

第三章　直流特高压换流站调试质量管控要点

第一节　电　气　试　验

操作说明：

（1）为控制±800kV 及以上电压等级变电工程的电气一次设备试验质量特编制本表。本表按电气一次设备的种类进行编写，涵盖了所有电气一次设备及相关的试验项目和质量控制要点。对电压等级和容量不同的同类型设备，现场应按 DL/T 274—2012《±800kV 高压直流设备交接试验》对其不同要求采用同一质量控制表，选择相应的质量控制点分别进行检查。

（2）表中"●"表示质量控制点，采用三级质量检查方式进行控制。

Ⅰ级质量控制点由工作面负责人完成：主要方式是带领工作面的其他试验人员在施工过程中对所有一次设备按照质量控制表进行试验；负责检查原始记录和编写整理试验报告；按质量控制点对完成的试验项目进行检查确认，并在原始记录和试验报告上签字。

Ⅱ级质量控制点由调试总负责人或工地技术负责人完成：采用旁站或查看原始记录的方式，在施工过程中根据工程进度和一次设备试验完成情况，按表中的质量控制点进行检查确认，并在原始记录上签字。

Ⅲ级质量控制点由质量检验专责完成：采用旁站或查看原始记录或询问的方式，在施工高峰期、竣工验收前和送电前各阶段，对工程一次设备的试验质量，按表中的质量控制点进行检查确认，并将检查方式和检查情况做好书面记录（见质量控制专检表）。

一、换流变压器试验质量控制表

序号	项目	具体内容		质量控制要点	质量控制点 I 级	质量控制点 II 级	质量控制点 III 级
1	调试准备工作	1. 试验依据及相关资料收集		1. DL/T 274—2012《±800kV 高压直流设备交接试验》。 2. Q/GDW 1275—2015《±800kV 直流系统电气设备交接试验》。 3. 国家电网设备〔2018〕979 号国家电网公司《十八项电网重大反事故措施》（修订版） 4. GB/T 14542—2017《变压器油维护管理导则》。 5. DL/T 259—2023《六氟化硫气体密度继电器校验规程》。 6. 工程技术合同。 7. 换流变压器（油浸电抗器）及其附件的产品说明书，出厂试验报告。 8. 应将出厂试验数据复印或摘录	●		
		2. 试验仪器、工具、试验记录准备		1. 使用试验设备应齐全，功能满足试验要求，且在有效期内。 2. 使用工具应齐全，且满足安全要求。 3. 原始试验记录格式的编写	●		
2	附件试验	1. 套管式电流互感器试验	1. 绝缘电阻测量	采用 2500V 绝缘电阻表，对各绕组间及绕组对外壳的绝缘电阻进行测量，绝缘电阻值不小于 1000MΩ	●		
			2. 直流电阻测量	同型号、同规格、同批次套管式电流互感器一、二次绕组的直流电阻和平均值的差异不宜大于 10%。超出时，应提高施加的测量电流进行复测，测量电流（直流值）一般不宜超过额定电流（方均根值）的 50%	●		
			3. 极性检查	检查套管式电流互感器的极性，必须符合设计要求，并应与铭牌和标志相符	●	●	●
			4. 变比检查	进行变比测量，实测值应与铭牌值相符	●	●	●
			5. 测量励磁特性曲线	现场实测励磁特性数据与出厂试验数据相符，并核对是否满足互感器 10% 误差要求	●		
			6. 绕组交流耐压	二次绕组之间及其对外壳耐压值为 2kV、持续时间 1min	●		

续表

序号	项目	具体内容		质量控制要点	质量控制点		
					Ⅰ级	Ⅱ级	Ⅲ级
2	附件试验	2. 套管试验	1. 试验前准备	1. 试验前检查套管表面和末屏端子应清洁、干燥，无开裂或修补。 2. 准确测量和记录环境温度和湿度	●		
			2. 绝缘电阻测量	包括套管对地绝缘电阻测量和末屏对地绝缘电阻测量，末屏对地绝缘电阻测量采用2500V绝缘电阻表	●		
			3. 介质损耗角正切值 tanδ 和电容值测量	1. 采用正接法测量主绝缘的 tanδ 和电容值，采用反接法测量末屏小套管的 tanδ 和电容值。 2. tanδ 不应大于 0.5%且不应大于出厂试验值的 130%，电容量的偏差不大于 5%。 3. 电容型套管的实测电容量值与产品铭牌数值或出厂试验值相比，其差值应在±5%范围内。 4. 测量 tanδ 和电容值时，尽量不将套管水平放置或用绝缘绳索吊起在任意角度进行测量，在测试数据有疑问时更应引起注意。 5. 出厂试验值必须摘录在原始记录和试验报告中	●		
		3. 冷却器试验	1. 直流电阻测量	使用电工电桥测量油泵和风扇电动机绕组的直流电阻	●		
			2. 绝缘电阻测量	使用 1000kV 绝缘电阻表测量油泵和风扇电动机绕组的绝缘电阻	●		
			3. 交流耐压	使用 2500V 绝缘电阻表测量 1min，代替 1000V 交流耐压	●		
			4. 电动机通电检查	检查电动机运转正常，并记录电动机的运行电流	●		
3	本体试验	1. 绕组连同套管的直流电阻测量		1. 应在油温稳定后进行测量。 2. 准确测量和记录环境温度；当测试数据有疑问时，应分析是否受环境或油温的影响；避免在早晚温差变化较大时进行测量。 3. 应在所有分接头所有位置进行测量。 4. 各相相同绕组（网侧绕组、阀侧丫绕组、阀侧△绕组）测量值的相互差值应小于平均值的 2%。	●	●	●

续表

序号	项目	具体内容	质量控制要点	质量控制点		
				Ⅰ级	Ⅱ级	Ⅲ级
3	本体试验	1. 绕组连同套管的直流电阻测量	5. 与同温度下产品出厂实测值比较，变化不应大于2%	●	●	●
		2. 绕组连同套管的绝缘电阻、吸收比或极化指数测量	1. 检查套管表面应清洁、干燥。 2. 检查铁芯、夹件、外壳及套管末屏是否可靠接地。 3. 准确测量和记录环境温度和湿度；当测试数据有疑问时，应分析是否受环境或油温的影响；避免在早晚温差变化较大时进行测量。 4. 用5000V绝缘电阻表测量每一个绕组的绝缘电阻，测量时非被试绕组接地。 5. 实测绝缘电阻值与出厂试验值相比，同温下，一般不应小于出厂值的70%。 6. 当现场测量温度与出厂试验时的温度不相同时，可按下式换算到同一温度的数值进行比较。 $$R_2 = R_1 \times 1.5^{(t_1-t_2)/10}$$ 式中 R_1、R_2——温度为t_1、t_2时的绝缘电阻值，MΩ。 7. 极化指数不进行温度换算，其实测值与出厂试验值相比应无明显差别。 8. 当绝缘电阻大于10000MΩ时，对极化指数和吸收比不做要求	●	●	●
		3. 绕组连同套管的介质损耗因数（tanδ）测量	1. 检查套管表面应清洁、干燥。 2. 检查铁芯、夹件、外壳及套管末屏是否可靠接地。 3. 准确测量和记录环境温度和湿度。 4. 非被试绕组接地，被试绕组的tanδ与同温度下出厂试验数据相比应无显著差别，最大不应大于出厂试验值的130%。 5. 当现场测量温度与出厂试验时的温度不相同时，可按下式换算到同一温度的数值进行比较。 $$\tan\delta_2 = \tan\delta_1 \times 1.3^{(t_2-t_1)/10}$$ 式中 $\tan\delta_1$、$\tan\delta_2$——温度t_1、t_2时的介质损耗因数	●	●	●
		4. 阀侧绕组连同套管的直流耐压试验	1. 应对每一个阀绕组进行直流耐压试验，非试绕组应短接并与换流变压器外壳一起可靠接地，必要时进行局部放电测量。 2. 按出厂试验电压的80%（或合同规定值）加压，持续时间为60min。	●		

序号	项目	具体内容		质量控制要点	质量控制点		
					Ⅰ级	Ⅱ级	Ⅲ级
3	本体试验	4. 阀侧绕组连同套管的直流耐压试验		3. 加压过程中进行局部放电量测量，在最后 10min 内，超过 2000pC 的放电脉冲次数应不超过 10 个。 4. 所有套管端子应在试验开始前至少接地 2h，不允许对换流变压器绝缘结构预先施加较低的电压	●		
		5. 铁芯及夹件绝缘电阻测量		1. 用 2500V 绝缘电阻表测量，当制造厂有相关规定时，按制造厂规定电压进行测量。 2. 测量值应不小于 500MΩ	●		
		6. 绕组连同套管的外施交流电压试验		1. 应对网侧中性点进行外施交流电压试验，试验时绕组应短接，并将非试绕组与换流变压器外壳一起可靠接地。 2. 必要时应对阀侧绕组进行外施交流电压试验，试验时绕组应短接，并将非试绕组与换流变压器外壳一起可靠接地；加压过程中进行局部放电量测量，局部放电量应不超过 300pC。 3. 按出厂试验电压的 80%（或合同规定值）加压，持续时间为 60	●		
		7. 有载调压切换装置的检查和试验	1. 试验前准备	1. 试验前要求切换开关厂家提供单独的切换开关试验报告和技术说明书，变压器厂家应提供带绕组进行切换开关试验的出厂报告，以供现场进行比较。 2. 测试前预先对变压器分接开关采用手动进行多次循环操作，并检查电动操作机构上的挡位显示和切换开关上的显示应一致。 3. 测试前对试品充分放电，并将非测试绕组短路接地	●		
			2. 有载调压切换装置的检查	换流变压器不带电、操作电源电压为额定电压的 85%～115%的条件下，操作 10 个循环，在全部切换过程中应无开路和异常，电气和机械限位动作正确且符合产品要求	●		
			3. 切换过程	换触头的动作顺序应符合产品技术条件的规定	●		
			4. 试验注意事项	对所有录波图均应妥善保管，以备查	●		
		8. 变压比试验		1. 应在所有分接头所有位置进行测量。 2. 实测电压比与制造厂铭牌数据相比应无明显差别，且应符合电压比的规律。	●		

续表

序号	项目	具体内容	质量控制要点	质量控制点 I 级	质量控制点 II 级	质量控制点 III 级
3	本体试验	8. 变压比试验	3. 变压比的允许误差在额定分接头位置时为±0.5%，在其他分接头位置时为±1%	●		
		9. 引出线的极性检查	换流变压器的三相接线组别和单相换流变压器引出线的极性必须与设计要求及铭牌上的标记和外壳上的符号相符	●		
		10. 整体密封试验	应在 20kPa 静油压力下无渗漏	●		
		11. 噪声测量	应在工频额定电压下，根据 GB/T 1094.10—2022《电力变压器 第 10 部分：声级测定》进行噪声测量。测量的噪声水平或声级水平（声压级）应不大于 75dB（A）或依据合同规定值	●		
		12. 温升测量	在端对端系统调试中进行额定功率持续运行和过负荷试验时，记录换流变压器油温和铁芯温度（如有传感器），用红外检测仪测量油箱表面温度分布，其温升值应符合产品订货合同的规定	●		
		13. 阻抗测量	若出厂时有低电压阻抗测量数据，则现场试验可采用低电压阻抗测量。与出厂试验值相比，阻抗值变化不宜大于±2%	●		
		14. 绕组频率响应特性测量	与出厂试验结果相比应无明显变化	●		

二、换流阀试验质量控制表

序号	项目	具体内容	质量控制要点	质量控制点 I 级	质量控制点 II 级	质量控制点 III 级
1	调试准备工作	1. 试验依据及相关资料收集	1. DL/T 274—2012《±800kV 高压直流设备交接试验》。 2. Q/GDW 1275—2015《±800kV 直流系统电气设备交接试验》。 3. 国家电网设备〔2018〕979 号国家电网公司《十八项电网重大反事故措施》（修订版）。	●		

续表

序号	项目	具体内容	质量控制要点	质量控制点		
				I 级	II 级	III 级
1	调试准备工作	1. 试验依据及相关资料收集	4. 工程技术合同。 5. 换流阀的产品说明书，出厂试验报告。 6. 应将出厂试验数据复印或摘录	●		
		2. 试验仪器、工具、试验记录准备	1. 使用试验设备应齐全，功能满足试验要求，且在有效期内。 2. 使用工具应齐全，且满足安全要求。 3. 原始试验记录格式的编写	●		
2	换流阀试验	1. 换流阀的外观检查	1. 检查阀塔应按设计图纸安装完毕，所有元器件应安装在正确位置。 2. 检查晶闸管堆和均压电容器等的安装压力，其值应在设计允许值范围内。 3. 检查所有的载流接线应连接正确，晶闸管控制极及阴极引线不得接触与其电位差为一个及以上的晶闸管级的金属部件或绝缘导线。 4. 对均压电路进行检查。 5. 检查悬挂绝缘子，不得有机械损伤。 6. 检查冷却水管路，接头应紧密可靠，冷却水软管不得接触晶闸管外壳及大功率电阻，不允许有任何折弯，不得接触那些与其电位差为一个及以上晶闸管级的金属部件、绝缘导线或其他管道。 7. 接触光缆的弯曲半径及其之间的距离应符合设计要求	●		
		2. 阀体的电气试验	电气试验应在冷却水回路中注入合格去离子水的条件下进行。 1. 阀的直流耐压试验：试验方法、电压值、加压程序和评定标准应符合技术规范的规定。 2. 阀的交流耐压试验：试验方法、电压值、加压程序和评定标准应符合技术规范的规定。 3. 阀组件的试验： （1）每一个晶闸管级的正常触发和闭锁试验。	●		

续表

序号	项目	具体内容	质量控制要点	质量控制点		
				Ⅰ级	Ⅱ级	Ⅲ级
2	换流阀试验	2. 阀体的电气试验	（2）晶闸管级的保护触发和闭锁抽查试验，抽查数量不少于晶闸管级总数的20%。 （3）晶闸管级的安全限值试验。 （4）每一个模块中晶闸管级和阀电抗器的均压试验，根据设备具体结构进行	●		
		3. 阀基电子设备及光缆的试验	1. 阀基电子设备电源检查：交流电源连接应正确，各直流电源电压幅值及极性应正确，功耗应符合设计要求。 2. 从极控和极保护到阀基电子设备的信号检查：在阀基电子设备上测得的所有从极控和极保护来的信号应符合设计要求。 3. 从阀基电子设备到极控和极保护的信号检查：在极控或极保护上测得的所有从阀基电子设备来的信号应符合设计要求。 4. 从阀基电子设备到晶闸管电子设备的光缆检查和试验。 （1）对发光元件和接收元件进行一对一的检查，以判断光缆的连接是否正确、可靠。 （2）测量光缆的损耗率，其值应符合设计要求。 5. 功能试验： （1）时间编码信号和打印机检查。 （2）备用切换。 （3）漏水检测。 （4）避雷器监测。 （5）机箱监测和报警试验	●		
		4. 水冷系统的试验	1. 检查冷却塔和水冷系统管道的安装，应与图纸一致。 2. 在额定压力下进行压力试验，试验过程中整个水冷系统应无水滴泄漏现象。 3. 流量及压差试验，在规定的水流量下测量阀塔出口与入口的压差，在各个冷却水支路中测量水；流量测量结果应符合设计要求。 4. 净化水特性检查，水质应符合规定要求	●		

三、开关设备试验质量控制表

序号	项目	具体内容	质量控制要点	Ⅰ级	Ⅱ级	Ⅲ级
1	调试准备工作	1. 试验依据及相关资料收集	1. DL/T 274—2012《±800kV 高压直流设备交接试验》。 2. Q/GDW 1275—2015《±800kV 直流系统电气设备交接试验》。 3. 国家电网设备〔2018〕979 号国家电网公司《十八项电网重大反事故措施》（修订版）。 4. 工程技术合同。 5. 换流阀的产品说明书，出厂试验报告。 6. 应将出厂试验数据复印或摘录	●		
		2. 试验仪器、工具、试验记录准备	1. 使用试验设备应齐全，功能满足试验要求，且在有效期内。 2. 使用工具应齐全，且满足安全要求。 3. 原始试验记录格式的编写	●		
2	直流侧开关试验	1. 测量绝缘拉杆的绝缘电阻	在常温下测量的绝缘拉杆绝缘电阻不应低于 10000MΩ	●		
		2. 测量导电回路的电阻。	实测导电回路的电阻值应符合产品技术条件的规定	●		
		3. 测量断路器的分、合闸时间	应在额定操作电压和气压下进行，实测值应符合产品技术条件的规定	●		
		4. 测量断路器的分、合闸速度	必要时进行。应在额定操作电压、气压或液压下进行，实测数值应符合产品技术条件的规定	●		
		5. 测量分、合闸线圈的绝缘电阻和直流电阻	实测分、合闸线圈的绝缘电阻值不应低于 10MΩ，直流电阻值与出厂试验值相比，应无明显差别	●		
		6. 操动机构的试验	1. 合闸操作：操动机构应可靠动作。 2. 脱扣操作：分闸电磁铁在其线圈端子处测得的电压大于额定值的 65%时，应可靠分闸，当电压小于额定值 30%时，不应分闸。 3. 模拟操动试验：当具有可调电源时，在不同电压、液压条件下对转换开关进行就地或远控操作，每次操作均应正确、可靠动作，其连锁及闭锁装置回路的动作应符合产品及设计要求，当无可调电源时只在额定电压下试验	●	●	●

续表

序号	项目	具体内容	质量控制要点	质量控制点		
				I级	II级	III级
2	直流侧开关试验	7. 交流耐压	SF₆定开距断路器应进行断口交流耐压试验；SF₆罐式断路器应进行断口交流耐压试验和对地交流耐压试验。耐压试验应在额定气压下进行，试验电压取出厂试验电压的80%。旁路开关不进行此项试验	●	●	
		8. 直流耐压	仅对旁路开关进行直流耐压试验，包括断口直流耐压试验和对地直流耐压试验，试验电压取出厂试验电压的80%	●		
3	直流隔离开关、接地开关	1. 测量隔离开关导电回路的电阻	采用直流压降法测量隔离开关导电回路电阻，即用直流测量端子间的电压降或电阻。试验电流应不小于100A，测得的电阻值不应超过型式试验测得的最小电阻值的1.2倍	●		
		2. 二次回路交流耐压试验	施加工频电压为2kV，持续时间为1min	●		
		3. 操动机构试验	在100%、110%和80%额定操作电压下进行合闸和分闸操作各5次。操作过程应符合下列规定。 1. 隔离开关的主闸刀和接地闸刀能可靠地合闸和分闸。 2. 分、合闸位置指示正确。 3. 分、合闸时间符合产品技术条件。 4. 机械或电气闭锁装置应准确可靠	●		

四、直流穿墙套管试验质量控制表

序号	项目	具体内容	质量控制要点	质量控制点		
				I级	II级	III级
1	调试准备工作	1. 试验依据及相关资料收集	1. DL/T 274—2012《±800kV 高压直流设备交接试验》。 2. Q/GDW 1275—2015《±800kV 直流系统电气设备交接试验》。 3. 国家电网设备〔2018〕979号国家电网公司《十八项电网重大反事故措施》（修订版）。	●		

续表

序号	项目	具体内容	质量控制要点	质量控制点		
				Ⅰ级	Ⅱ级	Ⅲ级
1	调试准备工作	1. 试验依据及相关资料收集	4. 工程技术合同。 5. 换流阀的产品说明书，出厂试验报告。 6. 应将出厂试验数据复印或摘录	●		
		2. 试验仪器、工具、试验记录准备	1. 使用试验设备应齐全，功能满足试验要求，且在有效期内。 2. 使用工具应齐全，且满足安全要求。 3. 原始试验记录格式的编写	●		
2	直流穿墙套管试验	1. 绝缘电阻测量	1. 应测量主绝缘及末屏对法兰的绝缘电阻，测量末屏对法兰的绝缘电阻时应使用2500V绝缘电阻表。 2. 套管主绝缘的绝缘电阻不应低于10000MΩ，末屏对法兰的绝缘电阻应不低于1000MΩ	●	●	●
		2. 介质损耗因数（tanδ）及电容量测量	1. tanδ值应不大于0.5%。 2. 实测电容值与产品铭牌数值或出厂试验值相比，其偏差应小于5%	●	●	●
		3. 直流耐压试验	应进行直流耐压试验，试验电压为出厂试验电压的80%，持续时间不小于30min	●		
		4. 末屏工频耐压试验	末屏应能耐受工频电压2kV，持续1min	●		

五、干式平波电抗器试验质量控制表

序号	项目	具体内容	质量控制要点	质量控制点		
				Ⅰ级	Ⅱ级	Ⅲ级
1	调试准备工作	1. 试验依据及相关资料收集	1. DL/T 274—2012《±800kV高压直流设备交接试验》。 2. Q/GDW 1275—2015《±800kV直流系统电气设备交接试验》。 3. 国家电网设备〔2018〕979号国家电网公司《十八项电网重大反事故措施》（修订版）。	●		

续表

序号	项目	具体内容	质量控制要点	质量控制点		
				Ⅰ级	Ⅱ级	Ⅲ级
1	调试准备工作	1. 试验依据及相关资料收集	4. 工程技术合同。 5. 换流阀的产品说明书，出厂试验报告。 6. 应将出厂试验数据复印或摘录	●		
		2. 试验仪器、工具、试验记录准备	1. 使用试验设备应齐全，功能满足试验要求，且在有效期内。 2. 使用工具应齐全，且满足安全要求。 3. 原始试验记录格式的编写	●		
2	干式平波电抗器	1. 直流电阻测量	实测直流电阻值与同温下出厂试验值相比，其变化不应大于2%	●		
		2. 电感测量	采用高频阻抗测试仪测量 100～2500Hz 各次谐波下的电感值，测试结果对出厂试验测量值的偏差范围应不超过±3%	●		
		3. 金属附件对本体的电阻测量	用万用表测量金属附件与电抗器本体间的电阻值，电阻值应小于1Ω	●		

六、直流滤波器、中性母线冲击电容器和交流滤波器试验质量控制表

序号	项目	具体内容	质量控制要点	质量控制点		
				Ⅰ级	Ⅱ级	Ⅲ级
1	调试准备工作	1. 试验依据及相关资料收集	1. DL/T 274—2012《±800kV 高压直流设备交接试验》。 2. Q/GDW 1275—2015《±800kV 直流系统电气设备交接试验》。 3. 国家电网设备〔2018〕979 号国家电网公司《十八项电网重大反事故措施》(修订版)。 4. 工程技术合同。 5. 换流阀的产品说明书，出厂试验报告。 6. 应将出厂试验数据复印或摘录	●		
		2. 试验仪器、工具、试验记录准备	1. 使用试验设备应齐全，功能满足试验要求，且在有效期内。	●		

序号	项目	具体内容	质量控制要点	质量控制点		
				Ⅰ级	Ⅱ级	Ⅲ级
1	调试准备工作	2. 试验仪器、工具、试验记录准备	2. 使用工具应齐全，且满足安全要求。 3. 原始试验记录格式的编写	●		
2	电容器试验	1. 电容量测量	1. 应对每一台电容器、每一个电容器桥臂和整组电容器的电容量进行测量。 2. 实测电容量应符合设计规范书的要求	●		
		2. 绝缘电阻测量	1. 应用2500V绝缘电阻表测量每台电容器端子对外壳的绝缘电阻。 2. 每只电容器极对壳的绝缘电阻一般应不低于5000MΩ	●		
		3. 端子间电阻的测量	对装有内置放电电阻的电容器，进行端子间电阻的测量，测量结果与出厂值相比应无明显差别	●		
		4. 支柱绝缘子绝缘电阻测量	1. 应用2500V绝缘电阻表测量层间支柱绝缘子和底座对地支柱绝缘子的绝缘电阻。 2. 绝缘电阻值不应低于5000MΩ	●		
3	电抗器试验	1. 绕组直流电阻测量	实测直流电阻值与同温下出厂试验值相比，变化不应大于2%	●		
		2. 电感测量	实测电感值与出厂试验值相比，应无明显差别	●		
		3. 支柱绝缘子绝缘电阻测量	1. 应用2500V绝缘电阻表测量支柱绝缘子的绝缘电阻。 2. 绝缘电阻值不应低于5000MΩ	●		
4	电阻器试验	1. 直流电阻测量	实测直流电阻值与同温下出厂试验值相比，变化不应大于±5%	●		
		2. 绝缘电阻测量	实测绝缘电阻值与出厂试验值相比，应无明显差别	●		
		3. 支柱绝缘子绝缘电阻测量	1. 应用2500V绝缘电阻表测量支柱绝缘子的绝缘电阻。 2. 绝缘电阻值不应低于5000MΩ	●		
5	电流互感器试验	直流滤波器和交流滤波器的电流互感器都适用	1. 测量一次绕组对二次绕组及外壳、各二次绕组间及其对外壳的绝缘电阻，实测绝缘电阻值与出厂试验值比较，应无明显差别。 2. 一次绕组工频耐压试验，试验电压为出厂试验电压值的80%，持续时间为1min。	●		

续表

序号	项目	具体内容	质量控制要点	质量控制点		
				Ⅰ级	Ⅱ级	Ⅲ级
5	电流互感器试验	直流滤波器和交流滤波器的电流互感器都适用	3. 二次绕组之间及其对外壳的工频耐压试验，试验电压为2kV，持续时间为1min。 4. 测量一次绕组的介质损耗因数（$\tan\delta$），实测值与出厂试验值比较，应无明显差别。 5. 变比测量，实测值应与铭牌值相符。 6. 极性检查，应与标志相符	●		
6	滤波器调谐试验	直流滤波器和交流滤波器安装后应进行调谐试验	测量滤波器的调谐频率，应符合设计的要求	●		
7	滤波器冲击合闸试验		应在额定电压下冲击合闸3次，各部件应无异常现象	●		

七、直流电流测量装置试验质量控制表

序号	项目	具体内容	质量控制要点	质量控制点		
				Ⅰ级	Ⅱ级	Ⅲ级
1	调试准备工作	1. 试验依据及相关资料收集	1. DL/T 274—2012《±800kV高压直流设备交接试验》。 2. Q/GDW 1275—2015《±800kV直流系统电气设备交接试验》。 3. 国家电网设备〔2018〕979号国家电网公司《十八项电网重大反事故措施》（修订版）。 4. 工程技术合同。 5. 换流阀的产品说明书，出厂试验报告。 6. 应将出厂试验数据复印或摘录	●		
		2. 试验仪器、工具、试验记录准备	1. 使用试验设备应齐全，功能满足试验要求，且在有效期内。 2. 使用工具应齐全，且满足安全要求。 3. 原始试验记录格式的编写	●		

序号	项目	具体内容	质量控制要点	质量控制点		
				Ⅰ级	Ⅱ级	Ⅲ级
2	直流电流测量装置试验	1. 电阻测量	测量直流电流测量装置的电阻值，与同温下出厂试验值相比，应无明显差别	●		
		2. 测量精确度试验	1. 对直流电流测量装置加直流电流，在 I/O 电路板输出口进行测量。校验应包括测量、极控及直流保护用所有传感器和 I/O 电路板。 2. 校验的电流范围：从 0.1p.u.至最大连续过负荷电流。 3. 实测精确度应符合产品规范书的要求	●		
		3. 频率响应试验	试验频率范围如下： （1）分流器：50～1200Hz。 （2）Rogowski 线圈：50～2500Hz	●		
		4. 低压端工频耐压试验	试验电压为 2kV，持续时间为 1min	●		
		5. 直流耐压试验	在一次端子上施加 80%出厂试验直流电压，持续时间为 5min	●		

八、直流电压测量装置试验质量控制表

序号	项目	具体内容	质量控制要点	质量控制点		
				Ⅰ级	Ⅱ级	Ⅲ级
1	调试准备工作	1. 试验依据及相关资料收集	1. DL/T 274—2012《±800kV 高压直流设备交接试验》。 2. Q/GDW 1275—2015《±800kV 直流系统电气设备交接试验》。 3. 国家电网设备〔2018〕979 号国家电网公司《十八项电网重大反事故措施》（修订版）。 4. 工程技术合同。 5. 换流阀的产品说明书，出厂试验报告。 6. 应将出厂试验数据复印或摘录	●		
		2. 试验仪器、工具、试验记录准备	1. 使用试验设备应齐全，功能满足试验要求，且在有效期内。	●		

续表

序号	项目	具体内容	质量控制要点	质量控制点		
				Ⅰ级	Ⅱ级	Ⅲ级
1	调试准备工作	2. 试验仪器、工具、试验记录准备	2. 使用工具应齐全，且满足安全要求。 3. 原始试验记录格式的编写	●		
2	直流电压测量装置试验	1. 分压比测量	一次侧输入端施加不小于 0.1p.u.的直流电压：检查二次控制保护系统测量值，包括极性检查和幅值检查，测量精度应满足技术规范书要求	●		
		2. 低压回路工频耐压试验	试验电压为 2kV，持续时间为 1min	●		
		3. 直流耐压试验	在一次侧输入端施加 80%出厂试验直流电压，持续时间为 5min	●		

九、直流避雷器试验质量控制表

序号	项目	具体内容	质量控制要点	质量控制点		
				Ⅰ级	Ⅱ级	Ⅲ级
1	调试准备工作	1. 试验依据及相关资料收集	1. DL/T 274—2012《±800kV 高压直流设备交接试验》。 2. Q/GDW 1275—2015《±800kV 直流系统电气设备交接试验》。 3. 国家电网设备〔2018〕979 号国家电网公司《十八项电网重大反事故措施》（修订版）。 4. 工程技术合同。 5. 换流阀的产品说明书，出厂试验报告。 6. 应将出厂试验数据复印或摘录	●		
		2. 试验仪器、工具、试验记录准备	1. 使用试验设备应齐全，功能满足试验要求，且在有效期内。 2. 使用工具应齐全，且满足安全要求。 3. 原始试验记录格式的编写	●		
2	直流避雷器试验	1. 绝缘电阻测量	1. 绝缘电阻测量包括避雷器本体和绝缘底座绝缘电阻测量。	●		

序号	项目	具体内容	质量控制要点	质量控制点		
				Ⅰ级	Ⅱ级	Ⅲ级
2	直流避雷器试验	1. 绝缘电阻测量	2. 避雷器本体的绝缘电阻允许在单元件上进行，采用 5000V 绝缘电阻表进行测量，绝缘电阻应不小于 2500MΩ。 3. 避雷器底座绝缘电阻试验采用 2500V 绝缘电阻表进行测量，绝缘电阻应不小于 5MΩ。若避雷器底座直接接地则无需做此项试验	●		
		2. 工频参考电压测量	1. 直流避雷器的工频参考电压应在制造厂选定的工频参考电流下测量。 2. 允许在单元件上进行。 3. 测量方法应符合 GB/T 11032—2020《交流无间隙金属氧化物避雷器》的规定	●		
		3. 直流参考电压测量	按厂家规定的直流参考电流值，对整只或单节避雷器进行测量，测量方法应符合 GB/T 11032—2020《交流无间隙金属氧化物避雷器》的规定，其参考电压值不得低于合同规定值	●		
		4. 0.75 倍直流参考电压下泄漏电流试验	按照 GB/T 11032—2020《交流无间隙金属氧化物避雷器》规定的测量方法进行测量。0.75 倍直流参考电压下，对于单柱避雷器，其漏电流值应不超过 50uA；对于多柱并联和额定电压 216kV 以上的避雷器，漏电流值应不大于制造厂标准的规定值	●		
		5. 避雷器监测装置试验	1. 检查放电计数器的动作应可靠。 2. 如有避雷器监视电流表，需检查其指示是否良好	●		
		6. 投运前检查	1. 检查避雷器放电计数器均指在零位或相同位置。 2. 检查避雷器底座绝缘正常	●	●	●

十、直流 PLC 滤波器试验质量控制表

序号	项目	具体内容	质量控制要点	质量控制点		
				Ⅰ级	Ⅱ级	Ⅲ级
1	调试准备工作	1. 试验依据及相关资料收集	1. DL/T 274—2012《±800kV 高压直流设备交接试验》。 2. Q/GDW 1275—2015《±800kV 直流系统电气设备交接试验》。 3. 国家电网设备〔2018〕979 号国家电网公司《十八项电网重大反事故措施》（修订版）。 4. 工程技术合同。 5. 换流阀的产品说明书，出厂试验报告。 6. 应将出厂试验数据复印或摘录	●		
		2. 试验仪器、工具、试验记录准备	1. 使用试验设备应齐全，功能满足试验要求，且在有效期内。 2. 使用工具应齐全，且满足安全要求。 3. 原始试验记录格式的编写	●		
2	直流 PLC 滤波器试验	1. 耦合电容器试验	对每一台耦合电容器的电容量和介质损耗因数（$\tan\delta$）进行测量，测量值与出厂试验值相比应无明显差别	●		
		2. 电抗器试验	对电抗器进行阻抗–频率特性测量，测量结果与出厂试验结果相比应无明显差别	●		
		3. 滤波器衰减特性试验	对已组装的 PLC 滤波器进行衰减特性测量，测量结果应满足规范书的要求	●		

十一、支柱绝缘子试验质量控制表

序号	项目	具体内容	质量控制要点	质量控制点		
				Ⅰ级	Ⅱ级	Ⅲ级
1	调试准备工作	1. 试验依据及相关资料收集	1. DL/T 274—2012《±800kV 高压直流设备交接试验》。 2. Q/GDW 1275—2015《±800kV 直流系统电气设备交接试验》。	●		

续表

序号	项目	具体内容	质量控制要点	质量控制点		
				Ⅰ级	Ⅱ级	Ⅲ级
1	调试准备工作	1. 试验依据及相关资料收集	3. 国家电网设备〔2018〕979号国家电网公司《十八项电网重大反事故措施》（修订版）。 4. 工程技术合同。 5. 换流阀的产品说明书，出厂试验报告。 6. 应将出厂试验数据复印或摘录	●		
		2. 试验仪器、工具、试验记录准备	1. 使用试验设备应齐全，功能满足试验要求，且在有效期内。 2. 使用工具应齐全，且满足安全要求。 3. 原始试验记录格式的编写	●		
2	支柱绝缘子试验	1. 外观逐个检查	安装前逐只进行外观检查，不允许存在下列缺陷。 （1）面积大于25mm²（总缺陷面积不超过绝缘子总面积的0.2%）或者深度或高度大于1mm的表面缺陷。 （2）伞裙、金属附件与伞根附近有裂纹或缺陷。 （3）凸出外套表面超过1mm的模压飞边。 （4）护套与端部密封是否完好。 （5）护套与芯棒体之间黏结应密实，不应有较大凸起、鼓包或空洞感。 （6）均压环表面应光滑，不得有凸凹等缺陷	●		
		2. 憎水性抽样试验	憎水性试验的方法应按DL/T 810—2012《±500kV及以上电压等效直流棒形悬式复合绝缘子技术条件》和DL/T 864—2018《标称电压高于1000V交流架空线路用复合绝缘子使用导则》执行，抽样量为2柱	●		
		3. 绝缘电阻测量	采用2500V及以上绝缘电阻表测量，绝缘电阻应不低于10GΩ	●		
		4. 直流干耐受抽样试验	可在绝缘子组装完毕和母线安装一部分后进行，试验时间为5min，试验电压为80%出厂试验电压	●		

第二节 单 体 调 试

操作说明：

（1）为控制±800kV 及以上电压等级变电工程的单体调试试验质量特编制本表。本表按单体设备的种类进行编写，涵盖了所有电气单体设备及相关的试验项目和质量控制要点。

（2）表中"●"表示质量控制点，采用三级质量检查方式进行控制。

Ⅰ级质量控制点由工作面负责人完成：主要方式是带领工作面的其他试验人员在施工过程中对所有单体设备按照质量控制表进行试验；负责检查原始记录和编写整理试验报告；按质量控制点对完成的试验项目进行检查确认，并在原始记录和试验报告上签字。

Ⅱ级质量控制点由工地负责人或工地技术负责人完成：采用旁站或查看原始记录的方式，在施工过程中根据工程进度和单体调试完成情况，按表中的质量控制点进行检查确认，并在原始记录上签字。

Ⅲ级质量控制点由质量检验专责完成：采用旁站或查看原始记录或询问的方式，在施工高峰期、竣工验收前和送电前各阶段，对工程单体调试的试验质量，按表中的质量控制点进行检查确认，并对检查方式和检查情况做好书面记录（见质量控制专检表）。

一、换流变压器保护单体调试质量控制表

序号	项目	具体内容	质量控制要点	质量控制点		
				Ⅰ级	Ⅱ级	Ⅲ级
1	调试准备工作	1. 相关资料收集	应包括设计图纸、设计变更通知单、二次设备出厂说明书、出厂图纸、出厂报告、调试大纲	●		

序号	项目	具体内容	质量控制要点	质量控制点		
				Ⅰ级	Ⅱ级	Ⅲ级
1	调试准备工作	2. 试验仪器、工具、试验记录准备	1. 使用试验设备应齐全，功能满足试验要求，且在有效期内。 2. 使用工具应齐全，且满足安全要求。 3. 原始试验记录	●		
2	屏柜现场检查	1. 检验设备的完好性	设备外形应端正，无明显损坏及变形现象，接线应无机械损伤，端子压接应紧固	●		
		2. 检查、记录装置的铭牌参数	检查保护装置的型号、出厂厂家、出厂年月、出厂编号、交流电流、交流电压、直流工作电压等参数与设计参数一致，并记录	●		
		3. 检查连接片、按钮、把手安装正确性	1. 保护跳、合闸出口连接片及与失灵回路相关连接片采用红色，功能连接片采用黄色，连接片底座及其他连接片采用浅驼色。 2. 检查跳闸连接片的开口端应装在上方，接至断路器的跳闸线圈回路。 3. 跳闸连接片在落下过程中必须和相邻跳闸连接片有足够的距离，以保证在操作跳闸连接片时不会碰到相邻的跳闸连接片。 4. 检查并确证跳闸连接片在拧紧螺栓后能可靠地接通回路，且不会接地。 5. 穿过保护屏的跳闸连接片导电杆必须有绝缘套，并距屏孔有明显距离。 6. 连接片、按钮、把手应采用双重编号，内容标示明确、规范，并应与图纸标示内容相符，满足运行部门要求	●		
		4. 屏柜及装置接地检查	1. 在主控室、保护室柜屏下层的电缆沟内，按柜屏布置的方向敷设 100mm² 的专用铜排（缆），将该专用铜排（缆）首末端连接，形成保护室内的等电位接地网。保护室内的等电位接地网必须用至少 4 根以上截面不小于 50mm² 的铜排（缆）与厂、站的主接地网在电缆竖井处可靠连接。 2. 静态保护和控制装置的屏柜下部应设有截面不小于 100mm² 的接地铜排。屏柜上装置的接地端子应用截面不小于 4mm² 的多股铜线和接地铜排相连。屏柜内的接地铜排应用截面不小于 50mm² 的铜缆与保护室内的等电位接地网相连。 3. 屏柜内接地铜排可不与屏体绝缘	●		
		5. 装置绝缘检查	用 500V 绝缘电阻表测量回路对地的绝缘电阻，其绝缘电阻应大于 10MΩ	●		

续表

序号	项目	具体内容		质量控制要点	质量控制点		
					I级	II级	III级
3	换流变压器保护单机调试	1. 保护电源的检查	1. 检查电源的自启动性能	电源电压缓慢上升至80%额定值应正常自启动，在80%额定电压下拉合空气断路器应正常自启动	●		
			2. 检查输出电压及其稳定性	输出电压幅值应在装置技术参数正常范围以内	●		
		2. 保护装置的模数转换	1. 装置零漂检查	零漂应在装置技术参数允许范围以内	●		
			2. 电压测量采样	误差应在装置技术参数允许范围以内	●		
			3. 电流测量采样	1. 误差应在装置技术参数允许范围以内。 2. 在进行线性度检查时，加入$20I_n$电流检查装置过载能力。试验时应特别注意：在试验设备输出允许范围内；试验时间应在说明书要求时间内；加大电流严禁超过允许时间，防止损坏保护装置；试验时应有厂家人员参与	●		
			4. 相位角度测量采样	误差应在装置技术参数允许范围以内	●		
		3. 开关量的输入	1. 检查软连接片和硬连接片的逻辑关系	应与装置技术规范及逻辑要求一致	●		
			2. 保护连接片投退的开入	按厂家调试大纲及设计要求调试	●		
			3. 开关位置的开入	变位情况应与装置及设计要求一致，特别注意检查高压侧两台断路器跳闸位置开入情况及与面板检修切换配合情况	●		
			4. 其他开入量	变位情况应与装置及设计要求一致	●		
		4. 定值校验	1. 1.05倍及0.95倍定值校验	装置动作行为应正确	●		

序号	项目	具体内容		质量控制要点	质量控制点		
					Ⅰ级	Ⅱ级	Ⅲ级
3	换流变压器保护单机调试	4. 定值校验	2. 操作输入和固化定值	应能正常输入和固化	●		
			3. 定值组的切换	应校验切换前后运行定值区的定值正确无误	●		
		5. 区内接地短路故障	1. 换流变压器引线区内短路故障	换流变压器大差差动保护、引线差动保护动作	●	●	●
			2. Y/D 换流变压器网侧短路故障	换流变压器大差差动保护、Y/D 换流变压器小差差动保护、Y/D 换流变压器网侧绕组差动保护动作	●	●	●
			3. Y/Y 换流变压器网侧短路故障	换流变压器大差差动保护、Y/Y 换流变压器小差差动保护、Y/Y 换流变压器网侧绕组差动保护动作	●	●	●
			4. Y/D 换流变压器阀侧短路故障	换流器差动保护动作，换流变压器大差差动保护、Y/D 换流变压器小差差动保护、Y/D 换流变压器阀侧绕组差动保护动作	●	●	●
			5. Y/Y 换流变压器阀侧短路故障	换流变压器大差差动保护、Y/Y 换流变压器小差差动保护、Y/Y 换流变压器阀侧绕组差动保护动作	●	●	●
		6. 区外转区内故障	1. 换流变压器引线区外故障转为区内故障	换流变压器大差差动保护、引线差动保护动作	●	●	●
			2. 换流变压器引线区外故障转为换流变压器区内故障	换流变压器大差差动保护、小差差动保护、网侧绕组差动保护动作	●	●	●
			3. 换流变压器引线区外故障转为匝间故障	换流变压器大差差动保护、Y/D 换流变压器小差差动保护动作	●	●	●

续表

序号	项目	具体内容		质量控制要点	质量控制点		
					Ⅰ级	Ⅱ级	Ⅲ级
3	换流变压器保护单机调试	7. 匝间短路故障	1. Y/Y 换流变压器网侧绕组匝间短路故障	匝间短路故障严重程度与系统关系密切，具体动作情况需结合实际的故障电流分析。一般情况下，小于 3%匝间短路故障较弱，保护不会动作；大于 3%匝间短路，换流变压器大差差动保护、Y/Y 换流变压器小差差动保护动作	●	●	●
			2. Y/D 换流变压器网侧绕组匝间短路故障	匝间短路故障严重程度与系统关系密切，具体动作情况需结合实际的故障电流分析。一般情况下，小于 3%匝间短路故障较弱，保护不会动作；大于 3%匝间短路，换流变压器大差差动保护、Y/D 换流变压器小差差动保护动作	●	●	●
			3. Y/Y 换流变压器阀侧绕组匝间短路故障	匝间短路故障严重程度与系统关系密切，具体动作情况需结合实际的故障电流分析。一般情况下，小于 3%匝间短路故障较弱，保护不会动作；大于 3%匝间短路，换流变压器大差差动保护、Y/Y 换流变压器小差差动保护动作	●	●	●
			4. Y/D 换流变压器阀侧绕组匝间短路故障	匝间短路故障严重程度与系统关系密切，具体动作情况需结合实际的故障电流分析。一般情况下，小于 3%匝间短路故障较弱，保护不会动作；大于 3%匝间短路，换流变压器大差差动保护、Y/D 换流变压器小差差动保护动作	●	●	●
		8. 区外接地短路故障	1. 换流变压器引线区外短路故障	不同运行功率水平、正送和反送方式下，模拟单相金属性接地、两相相间短路、三相短路金属性接地故障。无保护动作	●	●	
			2. 换流变压器引线区外发展性短路故障	不同运行功率水平、正送和反送方式下，模拟区外单相金属性接地发展为两相接地或三相接地故障。两次故障开始时刻间隔为 20ms，第 1 次故障持续 100ms，第 2 次故障持续 200ms。无保护动作	●	●	
			3. Y/D 换流变压器阀侧短路故障	换流变压器保护不动作，换流器差动保护动作	●	●	
			4. Y/Y 换流变压器阀侧短路故障	换流变压器保护不动作，换流器差动保护动作	●	●	

二、换流器保护单体调试质量控制表

序号	项目	具体内容	质量控制要点	质量控制点 I级	II级	III级
1	调试准备工作	1. 相关资料收集	应包括设计图纸、设计变更通知单、二次设备出厂说明书、出厂图纸、出厂报告、调试大纲	●		
		2. 试验仪器、工具、试验记录准备	1. 使用试验设备应齐全，功能满足试验要求，且在有效期内。 2. 使用工具应齐全，且满足安全要求。 3. 原始试验记录	●		
2	屏柜现场检查	1. 检验设备的完好性	设备外形应端正，无明显损坏及变形现象，接线应无机械损伤，端子压接应紧固	●		
		2. 检查、记录装置的铭牌参数	检查保护装置的型号、出厂厂家、出厂年月、出厂编号、交流电流、交流电压、直流工作电压等参数与设计参数一致，并记录	●		
		3. 检查连接片、按钮、把手安装的正确性	1. 保护跳、合闸出口连接片及与失灵回路相关连接片采用红色，功能连接片采用黄色，连接片底座及其他连接片采用浅驼色。 2. 检查跳闸连接片的开口端应装在上方，接至断路器的跳闸线圈回路。 3. 跳闸连接片在落下过程中必须和相邻跳闸连接片有足够的距离，以保证在操作跳闸连接片时不会碰到相邻的跳闸连接片。 4. 检查并确证跳闸连接片在拧紧螺栓后能可靠地接通回路，且不会接地。 5. 穿过保护屏的跳闸连接片导电杆必须有绝缘套，并距屏孔有明显距离。 6. 连接片、按钮、把手应采用双重编号，内容标示明确、规范，并应与图纸标示内容相符，满足运行部门要求	●		
		4. 屏柜及装置接地检查	1. 在主控室、保护室柜屏下层的电缆沟内，按柜屏布置的方向敷设 100mm² 的专用铜排（缆），将该专用铜排（缆）首末端连接，形成保护室内的等电位接地网。保护室内的等电位接地网必须用至少 4 根以上截面不小于 50mm² 的铜排（缆）与厂、站的主接地网在电缆竖井处可靠连接。	●		

续表

序号	项目	具体内容		质量控制要点	质量控制点		
					I级	II级	III级
2	屏柜现场检查	4. 屏柜及装置接地检查		2. 静态保护和控制装置的屏柜下部应设有截面不小于 100mm² 的接地铜排。屏柜上装置的接地端子应用截面不小于 4mm² 的多股铜线和接地铜排相连。屏柜内的接地铜排应用截面不小于 50mm² 的铜缆与保护室内的等电位接地网相连。 3. 屏柜内接地铜排可不与屏体绝缘	●		
		5. 装置绝缘检查		用 500V 绝缘电阻表测量回路对地的绝缘电阻，其绝缘电阻应大于 10MΩ	●		
		6. 各控制柜内、保护屏内检查	1. 连接片检查	正确、规范，检修连接片的功能正确	●		
			2. 保护、操作电源引入符合要求	正确	●		
			3. 空气断路器	与上一级满足设计、规程要求。交、直流空气断路器不能混用	●		
			4. 屏面、屏内设备标示	正确、规范、齐全，光纤连接正确，各装置的数据网络口应有明确的标示，标明用途	●		
			5. 屏内封堵	美观，无缝隙	●		
3	换流器保护校验	1. 电子式互感器检查	1. 一、二次变比	符合整定要求	●	●	
			2. 一次回路通流试验	正确；P1 P2标示应与设计图纸一致，且极性与电气单元一致	●	●	
			3. 一次极性检查		●	●	
			4. 二次极性检查	正确	●	●	
		2. 合并单元通电试验	1. 合并单元电源性能	自启动性能、带载能力	●		

续表

序号	项目	具体内容		质量控制要点	质量控制点		
					Ⅰ级	Ⅱ级	Ⅲ级
3	换流器保护校验	2. 合并单元通电试验	2. 采样精度、各侧合并单元输出电压/电流同步性	稳态测量精度达到测量及保护要求，符合技术规范	●		
			3. 采样值报文应符合技术规范要求	符合继电保护技术规范	●		
			4. 合并单元告警功能及数据集配置正确，与保护装置、终端通信正常	检查配置正确、故障、数据接收异常均应告警，符合设计要求	●		
			5. 置检修连接片功能测试	保护装置不出口	●	●	
			6. 交流回路检查	各保护、测控装置采样应正确（一次通流和二次通流均应正确）	●	●	●
		3. 保护装置检查	1. 软件版本、校验码	符合职能管理部门要求	●		
			2. 定值整定	正确	●		
			3. 时钟准确（DC-B码）	准确	●		
			4. 人机界面、打印功能	清晰	●		
			5. 装置电源性能检查	自启动性能，带载能力	●		

续表

序号	项目	具体内容		质量控制要点	质量控制点		
					Ⅰ级	Ⅱ级	Ⅲ级
3	换流器保护校验	3. 保护装置检查	6. 装置开关量检查	接线正确	●		
			7. 采样精度、零漂检查	各侧采样正确	●		
		4. 保护装置检查	1. 光功率测试及裕度检查	衰耗及裕度符合标准	●		
			2. 保护装置输入输出的数据	符合设计要求	●		
			3. 各侧单元异常告警,与保护间通信异常	保护装置告警、功能闭锁,无误动	●		
			4. 软连接片、检修连接片功能测试	连接片功能正确,报文正确,至检修时终端不误出口	●		
			5. 丢脉冲故障	整流侧谐波保护动作,逆变侧换相失败保护动作	●	●	●
			6. 阀短路故障	阀短路保护动作,且可能伴随换流器过流保护动作。逆变侧 6 脉动桥短路、12 脉动桥短路故障,换相失败保护动作	●	●	●
			7. 换流器区直流侧接地故障	换流器差动保护动作,极差动保护动作。故障换流器隔离后,本极非故障换流器再次重启	●	●	●
			8. 换流变压器阀侧单相接地故障	换流器差动保护动作,极差动保护动作。故障换流器隔离后,本极非故障换流器再次重启	●	●	●

续表

序号	项目	具体内容	质量控制要点	质量控制点		
				Ⅰ级	Ⅱ级	Ⅲ级
3	换流器保护校验	4. 保护装置检查	9. 换流变压器阀侧相间短路故障　阀短路保护动作，且可能伴随换流器过流保护动作	●	●	●
			10. 旁路开关故障　1. BPS 分故障：旁路开关保护动作。 2. BPS 合故障：旁通对过负荷保护动作	●	●	●

三、极区保护单体调试质量控制表

序号	项目	具体内容	质量控制要点	质量控制点		
				Ⅰ级	Ⅱ级	Ⅲ级
1	调试准备工作	1. 相关资料收集	应包括设计图纸、设计变更通知单、二次设备出厂说明书、出厂图纸、出厂报告、调试大纲	●		
		2. 试验仪器、工具、试验记录准备	1. 使用试验设备应齐全，功能满足试验要求，且在有效期内。 2. 使用工具应齐全，且满足安全要求。 3. 原始试验记录	●		
2	屏柜现场检查	1. 检验设备的完好性	设备外形应端正，无明显损坏及变形现象，接线应无机械损伤，端子压接应紧固	●		
		2. 检查、记录装置的铭牌参数	检查保护装置的型号、出厂厂家、出厂年月、出厂编号、交流电流、交流电压、直流工作电压等参数与设计参数一致，并记录	●		
		3. 检查连接片、按钮、把手安装正确性	1. 保护跳、合闸出口连接片及与失灵回路相关连接片采用红色，功能连接片采用黄色，连接片底座及其他连接片采用浅驼色。 2. 检查跳闸连接片的开口端应装在上方，接至断路器的跳闸线圈回路。 3. 跳闸连接片在落下过程中必须和相邻跳闸连接片有足够的距离，以保证在操作跳闸连接片时不会碰到相邻的跳闸连接片。	●		

续表

序号	项目	具体内容		质量控制要点	质量控制点		
					Ⅰ级	Ⅱ级	Ⅲ级
2	屏柜现场检查	3. 检查连接片、按钮、把手安装正确性		4. 检查并确证跳闸连接片在拧紧螺栓后能可靠地接通回路，且不会接地。 5. 穿过保护屏的跳闸连接片导电杆必须有绝缘套，并距屏孔有明显距离。 6. 连接片、按钮、把手应采用双重编号，内容标示明确、规范，并应与图纸标示内容相符，满足运行部门要求	●		
		4. 屏柜及装置接地检查		1. 在主控室、保护室柜屏下层的电缆沟内，按柜屏布置的方向敷设 100mm² 的专用铜排（缆），将该专用铜排（缆）首末端连接，形成保护室内的等电位接地网。保护室内的等电位接地网必须用至少 4 根以上截面不小于 50mm² 的铜排（缆）与厂、站的主接地网在电缆竖井处可靠连接。 2. 静态保护和控制装置的屏柜下部应设有截面不小于 100mm² 的接地铜排。屏柜上装置的接地端子应用截面不小于 4mm² 的多股铜线和接地铜排相连。屏柜内的接地铜排应用截面不小于 50mm² 的铜缆与保护室内的等电位接地网相连。 3. 屏柜内接地铜排可不与屏体绝缘	●		
		5. 装置绝缘检查		用 500V 绝缘电阻表测量回路对地的绝缘电阻，其绝缘电阻应大于 10MΩ	●		
		6. 各控制柜内、保护屏内检查	1. 连接片检查	正确、规范，检修连接片的功能正确	●		
			2. 保护、操作电源引入符合要求	正确	●		
			3. 空气断路器	与上一级满足设计、规程要求。交、直流空气断路器不能混用	●		
			4. 屏面、屏内设备标示	正确、规范、齐全，光纤连接正确，各装置的数据网络口应有明确的标示，标明用途	●		
			5. 屏内封堵	美观，无缝隙	●		
3	极区保护校验	1. 电子式互感器检查	1. 一、二次变比	符合整定要求	●	●	●

续表

序号	项目	具体内容		质量控制要点	质量控制点		
					Ⅰ级	Ⅱ级	Ⅲ级
3	极区保护校验	1. 电子式互感器检查	2. 一次回路通流试验	正确；P1、P2 标示应与设计图纸一致，且极性与电气单元一致	●	●	●
			3. 一次极性检查				
			4. 二次极性检查	正确	●	●	●
		2. 合并单元通电试验	1. 合并单元电源性能	自启动性能，带载能力	●		
			2. 采样精度、各侧合并单元输出电压/电流同步性	稳态测量精度达到测量及保护要求，符合技术规范	●		
			3. 采样值报文应符合技术规范要求	符合继电保护技术规范	●		
			4. 合并单元告警功能及数据集配置正确，与保护装置、终端通信正常	检查配置正确、故障、数据接收异常均应告警，符合设计要求	●		
			5. 置检修连接片功能测试	保护装置不出口	●		
			6. 交流回路检查	各保护、测控装置采样应正确（一次通流和二次通流均应正确）	●		
		3. 保护装置检查	1. 软件版本、校验码	符合职能管理部门要求	●		
			2. 定值整定	正确	●		

续表

序号	项目	具体内容		质量控制要点	质量控制点		
					Ⅰ级	Ⅱ级	Ⅲ级
3	极区保护校验	3. 保护装置检查	3. 时钟准确（DC-B码）	准确	●		
			4. 人机界面、打印功能	清晰	●		
			5. 装置电源性能检查	自启动性能，带载能力	●		
			6. 装置开关量检查	接线正确	●		
			7. 采样精度、零漂检查	各侧采样正确	●		
			8. 光功率测试及裕度检查	衰耗及裕度符合标准	●		
			9. 保护装置输入输出的数据	符合设计要求	●		
			10. 各侧单元异常告警，与保护间通信异常	保护装置告警、功能闭锁，无误动	●		
			11. 软连接片、置检修连接片功能测试	连接片功能正确，报文正确，至检修时终端不误出口	●		
			12. 极母线接地故障	极母线差动保护动作	●	●	●

续表

序号	项目	具体内容		质量控制要点	质量控制点		
					I 级	II 级	III 级
3	极区保护校验	3. 保护装置检查	13. 极中性母线接地故障	1. 双极平衡运行：无保护动作。 2. 双极不平衡运行或单极运行：中性母线差动保护	●	●	●
			14. 阀组连接线接地故障	阀组连接线差动保护动作，闭锁直流	●	●	●
			15. 接地极引线开路故障	接地极引线开路保护动作	●	●	
			16. 中性母线开关故障	中性母线开关（NBSF）保护动作，启动 NBSF 顺序控制逻辑	●	●	●
			17. 直流线路区保护试验	1. 金属性接地时，行波保护、电压突变量保护动作。 2. 带过渡电阻接地时，直流线路低电压保护、直流线路纵差保护动作。 3. 直流再启动动作逻辑及启动次数应满足设计的要求	●	●	●

四、双极区保护单体调试质量控制表

序号	项目	具体内容	质量控制要点	质量控制点		
				I 级	II 级	III 级
1	调试准备工作	1. 相关资料收集	应包括设计图纸、设计变更通知单、二次设备出厂说明书、出厂图纸、出厂报告、调试大纲	●		
		2. 试验仪器、工具、试验记录准备	1. 使用试验设备应齐全，功能满足试验要求，且在有效期内。 2. 使用工具应齐全，且满足安全要求。 3. 原始试验记录	●		

续表

序号	项目	具体内容		质量控制要点	质量控制点		
					Ⅰ级	Ⅱ级	Ⅲ级
2	屏柜现场检查	1. 检验设备的完好性		设备外形应端正，无明显损坏及变形现象，接线应无机械损伤，端子压接应紧固	●		
		2. 检查、记录装置的铭牌参数		检查保护装置的型号、出厂厂家、出厂年月、出厂编号、交流电流、交流电压、直流工作电压等参数与设计参数一致，并记录	●		
		3. 检查连接片、按钮、把手安装正确性		1. 保护跳、合闸出口连接片及与失灵回路相关连接片采用红色，功能连接片采用黄色，连接片底座及其他连接片采用浅驼色。 2. 检查跳闸连接片的开口端应装在上方，接至断路器的跳闸线圈回路。 3. 跳闸连接片在落下过程中必须和相邻跳闸连接片有足够的距离，以保证在操作跳闸连接片时不会碰到相邻的跳闸连接片。 4. 检查并确证跳闸连接片在拧紧螺栓后能可靠地接通回路，且不会接地。 5. 穿过保护屏的跳闸连接片导电杆必须有绝缘套，并距屏孔有明显距离。 6. 连接片、按钮、把手应采用双重编号，内容标示明确、规范，并应与图纸标示内容相符，满足运行部门要求	●		
		4. 屏柜及装置接地检查		1. 在主控室、保护室柜屏下层的电缆沟内，按柜屏布置的方向敷设 100mm² 的专用铜排（缆），将该专用铜排（缆）首末端连接，形成保护室内的等电位接地网。保护室内的等电位接地网必须用至少 4 根以上截面不小于 50mm² 的铜排（缆）与厂、站的主接地网在电缆竖井处可靠连接。 2. 静态保护和控制装置的屏柜下部应设有截面不小于 100mm² 的接地铜排。屏柜上装置的接地端子应用截面不小于 4mm² 的多股铜线和接地铜排相连。屏柜内的接地铜排应用截面不小于 50mm² 的铜缆与保护室内的等电位接地网相连。 3. 屏柜内接地铜排可不与屏体绝缘	●		
		5. 装置绝缘检查		用 500V 绝缘电阻表测量回路对地的绝缘电阻，其绝缘电阻应大于 10MΩ	●		
		6. 各控制柜内、保护屏内检查	1. 连接片检查	正确、规范，检修连接片的功能正确	●		

续表

序号	项目	具体内容		质量控制要点	质量控制点		
					Ⅰ级	Ⅱ级	Ⅲ级
2	屏柜现场检查	6. 各控制柜内、保护屏内检查	2. 保护、操作电源引入符合要求	正确	●		
			3. 空气断路器	与上一级满足设计、规程要求。交、直流空气断路器不能混用	●		
			4. 屏面、屏内设备标示	正确、规范、齐全，光纤连接正确，各装置的数据网络口应有明确的标示，标明用途	●		
			5. 屏内封堵	美观，无缝隙	●		
3	双极区保护校验	1. 电子式互感器检查	1. 一、二次变比	符合整定要求	●	●	●
			2. 一次回路通流试验	正确；P1、P2 标示应与设计图纸一致，且极性与电气单元一致	●	●	●
			3. 一次极性检查				
			4. 二次极性检查	正确	●	●	●
		2. 合并单元通电试验	1. 合并单元电源性能	自启动性能，带载能力	●		
			2. 采样精度、各侧合并单元输出电压/电流同步性	稳态测量精度达到测量及保护要求，符合技术规范	●		
			3. 采样值报文应符合技术规范要求	符合继电保护技术规范	●		

序号	项目	具体内容		质量控制要点	质量控制点		
					Ⅰ级	Ⅱ级	Ⅲ级
3	双极区保护校验	2. 合并单元通电试验	4. 合并单元告警功能及数据集配置正确，与保护装置、终端通信正常	检查配置正确、故障、数据接收异常均应告警，符合设计要求	●		
			5. 置检修连接片功能测试	保护装置不出口	●		
			6. 交流回路检查	各保护、测控装置采样应正确（一次通流和二次通流均应正确）	●		
		3. 保护装置检查	1. 软件版本、校验码	符合职能管理部门要求	●		
			2. 定值整定	正确	●		
			3. 时钟准确（DC-B码）	准确	●		
			4. 人机界面、打印功能	清晰	●		
			5. 装置电源性能检查	自启动性能，带载能力	●		
			6. 装置开关量检查	接线正确	●		
			7. 采样精度、零漂检查	各侧采样正确	●		

续表

序号	项目		具体内容	质量控制要点	质量控制点		
					Ⅰ级	Ⅱ级	Ⅲ级
3	双极区保护校验	3. 保护装置检查	8. 光功率测试及裕度检查	衰耗及裕度符合标准	●		
			9. 保护装置输入输出的数据	符合设计要求	●		
			10. 各侧单元异常告警，与保护间通信异常	保护装置告警、功能闭锁，无误动	●		
			11. 软连接片、置检修连接片功能测试	连接片功能正确，报文正确，至检修时终端不误出口	●		
			12. 双极中性线接地故障	1. 双极平衡运行：无保护动作。 2. 双极不平衡运行或单极运行：双极中性线差动保护动作	●	●	●
			13. 接地极引线断线故障	1. 双极平衡运行：无保护动作。 2. 双极不平衡运行或单极运行：接地极线过负荷保护动作	●	●	●
			14. 接地极引线接地故障	1. 双极平衡运行：无保护动作。 2. 双极不平衡运行或单极运行：接地极线差动保护动作，接地极线不平衡保护动作	●	●	●
			15. 站接地过流故障	1. 双极平衡运行：无保护动作。 2. 双极不平衡运行或单极运行：站内接地过流保护动作	●	●	●
			16. 金属回线连接线接地故障	1. 整流侧故障：金属回线横差保护动作。 2. 逆变侧故障：无保护动作	●	●	●
			17. 金属回线返回线接地故障	1. 瞬时接地故障：金属回线接地动作。 2. 长时间的高阻接地故障：金属回线纵差保护动作	●	●	●

续表

序号	项目	具体内容	质量控制要点	质量控制点		
				Ⅰ级	Ⅱ级	Ⅲ级
3	双极区保护校验	18. 站内接地开关故障	检测接地电流（IDGND）以及断口电流，如果中性母线接地开关（NBGS）没能转移中性母线电流时，由保护重合 NBGS 开关	●	●	
		3. 保护装置检查 19. 金属回线转换开关故障	1. 开关失灵保护为检测到开关分位且有电流，保护判断开关未能正常分开，重合开关。 2. 开关过负荷保护为检测流过开关电流大于定值，功率回降	●	●	
		20. 大地回线转换开关故障	1. 开关失灵保护为检测到开关分位且有电流，保护判断开关未能正常分开，重合开关。 2. 开关过负荷保护为检测流过开关电流大于定值，功率回降	●	●	

五、直流滤波器保护单体调试质量控制表

序号	项目	具体内容	质量控制要点	质量控制点		
				Ⅰ级	Ⅱ级	Ⅲ级
1	调试准备工作	1. 相关资料收集	应包括设计图纸、设计变更通知单、二次设备出厂说明书、出厂图纸、出厂报告、调试大纲	●		
		2. 试验仪器、工具、试验记录准备	1. 使用试验设备应齐全，功能满足试验要求且在有效期内。 2. 使用工具应齐全且满足安全要求。 3. 原始试验记录	●		
2	屏柜现场检查	1. 检验设备的完好性	设备外形应端正，无明显损坏及变形现象，接线应无机械损伤，端子压接应紧固	●		
		2. 检查、记录装置的铭牌参数	检查保护装置的型号、出厂厂家、出厂年月、出厂编号、交流电流、交流电压、直流工作电压等参数与设计参数一致，并记录	●		
		3. 检查连接片、按钮、把手安装正确性	1. 保护跳、合闸出口连接片及与失灵回路相关连接片采用红色，功能连接片采用黄色，连接片底座及其他连接片采用浅驼色。	●		

续表

序号	项目	具体内容		质量控制要点	质量控制点		
					Ⅰ级	Ⅱ级	Ⅲ级
2	屏柜现场检查	3. 检查连接片、按钮、把手安装正确性		2. 检查跳闸连接片的开口端应装在上方,接至断路器的跳闸线圈回路。 3. 跳闸连接片在落下过程中必须和相邻跳闸连接片有足够的距离,以保证在操作跳闸连接片时不会碰到相邻的跳闸连接片。 4. 检查并确证跳闸连接片在拧紧螺栓后能可靠地接通回路,且不会接地。 5. 穿过保护屏的跳闸连接片导电杆必须有绝缘套,并距屏孔有明显距离。 6. 连接片、按钮、把手应采用双重编号,内容标示明确规范,并应与图纸标示内容相符,满足运行部门要求	●		
		4. 屏柜及装置接地检查		1. 在主控室、保护室柜屏下层的电缆沟内,按柜屏布置的方向敷设 100mm² 的专用铜排(缆),将该专用铜排(缆)首末端连接,形成保护室内的等电位接地网。保护室内的等电位接地网必须用至少 4 根以上截面不小于 50mm² 的铜排(缆)与厂、站的主接地网在电缆竖井处可靠连接。 2. 静态保护和控制装置的屏柜下部应设有截面不小于 100mm² 的接地铜排。屏柜上装置的接地端子应用截面不小于 4mm² 的多股铜线和接地铜排相连。屏柜内的接地铜排应用截面不小于 50mm² 的铜缆与保护室内的等电位接地网相连。 3. 屏柜内接地铜排可不与屏体绝缘	●		
		5. 装置绝缘检查		用 500V 绝缘电阻表测量回路对地的绝缘电阻,其绝缘电阻应大于 10MΩ	●		
3	直流滤波器保护单机调试	1. 保护电源的检查	1. 检查电源的自启动性能	电源电压缓慢上升至 80%额定值应正常自启动,在 80%额定电压下拉合空气断路器应正常自启动	●		
			2. 检查输出电压及其稳定性	输出电压幅值应在装置技术参数正常范围以内	●		
		2. 保护装置的模数转换	1. 装置零漂检查	零漂应在装置技术参数允许范围以内	●		
			2. 电压测量采样	误差应在装置技术参数允许范围以内	●		

续表

序号	项目	具体内容		质量控制要点	质量控制点		
					Ⅰ级	Ⅱ级	Ⅲ级
3	直流滤波器保护单机调试	2. 保护装置的模数转换	2. 电流测量采样	1. 误差应在装置技术参数允许范围以内。 2. 在进行线性度检查时，加入 $20I_n$ 电流检查装置过载能力。试验时应特别注意：在试验设备输出允许范围内；试验时间应在说明书要求时间内；加大电流严禁超过允许时间，防止损坏保护装置；试验时应有厂家人员参与	●		
			3. 相位角度测量采样	误差应在装置技术参数允许范围以内	●		
		3. 开关量的输入	1. 检查软连接片和硬连接片的逻辑关系	应与装置技术规范及逻辑要求一致	●		
			2. 保护连接片投退的开入	按厂家调试大纲及设计要求调试	●		
			3. 其他开入量	变位情况应与装置及设计要求一致	●		
		4. 定值校验	1. 1.05 倍及 0.95 倍定值校验	装置动作行为应正确	●		
			2. 操作输入和固化定值	应能正常输入和固化	●		
			3. 定值组的切换	应校验切换前后运行定值区的定值正确无误	●		
		5. 保护试验	1. 直流滤波器差动保护	检测直流滤波器高压侧和低压侧电流差，如果超过定值，保护动作	●	●	●
			2. 直流滤波器电容器不平衡保护	检测流过站内接地的电流是否大于整定值，过高的站内接地电流应使运行极跳闸	●	●	●

序号	项目	具体内容	质量控制要点	质量控制点		
				Ⅰ级	Ⅱ级	Ⅲ级
3	直流滤波器保护单机调试	3. 直流滤波器高压电容器接地保护	检测直流滤波器高压电容器内部不同位置的接地故障，通过直流滤波器差动电流、直流滤波器不平衡电流、直流滤波器不平衡电流与低电压电流比例来反映故障特征	●	●	●
		5. 保护试验 4. 直流滤波器电阻过负荷保护	检测直流滤波器中电阻的总谐波电流，如果超过定值，保护动作。该保护只在金属回线运行方式下有效，需要与金属回线接地保护相配合	●	●	
		5. 直流滤波器失谐监视	检测双极直流滤波器低压侧电流的12次谐波电流差，如果超过定值，报警	●		

六、接口试验调试质量控制表

序号	项目	具体内容	质量控制要点	质量控制点		
				Ⅰ级	Ⅱ级	Ⅲ级
1	调试准备工作	1. 相关资料收集	应包括设计图纸、设计变更通知单、二次设备出厂说明书、出厂图纸、出厂报告、调试大纲	●		
		2. 试验仪器、工具、试验记录准备	1. 使用试验设备应齐全，功能满足试验要求，且在有效期内。 2. 使用工具应齐全，且满足安全要求。 3. 原始试验记录	●		
2	屏柜现场检查	1. 检验设备的完好性	设备外形应端正，无明显损坏及变形现象，接线应无机械损伤，端子压接应紧固	●		
		2. 检查、记录装置的铭牌参数	检查保护装置的型号、出厂厂家、出厂年月、出厂编号、交流电流、交流电压、直流工作电压等参数与设计参数一致，并记录	●		
		3. 检查连接片、按钮、把手安装正确性	1. 保护跳、合闸出口连接片及与失灵回路相关连接片采用红色，功能连接片采用黄色，连接片底座及其他连接片采用浅驼色。	●		

续表

序号	项目	具体内容	质量控制要点	质量控制点		
				Ⅰ级	Ⅱ级	Ⅲ级
2	屏柜现场检查	3. 检查连接片、按钮、把手安装正确性	2. 检查跳闸连接片的开口端应装在上方，接至断路器的跳闸线圈回路。 3. 跳闸连接片在落下过程中必须和相邻跳闸连接片有足够的距离，以保证在操作跳闸连接片时不会碰到相邻的跳闸连接片。 4. 检查并确证跳闸连接片在拧紧螺栓后能可靠地接通回路，且不会接地。 5. 穿过保护屏的跳闸连接片导电杆必须有绝缘套，并距屏孔有明显距离。 6. 连接片、按钮、把手应采用双重编号，内容标示明确、规范，并应与图纸标示内容相符，满足运行部门要求	●		
		4. 屏柜及装置接地检查	1. 在主控室、保护室柜屏下层的电缆沟内，按柜屏布置的方向敷设 100mm² 的专用铜排（缆），将该专用铜排（缆）首末端连接，形成保护室内的等电位接地网。保护室内的等电位接地网必须用至少 4 根以上截面不小于 5m² 的铜排（缆）与厂、站的主接地网在电缆竖井处可靠连接。 2. 静态保护和控制装置的屏柜下部应设有截面不小于 100mm² 的接地铜排。屏柜上装置的接地端子应用截面不小于 4mm² 的多股铜线和接地铜排相连。屏柜内的接地铜排应用截面不小于 50mm² 的铜缆与保护室内的等电位接地网相连。 3. 屏柜内接地铜排可不与屏体绝缘	●		
		5. 装置绝缘检查	用 500V 绝缘电阻表测量回路对地绝缘电阻，其绝缘电阻应大于 10MΩ	●		
3	阀控接口试验	1. 信号检查	接口信号的类型、形式等应满足相关技术规范的要求	●		
		2. 扰动试验	接口信号发生扰动后，直流控制保护系统和阀控装置应正确报警和动作	●	●	
	稳控接口试验	1. 信号检查	接口信号的类型、形式等应满足 Q/GDW 11764—2017 的要求	●	●	
		2. 功率调制试验	直流系统应能正确执行稳控装置发送的功率调制命令	●	●	●
		3. 直流系统故障试验	直流系统发生故障后，稳控装置应能根据不同的故障类型，正确识别直流系统的状态，并按照预定策略执行正确的动作	●	●	●

序号	项目	具体内容	质量控制要点	质量控制点		
				I 级	II 级	III 级
3	稳控接口试验	4. 直流闭锁试验	收到稳控装置发送的闭锁命令后，直流系统应能正确闭锁	●	●	●
	阀冷控制保护接口试验	1. 信号检查	接口信号的类型、形式等应满足要求	●	●	
		2. 扰动试验	接口信号发生扰动后，直流系统和阀冷控制保护装置应正确报警和动作	●	●	
		3. 功能试验	直流系统应能正确执行阀冷控制保护装置发送的闭锁或者功率回降等指令	●	●	
	测量装置接口试验	1. 精度测试	测量装置在稳态、暂态条件下的测量精度应满足要求	●		
		2. 扰动试验	接口信号发生扰动后，直流系统和测量装置应正确报警和动作	●	●	

第三节　分系统调试

一、换流变压器分系统调试

（一）换流变压器分系统调试相关屏柜

换流变压器分系统调试相关屏柜	屏柜通用缩写编号	用途
阀组测量接口 A 屏	CMI A	将电流采集量转换为光纤信号后，送至阀组保护柜，供换流变压器保护用
阀组测量接口 B 屏	CMI B	
阀组测量接口 C 屏	CMI C	

续表

换流变压器分系统调试相关屏柜	屏柜通用缩写编号	用途
阀组开关接口 A 屏	CSI A	用于换流变压器的挡位控制、BOX-IN 风机控制、事故排油控制等功能
阀组开关接口 B 屏	CSI B	
非电量接口 A 屏	NEP A	用于实现换流变压器非电量保护功能，非电量保护按三取二配置
非电量接口 B 屏	NEP B	
非电量接口 C 屏	NEP C	
阀组控制主机 A 屏	CCP A	阀组控制级用于直流系统 12 脉动阀组的控制。主要控制功能：阀组的触发控制、阀组各自对应的换流变压器的分解头控制、阀组各自旁路开关的控制，以及对换流阀的控制保护
阀组控制主机 B 屏	CCP B	
阀组保护主机 A 屏	CPR A	用于保护从换流变压器阀侧套管至阀厅直流侧的直流穿墙套管之间的导线和所有设备。实现信号传输、实现控制功能、实现对换流阀组的保护
阀组保护主机 B 屏	CPR B	
阀组保护主机 C 屏	CPR C	
换流变压器故障录波屏	TFR	用于换流变压器的故障信息录波功能
阀组直流故障录波屏	TFR	用于阀组的故障信息录波功能
安全自动装置 A 屏	SSC A	用于实现系统控制、调节功能，接收站控发来的直流运行状态及故障信息，向极控系统发送调制命令
安全自动装置 B 屏	SSC B	
换流变压器排油控制屏		用于实现换流变压器事故排油控制功能
辅助系统接口 A 屏	ASI A	用于实现视频监控、安防、门禁、环境监测、火灾报警等辅助功能
辅助系统接口 B 屏	ASI B	

（二）换流变压器分系统调试质量控制表

序号	项目	具体内容	质量控制要点	质量控制点 I级	质量控制点 II级	质量控制点 III级
1	调试准备工作	1. 相关资料收集	应包括设计图纸、设计变更通知单、二次设备出厂说明书、出厂图纸、出厂报告、调试大纲、定值清单	●		
		2. 试验仪器、工具、试验记录准备	1. 使用试验设备应齐全，功能满足试验要求，且在有效期内。 2. 使用工具应齐全，且满足安全要求。 3. 原始试验记录	●		
2	屏柜装置检查	1. 检验设备的完好性	设备外形应端正，无明显损坏及变形现象，接线应无机械损伤，端子压接应紧固	●		
		2. 检查、记录装置的铭牌参数	检查保护装置的型号、出厂厂家、出厂年月、出厂编号、交流电流、交流电压、直流工作电压等参数与设计参数一致，并记录	●		
		3. 检查单体屏柜调试记录	检查单体设备调试报告和调试结论	●		
		4. 屏柜电源检查	1. 检查屏柜内照明正常；检查直流工作电压幅值和极性正确；检查直流屏内直流空气断路器名称与对应保护装置屏柜一致；检查屏柜内加热器工作正常；检查换流变压器汇控柜内三相交流电源正相序正确；检查换流变压器冷却器交流电源切换装置动作正确。 2. 检查保护装置断电恢复过程中无异常，通电后工作稳定正常。 3. 检查保护装置上电、掉电瞬间，保护装置不应发异常数据，继电器不应误动作。 4. 逐级检查空气断路器级差满足运行要求	●		
3	二次回路分系统调试	1. 换流变压器一次设备检查	1. 检查换流变压器一次设备连线及其联结组别与设计图一致。 2. 记录换流变压器铭牌数据与设计图一致	●		
		2. 二次接线检查	1. 芯线号码管标示与图纸一致。 2. 二次接线与设计图纸一一核对无误。 3. 接线完好，端子连接紧固、可靠，接线号牌整齐一致，且标示内容正确、无误	●		
		3. 光纤回路检查	1. 光纤回路连接正确，衰耗满足技术要求。 2. 光纤标示内容清楚、正确无误，与设计图纸一致	●		

续表

序号	项目	具体内容	质量控制要点	质量控制点		
				Ⅰ级	Ⅱ级	Ⅲ级
3	二次回路分系统调试	4. 二次回路绝缘检查	1. 用100V绝缘电阻表测量回路对地的绝缘电阻，其绝缘电阻应大于10MΩ。 2. 回路中有电子元件设备的，试验时应将插件拔出或者将电子元件隔离或将其两端短接	●		
		5. 二次回路交流耐压试验	1. 试验电压应为1000V。当回路绝缘电阻值在10MΩ以上时，可采用2500V绝缘电阻表代替，试验持续时间应为1min，尚应符合产品技术文件规定。 2. 48V及以下电压等级回路可不做交流耐压试验。 3. 回路中有电子元件设备的应满足二次回路绝缘的条件下做交流耐压	●		
		6. 通信检查	1. 检查屏柜光纤、网线、总线等通信接线正确；任一路通信断开，后台应有报警信息；装置对时正常。 2. 检查屏柜同步对时功能正常	●		
4	开关量分系统调试	1. 调试要求	检查换流变压器本体、汇控柜、TEC/PLC控制柜、直流控制保护系统、智能组件柜、一体化在线平台之间的接口信号	●		
		2. 开关量分系统调试项目及要求	1. 换流变压器本体及汇控柜信号核对与设计图纸一致。 2. 换流变压器本体及分接开关非电量信号核对与设计图纸一致。 3. 换流变压器智能控制柜信号核对与设计图纸一致。 4. 换流变压器阀侧套管 SF_6 压力低报警信号核对与设计图纸一致。 5. 换流变压器网侧电压互感器端子箱电压空气断路器信号核对与设计图纸一致。 6. 换流变压器本体重瓦斯信号至排油控制屏核对与设计图纸一致。 7. 换流变压器分接开关位置核对与现场一致。 8. 换流变压器轴流风机信号核对与设计图纸一致。 9. 设备电源空气断路器信号与设计一致。 10. 其他开关量信号核对与设计图纸一致	●		
5	模拟量分系统调试	1. 调试要求	检查各个表计现场读数与后台系统现场一致，做到不缺不漏、项目齐全	●		
		2. 模拟量分系统调试项目及要求	1. 智能组件柜到一体化在线监测平台之间的模拟量数值核对两者显示一致且数据齐全，显示误差符合技术规范要求。	●		

序号	项目	具体内容	质量控制要点	质量控制点		
				I级	II级	III级
5	模拟量分系统调试	2. 模拟量分系统调试项目及要求	2. 换流变压器本体及分接开关油温表、绕组温度表、油位表显示值现场与后台一致且数据齐全，显示误差符合技术规范要求。 3. 换流变压器阀侧套管 SF_6 压力值现场与后台一致且数据齐全，显示误差符合技术规范要求。 4. 换流变压器避雷器计数器动作值及泄漏电流值至在线监测系统核对一致且数据齐全，显示误差符合技术规范要求。 5. 换流变压器有色谱在线监测测试值与油样测试结果比对，误差在规程设备误差范围之内。 6. 换流变压器铁芯、夹件电流值核对，显示误差符合技术规范要求。 7. 换流变压器阀侧套管电容分压器模拟信号检查。 8. 其他模拟量信号核对，显示误差符合技术规范要求	●		
6	遥控分系统调试	1. 调试要求	遥控前检查电动机电源、控制电源、远方就地把手均在正常状态	●		
		2. 遥控分系统调试项目及要求	1. 换流变压器分接开关遥控调试，验证遥控逻辑、出口连接片唯一性。 2. 换流变压器冷却器遥控联调，验证遥控逻辑与设备唯一性。 3. 轴流风机遥控联调，验证遥控逻辑与设备唯一性	●		
7	保护分系统调试	1. 调试定值审查	1. 检查调试定值项与现场保护一致。 2. 检查调试定值提供的装置型号、保护版本号、校验码与现场保护一致。 3. 检查调试定值提供的 TA 变比与实际一致，不一致时应进行确认和调整。 4. 检查调试定值逻辑满足继电保护动作逻辑。 5. 调试定值能够输入且装置无报警信号	●		
		2. 电量保护分系统调试	1. 开关过流保护电流二次绕组选择与设计一致，动作逻辑与装置技术说明书提供的原理及逻辑框图一致。 2. 大差保护电流二次绕组选择与设计一致，动作逻辑与装置技术说明书提供的原理及逻辑框图一致。	●		

续表

序号	项目	具体内容	质量控制要点	质量控制点		
				Ⅰ级	Ⅱ级	Ⅲ级
7	保护分系统调试	2. 电量保护分系统调试	3. 小差保护电流二次绕组选择与设计一致，动作逻辑与装置技术说明书提供的原理及逻辑框图一致。 4. 引线差动保护电流二次绕组选择与设计一致，动作逻辑与装置技术说明书提供的原理及逻辑框图一致。 5. 零序差动保护电流二次绕组选择与设计一致，动作逻辑与装置技术说明书提供的原理及逻辑框图一致。 6. 网侧绕组差动保护电流二次绕组选择与设计一致，动作逻辑与装置技术说明书提供的原理及逻辑框图一致。 7. 阀侧绕组差动保护电流二次绕组选择与设计一致，动作逻辑与装置技术说明书提供的原理及逻辑框图一致。 8. 过压保护电压二次绕组选择与设计一致，动作逻辑与装置技术说明书提供的原理及逻辑框图一致。 9. 饱和保护动作逻辑与装置技术说明书提供的原理及逻辑框图一致。 10. 过励磁保护动作逻辑与装置技术说明书提供的原理及逻辑框图一致。 11. 零序过流保护电流二次绕组选择与设计一致，动作逻辑与装置技术说明书提供的原理及逻辑框图一致。 12. 网侧过流保护电流二次绕组选择与设计一致，动作逻辑与装置技术说明书提供的原理及逻辑框图一致	●		
		3. 电量保护开关整组传动	1. 开关整组传动前确保一、二次隔离措施已完成，检查隔离措施实施情况。 2. 验证换流变压器保护三取二装置出口逻辑：三取二逻辑、二取一逻辑、一取一逻辑与装置技术说明书提供的原理及逻辑框图一致。 3. 验证换流变压器保护三取二装置出口连接片的唯一性。 4. 验证阀组控制屏出口连接片的唯一性。 5. 换流变压器保护与故障录波启动联调，满足《国调直调系统直流故障录波装置参数设定及信息接入原则》。 6. 验证换流变压器电量保护动作闭锁换流阀功能及其报文，与控制保护系统一致。	●	●	

续表

序号	项目	具体内容	质量控制要点	质量控制点 I级	II级	III级
7	保护分系统调试	3. 电量保护开关整组传动	7. 验证换流变压器保护动作冷却器全停逻辑，与控制保护系统逻辑一致	●	●	
		4. 非电量保护分系统调试	1. 验证换流变压器非电量保护三取二装置出口逻辑：三取二逻辑、二取一逻辑、一取一逻辑与装置技术说明书提供的原理及逻辑框图一致。 2. 验证换流变压器本体及分接开关非电量动作逻辑与设计一致。 3. 验证阀侧套管非电量动作逻辑与设计一致。 4. 验证换流变压器非电量保护与故障录波启动联调，满足《国调直调系统直流故障录波装置参数设定及信息接入原则》。 5. 换流变压器交流串进线最后断路器跳闸功能验证，与设计、控制保护系统逻辑一致。 6. 换流变压器交流串进线中开关联锁功能验证，与设计、控制保护系统逻辑一致。 7. 验证换流变压器非电量保护动作冷却器全停逻辑，与控制保护系统逻辑一致	●	●	
8	换流变压器故障录波分系统	1. 模拟量采样检查	1. 模拟量采样接入与设计图一致。 2. 模拟量采样接入应满足需求，最少满足《国调直调系统直流故障录波装置参数设定及信息接入原则》需求数量。 3. 模拟量接入名称命名应规范，满足运行要求，经运行人员确定后不再更改。 4. 模拟量采样精度及零漂检查应满足厂家设备技术规范要求。 5. 故障录波启动量验证应满足厂家设备技术规范要求	●		
		2. 开关量检查	1. 开关量接入检查应与设计图一致。 2. 开关量接入量应满足要求，最少满足《国调直调系统直流故障录波装置参数设定及信息接入原则》需求数量。 3. 开关量接入量名称命名应规范，满足运行要求，经运行人员确定后不再更改	●		
9	换流变压器稳控分系统	1. 模拟量采样检查	1. 模拟量采样接入与设计图一致。 2. 模拟量采样精度及零漂检查应满足厂家设备技术规范要求	●	●	●
		2. 系统联调	配合厂家完成系统联调，验证稳控策略的准确性	●	●	●

续表

序号	项目	具体内容	质量控制要点	质量控制点		
				Ⅰ级	Ⅱ级	Ⅲ级
10	换流变压器辅助系统分系统	1. 辅助系统设备开关量信号检查	1. 开关量信号核对与设计图一致。 2. 开关量信号动作复归与现场一致	●		
		2. 在线监测系统调试	1. 检查在线监测系统接入数据与设计一致。 2. 检查在线监测数据采样值与现场一致，数据误差在技术规范要求之内	●		
		3. 换流变压器排油系统分系统调试	1. 检查排油系统与消防控制系统通信正常，与设计一致。 2. 检查排油系统开关量接入与设计一致。 3. 检查排油系统排油逻辑与设计一致	●		
11	电流二次回路检查	1. 电流回路的接线检查	1. 二次回路接线符合有关规定，与设计要求一致，满足反措要求，端子接入位置与设计图纸一致，多股软线必须经压接线头接入端子。 2. 计量电流二次回路，连接导线截面积应不小于 $4mm^2$，计量接线盒接线方式正确，接线方式与设计保持一致。 3. 督促 B 包和 C 包检查换流变压器本体电流互感器端子至电流本体汇控柜接线核对，有条件的验收 B 包或者 C 包电流互感器二次极性的准确性。 4. 交流串内的电流回路有交流场调试人员和换流变压器调试人员双重方式验证其准确性、完整性。 5. 每个绕组引线配置一根单独电缆，确保每个绕组不共缆	●	●	
		2. 电流互感器配置原则检查	1. 保护采用的电流互感器绕组级别和容量符合有关要求，不存在保护死区，并与设计要求一致。 2. 差动保护两侧电流互感器的绕组级别应保持一致	●	●	
		3. 电流互感器极性、变比	1. 电流互感器极性应满足设计或现场实际情况要求，特别是在用在多个保护种类中的二次绕组，中间串接需要改变极性时必须和设备厂家、设计确定无误。 2. 需要电气 B 包和 C 包提供所有的 TA 变比及一次朝向，并盖章确认	●	●	
		4. 电流二次回路绝缘电阻测量	1. 用 1000V 绝缘电阻表测量绝缘电阻，其阻值均应大于 10MΩ。 2. 测量时非被测绕组接地，测量绕组接地解开。	●	●	

续表

序号	项目	具体内容	质量控制要点	质量控制点		
				I 级	II 级	III 级
11	电流二次回路检查	4. 电流二次回路绝缘电阻测量	3. 测量绝缘电阻时检查二次回路一点接地情况，接地位置应与设计保持一致，整个回路必须确保一点接地	●	●	
		5. 电流二次回路交流耐压试验	1. 试验电压应为 1000V。当回路绝缘电阻值在 10MΩ 以上时，可采用 2500V 绝缘电阻表代替，试验持续时间应为 1min。 2. 试验前应与厂家进行沟通，对于不能进行交流耐压的装置应隔离开，以免损坏设备	●	●	
		6. 电流回路的二次负担测量	1. 二次绕组测量前应检查整个回路的完成性，确保每个连接片连接牢固、接线牢固可靠。 2. 测量二次回路每相直阻，三相直阻应平衡。 3. 在电流互感器端子箱接线端子处分别通入二次电流，并在端子处测量电压，计算二次负担、三相负担应平衡，二次负担在电流互感器许可范围内，二次升流时必须在控制保护系统换流变压器保护、换流变压器测控、阀组保护和阀组控制模块查看电流值，确保每一模块幅值和相序准确无误。 4. 核对电流互感器 10% 误差满足要求	●	●	
12	换流变压器一次注流试验	1. 计算换流变压器一次注流值	1. 换流变压器一次注流采用阀侧绕组短路法进行。 2. 试验电源容量足够大、试验时最大容量不超过自耦调压器和试验变压器中容量最小值。 3. 根据换流变压器短路阻抗值计算电流值和需要加压电压值	●	●	●
		2. 一次注流试验和检查项目	1. 检查电流互感器变比正确。 2. 检查电流互感器极性正确。 3. 验证换流变压器一次接线的正确性。 4. 检查保护测量电流二次回路的正确性。 5. 检查换流变压器差动保护回路极性的正确性	●	●	●
13	电压二次回路检查	1. 电压回路接线检查	1. 二次回路的接线应该整齐美观、牢固可靠。电缆固定应牢固可靠，接线端予排不受拉扯。 2. 二次回路接线符合有关规定，与设计要求一致，满足反措要求，端子接入位置与设计图纸一致，多股软线必须经压接线头接入端子。	●	●	

序号	项目	具体内容	质量控制要点	质量控制点		
				Ⅰ级	Ⅱ级	Ⅲ级
13	电压二次回路检查	1. 电压回路接线检查	3. 检查从电压互感器本体、本体端子箱、电压接口屏、各保护及其他装置整个二次回路接线的正确性、完整性。 4. 电压空气断路器型号与设计要求一致，用途编号应整齐，且标示清晰、正确。 5. 电压互感器的中性线不得接有可能断开的开关和接触器。 6. 电压互感器本体至端子箱接线每个绕组用一根电缆、本体端子箱至电压接口柜和保护装置的四根线分别采用一根电缆，不同绕组间不能共缆。 7. 电压互感器二次回路接地应区分公用互感器和独立互感器，接地点的选择应符合GB/T 50976《继电保护及二次回路安装及验收规范》、GB 50169《电气装置安装工程接地装置施工及验收规范》规定要求	●	●	
		2. 电压互感器配置原则检查	保护采用的电压互感器绕组级别符合有关要求，与设计要求一致	●	●	
		3. 电压互感器极性、变比	1. 电压互感器极性应满足设计要求，核对铭牌上的极性标志正确。 2. 核对铭牌上的变比标示是否正确、是否与设计要求一致	●	●	
		4. 电压二次回路绝缘电阻测量	1. 用1000V绝缘电阻表测量绝缘电阻，其阻值均应大于10MΩ。 2. 测量时非被测绕组接地，测量绕组接地解开。 3. 测量绝缘电阻时检查二次回路一点接地情况，接地位置应与设计保持一致，整个回路必须确保一点接地	●	●	
		5. 电压二次回路交流耐压试验	1. 试验电压应为1000V。当回路绝缘电阻值在10MΩ以上时，可采用2500V绝缘电阻表代替，试验持续时间应为1min。 2. 试验前应与厂家进行沟通，对于不能进行交流耐压的装置应隔离开，以免损坏设备	●	●	
		6. 电压回路的二次负担	1. 在电压互感器端子箱接线端子处分别通入二次电压，并测量电流，计算二次负担、三相负担应平衡，二次负担在电压互感器许可范围内。 2. 采取可靠措施防止电压反送。 3. 二次通压时必须查看换流变压器保护、阀组保护、换流变压器测量、阀组测量模块电压值，确保幅值和相序正确无误	●	●	

二、换流阀分系统调试质量控制表

（一）换流阀分系统调试相关屏柜

换流阀分系统调试相关屏柜	屏柜通用缩写编号	用途
阀组测量接口 A 屏	CMI A	将电流采集量转换为光纤信号后，送至阀组保护柜，供换流变压器保护用
阀组测量接口 B 屏	CMI B	
阀组测量接口 C 屏	CMI C	
阀组开关接口 A 屏	CSI A	用于换流变压器的挡位控制、BOX-IN 风机控制、事故排油控制等功能
阀组开关接口 B 屏	CSI B	
非电量接口 A 屏	NEP A	用于实现换流变压器非电量保护功能，非电量保护按三取二配置
非电量接口 B 屏	NEP B	
非电量接口 C 屏	NEP C	
阀组控制主机 A 屏	CCP A	阀组控制级用于直流系统 12 脉动阀组的控制。主要控制功能：阀组的触发控制、阀组各自对应的换流变压器的分解头控制、阀组各自旁路开关的控制，以及对换流阀的控制保护
阀组控制主机 B 屏	CCP B	
阀组保护主机 A 屏	CPR A	用于保护从换流变压器阀侧套管至阀厅直流侧的直流穿墙套管之间的导线和所有设备。实现信号传输，实现控制功能，实现对换流阀组的保护
阀组保护主机 B 屏	CPR B	
阀组保护主机 C 屏	CPR C	
阀基电子设备 VBE 屏 1	VBA	用于控制 A、B、C 相阀组，阀基电子设备 VBE 屏通过与阀、阀组控制主机屏之间的线缆、光缆连接，实现对阀组的控制功能
阀基电子设备 VBE 屏 2	VBB	
阀基电子设备 VBE 屏 3	VBC	

续表

换流阀分系统调试相关屏柜	屏柜通用缩写编号	用途
阀组通信接口 A 屏	COMA	阀冷控制屏通过阀组通信接口屏与后台通信，通过阀冷系统工作站完成对阀冷系统的控制和监视
阀组通信接口 B 屏	COMB	
阀冷内冷系统控制 A 屏	VCCPA	通过与动力电缆、控制电缆、光缆等与动力电源、控制单元等连接，用于实现阀冷内冷系统控制功能
阀冷内冷系统控制 B 屏	VCCPB	
阀冷内冷系统控制 C 屏	VCCPC	
阀冷冷却塔控制 A 屏	VCCCA	通过与动力电缆、控制电缆、光缆等与动力电源、控制单元等连接，用于实现阀冷冷却塔控制功能
阀冷冷却塔控制 B 屏	VCCCB	
辅助系统接口 A 屏	ASI A	用于实现视频监控、安防、门禁、环境监测、火灾报警等辅助功能
辅助系统接口 B 屏	ASI B	

（二）换流阀分系统调试质量控制表

序号	项目	具体内容	质量控制要点	质量控制点		
				Ⅰ级	Ⅱ级	Ⅲ级
1	调试准备工作	1. 相关资料收集	应包括设计图纸、设计变更通知单、二次设备出厂说明书、出厂图纸、出厂报告、调试大纲、定值清单	●		
		2. 试验仪器、工具、试验记录准备	1. 使用试验设备应齐全，功能满足试验要求，且在有效期内。 2. 使用工具应齐全，且满足安全要求。 3. 原始试验记录	●		
2	屏柜装置检查	1. 检验设备的完好性	设备外形应端正，无明显损坏及变形现象，接线应无机械损伤，端子压接应紧固	●		

续表

序号	项目	具体内容	质量控制要点	质量控制点		
				Ⅰ级	Ⅱ级	Ⅲ级
2	屏柜装置检查	2. 检查、记录装置的铭牌参数	检查保护装置的型号、出厂厂家、出厂年月、出厂编号、交流电流、交流电压、直流工作电压等参数与设计参数一致，并记录	●		
		3. 检查单体屏柜调试记录	检查单体设备调试报告和调试结论	●		
		4. 屏柜电源检查	1. 检查屏柜内照明正常；检查直流工作电压幅值和极性正确；检查直流屏内直流空气断路器名称与对应保护装置屏柜一致；检查屏柜内加热器工作正常；检查换流变压器汇控柜内三相交流电源正相序正确；检查换流变压器冷却器交流电源切换装置动作正确。 2. 检查保护装置断电恢复过程中无异常，通电后工作稳定正常。 3. 检查保护装置上电、掉电瞬间，保护装置不应发异常数据，继电器不应误动作。 4. 逐级检查空气断路器级差满足运行要求	●		
3	二次回路分系统调试	1. 换流阀一次设备检查	1. 检查换流阀一次接线与设计图一致。 2. 检查换流阀晶闸管单机测试试验报告	●		
		2. 二次接线检查	1. 芯线号码管标示与图纸一致。 2. 二次接线与设计图纸一一核对无误。 3. 接线完好，端子连接紧固可靠，接线号牌整齐一致，且标示内容正确、无误	●		
		3. 光纤回路检查	1. 光纤回路连接正确，衰耗满足技术要求。 2. 光纤标示内容清楚、正确无误，与设计图纸一致	●		
		4. 二次回路绝缘检查	1. 用100V绝缘电阻表测量回路对地的绝缘电阻，其绝缘电阻应大于10MΩ。 2. 回路中有电子元件设备的，试验时应将插件拔出或者将电子元件隔离或将其两端短接	●		
		5. 二次回路交流耐压试验	1. 试验电压应为1000V。当回路绝缘电阻值在10MΩ以上时，可采用2500V绝缘电阻表代替，试验持续时间应为1min，尚应符合产品技术文件规定。 2. 48V及以下电压等级回路可不做交流耐压试验。 3. 回路中有电子元件设备的应满足二次回路绝缘的条件下做交流耐压	●		

续表

序号	项目	具体内容	质量控制要点	质量控制点		
				I级	II级	III级
3	二次回路分系统调试	6. 通信检查	1. 检查屏柜光纤、网线、总线等通信接线正确；任一路通信断开，后台应有报警信息；装置对时正常。 2. 检查屏柜同步对时功能正常	●		
4	开关量分系统调试	1. 调试要求	1. 检查阀组测量、阀组控制、阀组保护、阀组冷却、阀基电子屏、阀组通信柜的通信信号是否正常。 2. 实际操作各保护装置、阀厅内接地开关、阀厅穿墙套管、分层接入分压器、门锁系统发出信号。 3. 换流阀晶闸管报警信号由厂家提供信号点表且协助完成信号核对工作	●		
		2. 开关量分系统调试项目及要求	1. 换流阀控制保护和换流阀控制单元接口信号核对。 2. 换流阀控制保护和阀冷控制保护信号核对。 3. 换流阀阀厅接地开关信号核对。 4. 阀厅门锁系统信号核对。 5. 穿墙套管压力低告警信号核对。 6. 阀组紧急停运信号验证。 7. 阀组就地联锁信号验证。 8. 分层接入直流分压器压力低告警信号核对。 9. 其他信号核对	●		
5	模拟量分系统调试	1. 调试要求	检查各个表计现场读数与后台系统现场一致，做到不缺不漏，项目齐全	●		
		2. 模拟量分系统调试项目及要求	1. 阀厅穿墙套管本体表计 SF_6 压力值与运行人员工作站显示值进行核对，显示误差符合表计技术规范要求。 2. 阀厅避雷器计数器动作次数与运行人员工作站显示值核对。 3. 阀厅避雷器计数器泄漏电流值与运行人员工作站显示值核对，显示误差符合表计技术规范要求。	●		

续表

序号	项目	具体内容	质量控制要点	质量控制点 I 级	II 级	III 级
5	模拟量分系统调试	2. 模拟量分系统调试项目及要求	4. 分层接入直流分压器本体表计 SF₆ 压力值与运行人员工作站显示值进行核对，显示误差符合表计技术规范要求。 5. 其他模拟量信号核对	●		
6	遥控分系统调试	1. 调试要求	遥控前检查电动机电源、控制电源、远方就地把手均在正常状态	●		
		2. 遥控分系统调试项目及要求	1. 阀厅内接地开关遥控联调。 2. 阀组解锁和闭锁遥控。 3. 阀组接地和不接地一键顺序控制操作	●		
7	阀厅门锁系统调试	1. 紧急门调试	紧急门信号调试、紧急门与阀组之间闭锁逻辑调试	●		
		2. 阀厅大门门锁系统调试	1. 阀厅大门门锁开启逻辑验证。 2. 阀厅大门门锁闭锁逻辑验证	●		
8	保护分系统调试	1. 电量保护分系统调试	1. 阀组电流保护模拟量采样可以通过继保仪加量实现，电子式互感器在一次升压和一次升流时核对变比和极性，确定 TA 极性和变比与设计一致。 2. 阀组保护、阀组控制各个模块的采样值在一次升流时验证，应提前和控制保护厂家沟通，确定升流位置。 3. 可以实际模拟保护动作的保护应实际模拟，对于不能实际模拟的保护类型，应通过控制保护程序置数的方式验证	●		
		2. 电量保护开关整组传动	1. 开关整组传动前确保一、二次隔离措施已完成，检查隔离措施实施情况。 2. 验证换流器保护三取二装置出口逻辑：三取二逻辑、二取一逻辑、一取一逻辑与装置技术说明书提供的原理及逻辑框图一致。 3. 验证换流器保护三取二装置出口连接片的唯一性。 4. 验证阀组控制屏出口连接片的唯一性。 5. 换流器保护与故障录波启动联调，满足《国调直调系统直流故障录波装置参数设定及信息接入原则》。	●		

序号	项目	具体内容	质量控制要点	质量控制点		
				I级	II级	III级
8	保护分系统调试	2. 电量保护开关整组传动	6. 验证换流器电量保护动作闭锁换流阀功能及其报文，与控制保护系统一致。 7. 换流阀旁通保护出口验证：重合直流场旁通断路器和旁通隔离开关	●		
		3. 非电量保护分系统调试	1. 验证换流变压器非电量保护三取二装置出口逻辑：三取二逻辑、二取一逻辑、一取一逻辑与装置技术说明书提供的原理及逻辑框图一致。 2. 验证直流场穿墙套管非电量动作逻辑与设计一致。 3. 验证分层接入直流分压器非电量动作逻辑与设计一致。 4. 验证换流器非电量保护与故障录波启动联调，满足《国调直调系统直流故障录波装置参数设定及信息接入原则》。 5. 验证换流阀紧急停运跳闸功能，与设计、控制保护系统逻辑一致。 6. 验证各种非电量保护动作闭锁换流阀功能及其报文的正确性，与设计、控制保护系统逻辑一致	●		
9	直流故障录波分系统	1. 模拟量采样检查	1. 模拟量采样接入与设计图一致。 2. 模拟量采样接入应满足需求，最少满足《国调直调系统直流故障录波装置参数设定及信息接入原则》需求数量。 3. 模拟量接入名称命名应规范，满足运行要求，经运行人员确定后不再更改。 4. 模拟量采样精度及零漂检查应满足厂家设备技术规范要求。 5. 故障录波启动量验证应满足厂家设备技术规范要求	●		
		2. 开关量检查	1. 开关量接入检查应与设计图一致。 2. 开关量接入量应满足要求，最少满足《国调直调系统直流故障录波装置参数设定及信息接入原则》需求数量。 3. 开关量接入量名称命名应规范，满足运行要求，经运行人员确定后不再更改	●		
10	换流阀辅助系统分系统	1. 辅助系统设备开关量信号检查	1. 开关量信号核对与设计图一致。 2. 开关量信号动作复归与现场一致	●		

续表

序号	项目	具体内容	质量控制要点	质量控制点		
				Ⅰ级	Ⅱ级	Ⅲ级
10	换流阀辅助系统分系统	2. 在线监测系统调试	1. 检查在线监测系统接入数据与设计一致。 2. 检查在线监测数据采样值与现场一致，数据误差在技术规范要求之内	●		
11	阀冷分系统调试	1. 阀内冷系统和阀外冷系统	1. 阀内冷系统调试应以厂家为主，分系统对阀冷却系统进行质量把关。 2. 阀冷调试负责人应督促厂家按期完成调试，以免影响后期分系统试验。 3. 阀冷设备的分系统遥信最后应归入到分系统调试报告。 4. 控制及动力柜内照明应正常。 5. 直流工作电压幅值和极性应正确。 6. 交直流屏内空气断路器名称与对应装置屏柜应一致。 7. 屏柜内加热器工作应正常。 8. 各动力柜交流输入电源电压、相序应正确。 9. 交流屏阀冷动力电源空气断路器名称与对应控制柜应一致。 10. 双路输入交流电源切换应正确。 11. 切换电源公用性仪表应能正常使用。 12. 动力柜风机空气断路器名称与对应风机应一致。 13. 水泵、风机就地强制启动功能应正确	●		
		2. 开关量信号	1. 阀冷阀门状态信号核对。 2. 阀冷空气断路器状态信号核对。 3. 阀冷各种故障信号核对。 4. 阀冷泵、风机启动/停止信号核对。 5. 其他信号核对	●		
		3. 模拟量信号	1. 温度表显示值与运行人员工作站显示进行比较，显示误差符合技术规范要求。 2. 压力表显示值与运行人员工作站显示进行比较，显示误差符合技术规范要求。 3. 流量表显示值与运行人员工作站显示进行比较，显示误差符合技术规范要求。 4. 液位表显示值与运行人员工作站显示进行比较，显示误差符合技术规范要求。 5. 电导率显示值与运行人员工作站显示进行比较，显示误差符合技术规范要求。	●		

续表

序号	项目	具体内容	质量控制要点	质量控制点		
				Ⅰ级	Ⅱ级	Ⅲ级
11	阀冷分系统调试	3. 模拟量信号	6. 其他模拟量输入信号核对，显示误差符合技术规范要求			
		4. 功能验证	1. 遥控功能验证：对远方阀冷系统进行启动、停止操作逻辑正确；阀冷主循环泵远程切换操作，主循环泵应正确切换。 2. 跳闸功能验证：控制保护系统置数模拟"换流阀解锁"或"换流阀闭锁"，对该阀冷却系统进行操作，阀冷却系统应动作正确；阀冷控制柜上通过软件模拟阀冷跳闸信号，控制保护系统信号事件列表上应有该信号事件。 3. 阀冷却系统功能试验：电动阀和螺旋管阀的试验、水泵的操作试验、风扇的运行试验、加热器控制功能试验、主水泵运行功能试验、补水泵运行功能试验、冷却风扇运行功能试验、电加热运行功能试验、泵整定值检查、氧测量设备运行功能试验、喷淋水泵运行功能试验、分控制系统和主控制系统通信功能确认、主从系统切换试验、其他功能试验。 4. 其他功能联调应满足技术规范书要求和设计要求	●		

三、换流阀低压加压试验

序号	项目	具体内容	质量控制要点	质量控制点		
				Ⅰ级	Ⅱ级	Ⅲ级
1	试验准备工作	1. 相关资料收集	应包括设计图纸、二次设备出厂说明书、出厂图纸、出厂报告、调试大纲、调试方案、晶闸管最低导通参数、换流变压器铭牌参数	●		
		2. 试验仪器、工具、试验记录准备	1. 使用试验设备应齐全，功能满足试验要求，且在有效期内。 2. 使用工具应齐全，且满足安全要求。 3. 原始试验记录	●		
2	试验准备	1. 试验电源检查	试验电源必须保证足够的容量且为交流正弦波，试验电流及电压的谐波分量不宜超过基波的5%	●		

续表

序号	项目	具体内容	质量控制要点	质量控制点 I级	质量控制点 II级	质量控制点 III级
2	试验准备	2. 试验仪器摆放位置	1. 试验仪器摆放应靠近试验电源侧。 2. 试验仪器摆放场地应足够大，与其他设备有足够的安全距离，且便于设备运输与摆放	●	●	
		3. 试验计算	1. 确定单极晶闸管最低导通电压和最小导通电流。 2. 根据换流变压器变比、试验变压器变比确定网侧试验电压。 3. 根据容量计算阀侧试验时负载电阻大小	●	●	
		4. 设备状态检查	1. 换流变压器、换流阀交接试验完成并合格，并且一次连线完成。 2. 同步电压回路、控制系统相应回路、控制系统到阀基电子柜（VBE）或阀控制柜（VC）回路、阀基电子柜到阀光纤接线检查完成。 3. 阀厅内外连线完成。 4. 换流变压器与交流侧具备隔离条件。 5. 换流阀与直流场具备隔离条件。 6. 阀厅接地开关可以操作。 7. 试验相关设备辅助电源投入。 8. 阀水冷系统、阀厅火灾报警系统投入，并正常循环运行。 9. 退出 500kV 侧交流过压保护、换流器开路保护、直流低压保护、脉冲丢失保护、直流电压异常保护等相关保护，阀组控制单元切至试验位置	●	●	
3	低压加压试验	1. 试验目的	1. 检查换流器一次接线的正确性。 2. 换流阀触发同步电压的正确性。 3. 换流阀触发控制电压的正确性。 4. 检查一次电压的相序及阀组触发顺序正确。 5. 检查 VBE 回报信号正确	●	●	●
		2. 试验接线	1. 网侧接线应根据试验方案试验接线原理图进行，接线应牢固、可靠，防止试验线脱落伤人。 2. 阀侧负载电阻和示波器接线，应防止设备发热烧坏试验线绝缘。			

续表

序号	项目	具体内容	质量控制要点	质量控制点		
				Ⅰ级	Ⅱ级	Ⅲ级
3	低压加压试验	2. 试验接线	3. 阀塔晶闸管短接线，安排厂家完成，接线完毕后督促厂家检查接线的准确性和紧固性。 4. 测量电压应取自自耦调压器调压之后，然后经三相自耦调压器降压作为控制电压，这样接线是尽量保证控制电压和阀塔试验电压保持相同的相位	●	●	●
		3. 试验加压	1. 在换流变压器的一次侧接入低电压（0.4～1.5kV）：检查换流变压器高、低压侧接线的正确性；检查换流变压器接线正确性；校验至换流阀触发控制部分的相序、相位正确；确认至晶闸管的触发顺序正确；确认晶闸管的监测功能正常；检查换流变压器阀侧末屏电压的准确性。 2. 将电压逐步升至试验电压，同步电压调整到100V：测量换流变压器网侧电压互感器二次电压输出正常；测量换流变压器阀侧套管末屏二次电压大小、相序正确	●	●	●
		4. 换流阀解锁试验	1. 在两套控制系统分别依次进行：90°、75°、60°、45°、30°、15°触发角解锁试验。 2. 试验数据记录：在各触发角度下，分别录取直流电压波形，并完成低压加压试验记录	●	●	●
4	试验恢复	1. 试验接线恢复	1. 恢复低压加压试验阀侧和网侧试验接线，试验接线拆除前确保阀厅接地开关在合位。 2. 恢复控制电压试验接线。 3. 拆除阀塔阀短接线接线	●	●	
		2. 设备状态恢复	1. 控制保护系统相关置数恢复至试验前状态。 2. 保护设备恢复至试验前状态。 3. 阀控单元恢复至运行状态	●	●	
		3. 试验仪器移位	低压加压试验是设备投产前最后一个试验，试验完成后应将试验仪器移至下一个试验点或者将设备移入厂库	●	●	

四、特高压换流变压器中性点过流保护动作案例分析

1. 情况介绍

某特高压换流站进行直流系统试验时，换流变压器充电后大约 5min 后台报文收到 Y/Δ 换流变压器网侧中性点过流保护动作信号，查看报文和保护装置确定为 CTP1C（极 1 换流变压器保护 C）动作，CTP1A（极 1 换流变压器保护 A）和 CTP1B（极 1 换流变压器保护 A）正常运行，故障录波装置运行正常，未启动录波功能，三取二逻辑未动作，保护跳闸没有出口。

2. 故障原因排查

（1）故障状态检查。

1）用钳型相位表测量 CTP1C 装置对应零序电流，流入值为 11.7A 和流出值为 11.7A。

2）CTP1B 装置对应零序电流流入值为 5.9mA 和流出值 5.9mA。

3）CTP1A 装置对应零序电流为流入值为 5.8mA 和流出值为 5.8mA。

（2）停电后故障问题排查。

1）保护装置校验。经校验三套保护装置模拟量采样、动作逻辑完全正确，排除 CTP1C 装置误动作。

2）TA 二次电缆一点接地检查。经查各零序电流回路 N 线均为一点接地，符合反措要求。

3）TA 二次电缆绝缘测试。经测试 CTP1C 屏接入的二次电缆采用绝缘电阻表 500V 挡位测试，电压为零，电阻为零，CTP1B 屏和 CTP1A 电阻为 10MΩ，判断为保护二次绝缘损坏。

4）TA 二次接线电缆校验。打开 TA 二次接线盒，发现 TA 二次绕组 2S1 出线电缆胶皮烧坏，以至于其部分芯线铜丝烧断，其余二次电缆也有不同程度的损坏，但是经校验其接线正确无误。

TA 二次电缆校线时，发现 TA 二次绕组 2S1 出线电缆绝缘损坏，怀疑是 TA 二次回路开路所致，仔细检查发现各个连接处十分牢固，没有松动的迹象，二次回路直流电阻与投运前无明显差别。TA 本体的常规试验，数据合格，与交接试验对比无明显差别，可以正常运行。

分析故障情况下测试的电流值，保护 CTPB 装置测试流入和流出电流均为 5.9mA，保护 CTP1A 装置测试流入和流出电流均为 5.8mA，然而 CTP1C 装置流入和流出电流均为 11.7A，TA 变比经过测试为 2000/1，和铭牌变比没有差别，将 CTP1B 和 CTP1A 装置通过的电流乘以变比得到数值分别为 11.8A 和 11.6A，与 CTP1C 装置通过流十分相近。为什么两者会十分相近，CTP1C 的电流为什么这么大，这是巧合还是两者有必然联系，难道是网侧中性点 TA 一次电流串入到其二次回路 2S 里面？前面发现 2S1 接线电缆烧坏和外壳粘连在一起，带着这个疑问将所有发生的现象和数据分析一遍。

巡查现场时发现地面有消防质量提升施工遗留痕迹，地面有接地网断点漏出，根据现场发现的现象推测故障原因很可能是换流变压器网侧中性点与主地网断裂引起。测试网侧中性点接地点与主地网连接情况，结果为网侧中性点与主地网断裂，根据故障现象和数据分析，判定故障的原因即为中性点与主地网断裂，网侧中性点的运行方式由直接接地变压器为非接地运行。

运行时换流变压器网侧中性点正常运行方式为直接接地方式，接地情况如图 3-1 所示。

消防质量提升施工导致中性点接地点与主地网连接处 G1 点发生断裂，未及时恢复，其接地方式由直接接地变压器成非接地运行。断裂点如图 3-2 所示。

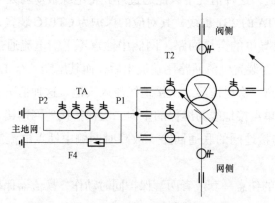

图 3-1 Y/Δ换流变压器网侧接地示意图

图 3-2 中性点接地与主地网断裂图

3. 故障原因分析

网侧中性点断裂为什么会导致 TA 一次电流窜入到二次回路里面，导致 CTP1C 装置保护动作，而 CTP1B 和 CTP1A 正常运行，及其对应的故障录波装置没有启动。针对这两个问题，根据所掌握的数据以及设计图进行了详细分析。根据设计图首先发现接入故障录波的该外接零序电流是从 CTP1B 装置串联过去，该装置电流采样正常未达到录波启动电流值，因此故障录波装置没有启动录波功能。

什么原因导致 CTP1C 装置保护动作，而 CTP1B 和 CTP1A 正常运行呢？根据掌握的数据及故障点分析，网侧中性点接地点断裂与主地网断开，而 TA 外壳接地与中性点接地连在一起然后与主地网相连，如图 3-1 所示，当中性点接地与主地网连接线被挖断之后，由于换流变压器三相的制造差异以及三相功率不是绝对的均衡，中性点不可避免地产生不平衡高电压，不平衡高电压就通过 TA 本体外壳地线反送至外壳。TA 二次电缆槽盒为金属材质，槽盒又与外壳相连，因此槽盒与网侧中性点同电位，由于槽盒本身切割后留有棱角和毛刺，致使其对二次电缆放电，导致二次电缆烧坏，TA 一次电流窜入到二次回路。本次故障产生的不平衡高电压并不足以将中性点避雷器击穿泄流，这种情况下只能通过外壳将绝缘最薄弱处击穿泄流。

经检测发现，电缆完全损坏的为 TA 的 2S1 出线，其对应的保护为 CTP1C 装置，电缆内部导体与电缆槽盒完全粘连在一起形成导电的金属回路。网侧中性点不平衡电流通过二次绕组 2S1 出线电缆流入保护 CTP1C 装置，经装置电流回路尾端流出后，而其尾端又有 TA 绕组的二次接地线，因此从本体来的网侧中性点一次电流经二次接地线流入大地。这种情况下换流变压器网侧中性点是通过其二次绕组回路单点接地线与继保的室内二次保护接地网连接，然后再与主地网连接，形成一个网侧中性点与接地网的联通回路。故障时网侧中性点电流流通回路如图 3-3 所示。

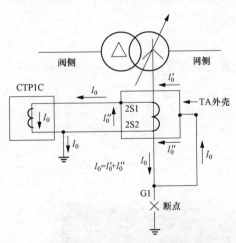

图 3-3　故障时网侧中性点电流流通回路图

该次故障仅仅是造成 CTP1C 装置保护动作，若再有 CTP1A 或者 CTP1B 中的任意一套或者两套保护同时动作，换流器保护的三取二装置 PPR 动作，切断电源，巨大的功率缺失将会对整个电网造成严重破坏，以至于发生大规模停电事件，对人们的经济、生活带来影响。

4. 结论及建议

从该次故障中可以看出，里该特高压换流站的换流变压器的网侧中性点与主接地网只有一处连接点，即 G1 点，当此处与主地网断裂时，换流变压器将会变成非接地运行方式，较高的悬浮电位将会发生不可预测的风险。

换流变压器网侧中性点接地是非常重要的运行方式，设计时可以将星形连接尾端分成两个及以上方向与主地网连接，保证网侧中性点可靠接地。但是考虑经济性及故障概率事件，可以保留两个与主地网连接处。

在换流变压器中性点附近进行挖沟作业时，必须按图施工，开挖前确定附近设备安装情况，若是附近有埋入地下的设备和地网，开挖时必须谨慎施工，以免造成设备损坏。若是已经造成设备损坏，应及时上报运行单位，检修已经损坏的设备，避免在不知情的情况下设备带问题带电，造成更大经济及设备损失。

参 考 文 献

［1］　GB 50150—2016. 电气装置安装工程　电气设备交接试验标准［S］. 北京：中国计划出版社，2016.

［2］　GB 2536—2011. 电工流体 变压器和开关用的未使用过的矿物绝缘油［S］. 北京：中国标准出版社，2011.

［3］　GB/T 14542—2017. 变压器油维护管理导则［S］. 北京：中国标准出版社，2017.

［4］　DL/T 722—2014. 变压器油中溶解气体分析和判断导则［S］. 北京：中国电力出版社，2015.

［5］　GB/T 1094.3—2017. 电力变压器 第3部分：绝缘水平、绝缘试验和外绝缘空气间隙［S］. 北京：中国标准出版社，2017.

［6］　GB/T 7354—2018. 高电压试验技术 局部放电测量［S］. 北京：中国标准出版社，2018.

［7］　DL/T 1093—2018. 电力变压器绕组变形的电抗法检测判断导则［S］. 北京：中国电力出版社，2018.

［8］　DL/T 911—2016. 电力变压器绕组变形的频率响应分析法［S］. 北京：中国电力出版社，2016.

［9］　GB/T 12022—2014. 工业六氟化硫［S］. 北京：中国标准出版社，2014.

［10］　DL/T 618—2022. 气体绝缘金属封闭开关设备现场交接试验规程［S］. 北京：中国电力出版社，2022.

［11］　DL/T 555—2004. 气体绝缘金属封闭开关设备现场耐压及绝缘试验导则［S］. 北京：中国电力出版社，2004.

［12］　GB/T7674—2020. 额定电压 72.5kV 及以上气体绝缘金属封闭开关设备［S］. 北京：中国标准出版社，2020.

［13］　DL/T 617—2019. 气体绝缘金属封闭开关设备技术条件［S］. 北京：中国电力出版社，2019.

［14］　JJG 1073—2011. 压力式六氟化硫气体密度控制器［S］. 北京：中国质检出版社，2011.

［15］　DL/T 259—2023. 六氟化硫气体密度继电器校验规程［S］. 北京：中国电力出版社，2023.

［16］ DL/T 475—2017. 接地装置特性参数测量导则［S］. 北京：中国电力出版社，2017.

［17］ DL/T 628—1997. 集合式高压并联电容器订货技术条件［S］. 北京：中国电力出版社，1998.

［18］ Q/GDW 11223—2014.高压电缆状态检测技术规范［S］. 北京：中国电力出版社，2014.

［19］ Q/GDW 11400—2015.电力设备高频局部放电带电检测技术现场应用导则［S］. 北京：中国电力出版社，2015.

［20］ Q/GDW 11316—2018 高压电缆线路试验规程［S］. 北京：中国电力出版社，2018.

［21］ DL/T 1367—2014. 输电线路检测技术导则［S］. 北京：中国电力出版社，2015.

［22］ DL/T 2324—2021. 高压电缆高频局部放电带电检测技术导则［S］. 北京：中国电力出版社，2021.

［23］ 国家电网公司有限公司. 国家电网有限公司十八项电网重大反事故措施（2018年修订版）及编制说明［M］. 北京：中国电力出版社，2018.

［24］ 林冶、张孔林、唐志军.《智能变电站二次系统原理与现场实用技术》［M］. 北京：中国电力出版社，2016.

［25］ GB/T 50832—2013. 1000kV 系统电气装置安装工程电气设备交接试验标准［S］. 北京：中国计划出版社，2013.

［26］ DL/T 1275—2013. 1000kV 变压器局部放电现场测量技术导则［S］. 北京：中国电力出版社，2014.

［27］ 梁旭明，张国威，徐玲玲，等. 1000kV 交流特高压试验示范工程的生产准备工作与实施［J］. 电网技术，2008（05）：12-16.

［28］ 贺虎，韩书谟，邓德良，等. 1100kV GIS 设备现场交接试验的重点及难点［J］. 电网技术，2009（10）：4.

［29］ 王晓琪，焦保利，栗刚，等. 现场试验用 1000kV 标准 CVT 的研制与应用［J］. 高电压技术，2009（6）：6.

［30］ DL/T 309—2010. 1000kV 交流系统电力设备现场试验实施导则［S］. 北京：中国电力出版社，2011.